史上最強図解 これならわかる！
ベイズ統計学

ベイズ理論の考え方

はじめて会う相手に対して、
何も判断材料がないのだから……

　　　相性が合う確率＝0.5　　｜
　　　相性が合わない確率＝0.5　｝事前確率

質問1　野球が好き？　→　はい

　　　　　⇩

　　　相性が合う確率＝0.7　　｜
　　　相性が合わない確率＝0.3　｝事後確率
　　　　　　　　　　　　　　　＝
　　　　　　　　　　　　　次のデータの事前確率

質問2　映画が好き？　→　いいえ

　　　　　⇩

　　　相性が合う確率＝0.6　　｜
　　　相性が合わない確率＝0.4　｝事後確率

このようにすでに持っている情報に、
新しいデータを加えて新たな確率情報を
変化させていくことを「ベイズ更新」といいます。

※詳しくは、第1章§3（P.14）で紹介しています。

iii

❖ ベイズの定理を導き出す乗法定理 ❖

〔例題1〕 ある小学校の教室には、男子が17人、女子が13人の合計30人の児童がいる。男子で塾に通う子は12人である。この教室の児童を無作為に1人選んだとき、男子である事象をA、塾に通う子である事象をBとする。この例を用いて、確率の乗法定理を確かめてみよう。

先生からこんな問題が出されたよ

どうやるのかしら？

うーん。どうやるんだろう。なんか、分かりそうで分からないや

まずは、イメージを図にしてみよう

そこから式を出してみよう！

なるほど!!

乗法定理
$P(A \cap B) = P(A)P(B|A)$
これを確かめよう

ひとつひとつ確かめていけば、大丈夫。やってごらん

$P(A \cap B) = \dfrac{12}{30}$ で……

$P(A)$ は……

問題をまず図にしてみましょう。

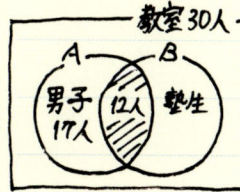

30人の教室における
男子と塾生の人数の関係

乗法定理
$$P(A \cap B) = P(A) \times P(B|A)$$

これにあてはまるか確かめます。

$P(A \cap B) = $ 選んだ児童が「男子で、なおかつ塾に通う子」の確率 $= \dfrac{12}{30}$

$P(A) = $ 選んだ児童が「男子」である確率 $= \dfrac{17}{30}$

$P(B|A) = $ 選んだ児童が「男子の中で塾に通う子」の確率 $= \dfrac{12}{17}$

$$\dfrac{12}{30} = \dfrac{17}{30} \times \dfrac{12}{17}$$ で確かめられます。

※詳しくは、第2章§4(P.47)で紹介しています。

ベイズ統計学の考え方

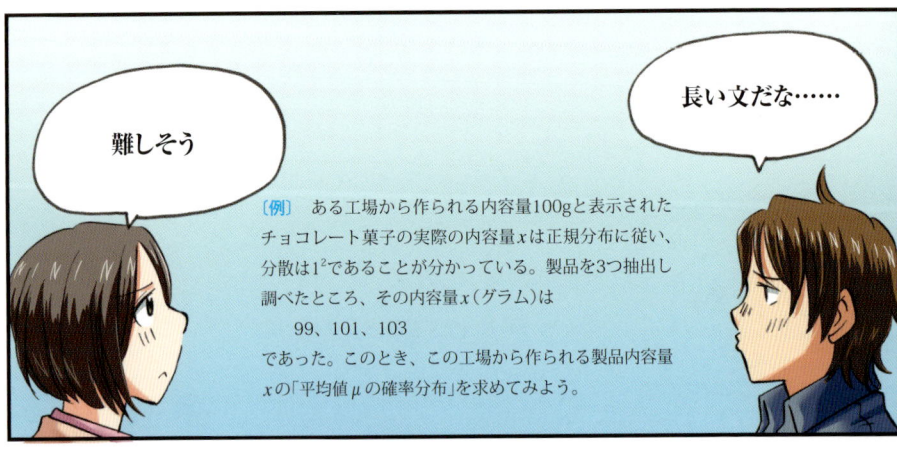

まず事前分布を設定しましょう。

「内容量が100gの製品」とあるのでとりあえず、次のようにしましょう。

事前分布　$\dfrac{1}{\sqrt{2\pi}\times 2}e^{-\dfrac{(\mu-100)^2}{2\times 4}}$

ここに 内容量xは分散1^2の正規分布に従う
　　　　● データ99, 101, 103 (g)を代入する
　　　　● ベイズ理論の公式に代入する

⇩

事後分布　$\propto e^{-\dfrac{1}{2\times \frac{4}{13}}(\mu-100.9)^2}$

こうして「平均値」μは平均値100.9、分散$\dfrac{4}{13}$の正規分布に従うことが分かります。

※詳しくは、第6章§6 (P.224)で紹介しています。

vii

はじめに

　近年、データ解析や統計学の世界で、「ベイズ確率論」や「ベイズ統計学」などと、ベイズの名を冠した言葉が頻繁に用いられています。更には、経済学や心理学、人工知能等、幅広い分野で、「ベイズ」という言葉をよく耳にするようになりました。

　さて、このベイズの名を冠した理論とはどんな理論なのでしょうか。これは18世紀のイギリス人牧師トーマス・ベイズによって発見された数学の定理「ベイズの定理」を出発点とした確率・統計論です。200年以上前に発見された定理がいま脚光を浴び、活用され始めたのです。

　ベイズ理論はデータによって「もとの確率」がどう変化するかを与える理論です。もとの確率を様々に読み替えることで幅広い分野で活用されます。例えば、「もとの確率」を「信念」と読み替えれば、入手したデータがその「信念」にどう影響したかの分析を可能にします。この性質から、経済学や心理学では人間の行動分析に応用されます。

　また、データがもとの確率を変化させることを「原因と結果」と捉えることができます。すると、ベイズ理論はデータから原因を探る理論として利用できます。ベイズ理論が算出した確率が「原因の確率」と呼ばれる所以ですが、この性質は生産管理やシステムトラブルの分析など、複雑な確率現象の分析に応用されます。

　さて、ベイズ理論では、データを得る前の「もとの確率」の設定に裁量が入ります。そこに常識や経験を取り入れられるのです。これまでの確率・統計論では、このような人間味のあるデータ分析は困難でした。この性質から、ベイズ理論は人工知能等にも応用されています。

　このように近年人気を集めるベイズ理論ですが、これまでの統計論に親しんだ人には、敷居が高い理論です。発想が異なるからです。また、学ぶにしても入門から記述された文献はわずかなのが現状です。

　そこで、本書は初めてベイズ理論に触れる人を対象に、一からベイズ理論を解説しました。できるだけ数学や統計用語を用いず、イラストと日本語の解説でベイズ理論のエッセンスを紹介します。ベイズ理論は、ある意味で単純で、発想さえ理解されれば応用は容易です。本書はその最初の部分に焦点を当て、解説します。

　本書がベイズ理論の発展に少しでも貢献できることを希望します。最後になりましたが、本書を作成するに際しましてナツメ出版企画(株)の伊藤雄三氏に御指導を仰ぎました。この場をお借りして感謝の意を表させて頂きます。

2012年早春　著者

CONTENTS

史上最強図解 これならわかる！ベイズ統計学

第1章 ベイズ理論の考え方 ……… 7
- §1　1つの公式から始まるベイズ理論 ……… 8
- §2　21世紀に入って花開いたベイズ理論 ……… 11
- §3　ベイズ理論の考え方 ……… 14
- §4　ベイズ理論の計算法のしくみ ……… 18
- §5　従来の統計学とベイズ統計学 ……… 25

第2章 ベイズ理論のための確率入門 ……… 29
- §1　ベイズ理論のための確率の基本 ……… 30
- §2　ベイズ理論の出発点となる条件付き確率 ……… 38
- §3　条件付き確率の公式化 ……… 42
- §4　確率の乗法定理 ……… 46
- §5　事象の独立 ……… 50
- §6　確率変数と確率分布 ……… 54
- §7　平均値と分散 ……… 56
- 　　2章のまとめ ……… 58

第3章 ベイズの定理の基本 …… 59

§1 ベイズ理論の出発点となる「ベイズの定理」………… 60
§2 ベイズの定理の使い方を確認 …………………………… 65
§3 ベイズの定理に味付けを加えた「ベイズの基本公式」…… 72
§4 ベイズ理論をイメージさせる図の表現法 ……………… 76
§5 応用の主役となる「ベイズの展開公式」 ……………… 80
§6 「ベイズの展開公式」の意味を
　　　ホテルのアナロジーで理解 ………………………… 84
§7 例題を用いた「ベイズの展開公式」導出 ……………… 88
§8 ベイズの展開公式を使ってみよう（Ⅰ）
　　　〜天気予報 ………………………………………… 93
§9 ベイズの展開公式を使ってみよう（Ⅱ）
　　　〜壺と玉の問題 …………………………………… 98
§10 ベイズの展開公式を使ってみよう（Ⅲ）
　　　〜理由不十分の原則 ……………………………… 104
§11 ベイズの展開公式を使ってみよう（Ⅳ）
　　　〜ベイズ更新 ……………………………………… 108
§12 「ベイズ更新」による逐次合理性 …………………… 118
　　　3章のまとめ ……………………………………… 122

第4章 ベイズ理論の応用 123

- §1 事前確率のパワーを体感する 124
- §2 迷惑メールを簡単に判別する
  ナイーブベイズフィルター 130
- §3 確率分布をベイズ推定 138
- §4 MAP推定を利用したベイズ推定法 148
- §5 損失表が与えられたときのベイズ意思決定 152
- §6 ベイジアンネットワーク入門 160
- §7 ベイジアンネットワークの計算 166
- 4章のまとめ 174

第5章 ベイズ統計学のための準備 175

- §1 確率変数と確率分布は統計モデルの柱 176
- §2 ベイズ理論で多用される有名な確率分布（Ⅰ）
  〜一様分布 180
- §3 ベイズ理論で多用される有名な確率分布（Ⅱ）
  〜ベルヌーイ分布 182
- §4 ベイズ理論で多用される有名な確率分布（Ⅲ）
  〜正規分布 184
- §5 ベイズ理論で多用される有名な確率分布（Ⅳ）
  〜ベータ分布 186
- §6 確率分布の母数 188
- 5章のまとめ 189

第6章 ベイズ統計学入門 ……………………………… 193

- §1　ベイズ統計学のための基本知識のまとめ ……………… 194
- §2　ベイズ統計学における母数の扱い ……………………… 196
- §3　連続的な値を取る母数のためのベイズ統計学 ………… 201
- §4　ベイズ統計学の基本公式の意味と使い方 ……………… 206
- §5　ベイズ統計学の有名な問題（Ⅰ）
      〜データがベルヌーイ分布に従うとき ……………… 212
- §6　ベイズ統計学の有名な問題（Ⅱ）
      〜データが正規分布に従うとき ……………………… 224
-     6章のまとめ ……………………………………………… 233
- 付録A．規格化の条件 ………………………………………… 234
- 付録B．最尤推定法 …………………………………………… 235
- 用語解説 ………………………………………………………… 237
- 索　引 …………………………………………………………… 238

利用上の注意

- 掲載の資料は仮想のものです。

- 厳密性よりも分かりやすさを目標としているので、できるだけ日常的な言葉で解説をしています。

- ベイズ統計学では微分積分が多用されますが、本書はその知識を仮定しません。ただし、表記上、微分・積分の記号を含む式が示されている箇所があります。不得手な読者は軽く読み流してください。

- 見やすさを優先しているため、数値の扱いにおいて、有効桁等多少の不具合がありますが御容赦ください。

- 本書でいうExcelは、マイクロソフト社の表計算ソフトウェアExcelのことです。また、グラフ等もそのExcelで作成しています。

- コインやサイコロで確率現象を説明する箇所がありますが、注記のない限り、これらは理想的に作られているものとします。また、抽出操作は当然無作為であることを前提としています。

ベイズ理論の考え方

　ベイズ理論の時代的な背景や、ベイズ理論の考え方を大まかに見てみることにしましょう。「大まか過ぎる」と思われるかもしれませんが、ベイズ理論の入り口として軽く読み流してください。

§1 1つの公式から始まるベイズ理論

本節では、ベイズ理論の出発点となる公式を紹介します。ベイズ理論は実に様々にアレンジされ利用されますが、そのルーツとなる式はたった1つの公式です。

●ベイズ理論とは

ベイズ理論とは**ベイズの定理**と呼ばれる、次の確率公式を出発点とする理論を指します。

$$P(A|B) = \frac{P(B|A)P(A)}{P(B)} \quad \cdots (1)$$

ここで、例えば、$P(A)$はある事柄Aの起こる確率を表す記号です。

「何を言っているの？」と思われるかもしれませんが、気にしないでください。後に詳しく調べますから。とにかく確認してもらいたいのは、この単純な1つの公式からベイズ理論が出発する、ということです。実際、この公式のA、Bをいろいろに解釈することで、ベイズ理論が花開いていきます。

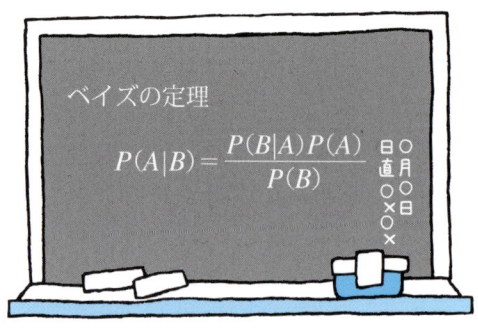

すべてのベイズ理論はこの式から出発するよ

ベイズ：ベイズはイギリス人の名。綴りは、Bayes。

●ベイズ確率論とベイズ統計論

いま調べたように、ベイズ理論は「ベイズの定理」(1)の中のA、Bをいろいろに解釈することで、理論が花開きます。

例えば、ベイズの定理(1)のAを「原因」、Bを「データ」と解釈する方法があります。このとき、ベイズの定理(1)はベイズ確率論の基本公式になります。このベイズ確率論はデータ分析や情報理論、ゲーム理論などの基礎分野を介して、経済学や心理学、意思決定理論など様々な分野に活躍の場を広げることになります。

また、近年ベイジアンネットワークと呼ばれる理論が人気を集めています。これは、ベイズの定理(1)のAを「原因」、Bをその「結果」と単純に考え、事象の推移を確率的に計算する論理です。自然や社会の多くの出来事は原因と結果の確率的な連鎖としてモデル化できるので、そのモデルを素直に表現し具体的計算法を提供するベイジアンネットワークは自然科学や社会科学で大変注目されています。

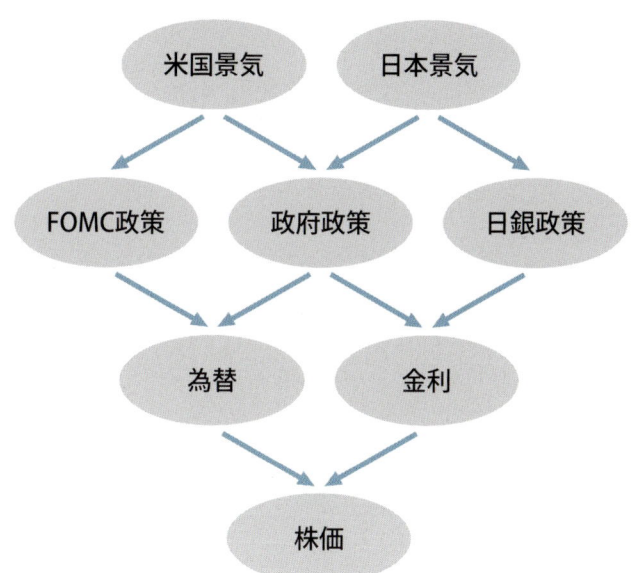

自然や社会の多くの出来事は原因と結果の確率的な連鎖としてモデル化できる。
　一例として、上の図は日本の株価がどのような確率の連鎖で上昇するかの1つの単純なモデルである。これまでの経験や情報を数値化し、このベイジアンネットワークにセットすることで、株価が上がるときに、それが日本経済の好調性に依ることの確率とアメリカ経済の好調性に依ることの確率とを算出できる。

ベイズ統計：本文にも示すように、ベイズ統計とよばれる文献にはベイズ確率論も含まれているので紛らわしい。

更にまた、Aを「確率分布の母数」、Bを「データ」と解釈することで、定理(1)は従来の統計学と違った見方のできるベイズ統計論に発展します。過去の経験や常識をシームレスに取り込める方法論として統計学の大きな位置を占めるようになってきました。

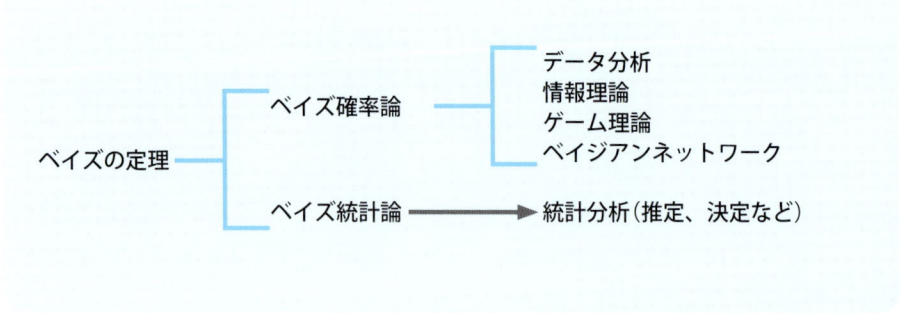

● **文献を読むときの注意**

「ベイズ統計」の名を冠した多くの文献は、上記の「ベイズ確率論」と「ベイズ統計論」を明確に区別せずに解説を進めています。ベイズの定理(1)の解釈の違いだけなので、確かに、区別する必要はないかもしれません。

しかし、初めて学ぶときには2者を区別した方が分かりやすいと言われます。本書はこの説に従うことにします。本書では、「従来の統計学」と区別するために、ベイズ統計論を「ベイズ統計学」と呼ぶことにします。

統計と統計学:「統計とは?」、「統計学とは?」と問われると、答えに窮する。回答する人が所属する分野によって、答えは大きく異なる。

§2 21世紀に入って花開いたベイズ理論

本章は、ベイズ理論がどのような経緯をたどって今日の発展を見たかを調べることにします。定理の発表から200年以上もの時を経て花開いた道筋を見てみましょう。

●21世紀に入って花開いたベイズ理論

21世紀に入り、ベイズ理論が様々な分野で爆発的に活用され始めました。「ベイズ理論」、「ベイズテクノロジー」、「ベイズ統計学」、「ベイズエンジン」などと、「ベイズ」の名を冠した言葉が、数学、経済学、情報科学、心理学等、幅広い分野で用いられ始めています。実際、「ベイズ」の言葉を検索サイトで調べると、膨大なヒットが得られます。現代の確率論、統計論、情報論において、ベイズ理論は欠かすことのできない地位を確保しているのです。

ベイズ理論は実に様々な分野で活躍している。

情報科学：「情報」という言葉も様々な意味で利用されている。本書では、一般的な意味でこの言葉を利用している。

◉「ベイズ」は人の名

ところで、「ベイズ」とは何でしょうか？　周知のように、それは人の名です。18世紀後半のイギリス・スコットランドの長老派教会の牧師**トーマス・ベイズ**（Thomas Bayes、1702－1761）の名前なのです。牧師ベイズが現在**「ベイズの定理」**と呼ばれる基本公式を導き出しました。200年以上も前に発見されている定理なのです。

◉数奇な運命をたどるベイズの定理

ベイズ理論が200年以上も埋もれてしまった理由を、簡単に調べてみることにしましょう。

後述するように、ベイズの定理を統計学的に使う際、曖昧性が生まれることがあります。事前確率と呼ばれる初期設定をしなければならないからです。その初期設定は恣意的になることもあります。

この恣意性を数学者が嫌いました。そして、恣意性を排した統計学が世界を支配しました。**頻度論**と呼ばれる統計学です。現在、高校や大学の授業で標準的に教えられている統計学です。この頻度論を完成させた学者が**ネイマン**（1894－1981、米国）と**ピアソン**（1895－1980、英国）です。頻度論を唱える数学者は、「厳密さを欠く理論は数学ではない」として、ベイズ理論を抹殺しました。こうして、現代までベイズ理論が表舞台に出ることはなかったのです。

ベイズの定理の時代背景：ベイズの定理発表後まもなくアメリカ独立戦争が始まる。そういう時代にベイズの定理が生まれた。

●欠点が長所に

ベイズ理論を活用する人たちを**ベイジアン**と呼びます。先の「頻度論」者に対比される言葉です。近年、「ベイジアンが主流になっている」とさえ言われています。

ベイズ理論が近年注目されるようになった最大の理由は、**ベイズ理論の柔軟性**にあります。ベイズ理論は、いま述べたように**曖昧性・不厳密性を許容します**。しかし、近年この欠点が長所として受け止められているのです。曖昧性・不厳密性が理論の柔軟性に通じ、応用のし易さに発展していくからです。従来の定型的な確率論や統計論では対処できない**「経験」や「常識」を取り込んだデータ処理も、ベイズ理論は可能**にしてくれるのです。人間の感性に近い確率や統計の処理を、ベイズ理論は実現してくれるわけです。

コンピュータの発達もベイズ理論の発展に大きく貢献しました。机上のパソコンを利用して、簡単にベイズ理論を確かめることができるようになりました。そこで、従来の統計学のように型にはまった論理に頼る必要がなくなったのです。特に、ベイズ理論の発展型であるベイジアンネットワークやMCMCによる計算は、コンピュータなくしては実際の計算は不可能ですが、現在は机上の安価なパソコンで簡単にそれを実行できます。

ベイジアンと頻度論者：ベイズ理論を利用する人をベイジアンという。従来の統計学を信奉する人を頻度論者という。

§3 ベイズ理論の考え方

ベイズの定理を利用したベイズ理論とはどんな考え方をとる理論なのでしょうか。厳密なことは後に回すことにして、ここではイメージでその考え方を追ってみましょう。

◉お見合い相手の相性をベイズで分析

厳密な話は後回しにすることにして、ここでは「お見合い」の例を利用して、ベイズ理論の考え方を追ってみることにします。

> 〔例〕 テニスとクラシック音楽が好きな I 子さんは J 君とお見合いをしました。I 子さんが、「テニスは好きですか？」と尋ねると、J 君は「はい」と答えました。次に、「クラシック音楽は好きですか？」と尋ねると、J 君は「いいえ」と答えました。このとき、J 君は I 子さんと相性が合うか合わないか、その判断を確率の動きとしてベイズ流に追ってみましょう。

「テニスが好きか」、「クラシック音楽が好きか」の質問だけで、お見合い相手の相性を判断するのは乱暴ですが、あくまで一つのモデルとして捉えてください。

◉初対面では相性の合否判断は五分五分

2人がお見合いの席に着いたとします。このとき、初めて会う相手に対して何も判断材料が無いのですから、相性の合否の判定は半々でしょう。すなわち、

$$相性が合う確率 = 0.5、相性が合わない確率 = 0.5 \quad \cdots (1)$$

初めてで、何も知らないのだから、相性が合う合わないは半々ね！

初対面

頻度論者を英語では：頻度論者は英語でfrequentistだが、日本ではベイジアンに対してフリクエンティストとは呼ばれない。

最初に設定したこの確率を**事前確率**と呼びます。常識的にとりあえず仮定する確率です。「そんな曖昧でいいの」と怒らないでください。これが従来の確率統計学を信奉する「頻度論者」には耐えられないところなのです。ベイズ論で扱う確率が**主観確率**と呼ばれますが、それはこのような意味なのです。

●最初のデータを取得

　テニスについて尋ねると、J君は「はい」と答えました。テニス好きのI子さんにとって、この答は「相性が合う」確率を高めてくれるでしょう。そこで、(1)の事前確率は次のように変更されるはずです。

　　相性が合う確率＝0.7、相性が合わない確率＝0.3　…(2)

(注) 数値は仮想の値です。この数値を具体的に求めるのがベイズ理論です。

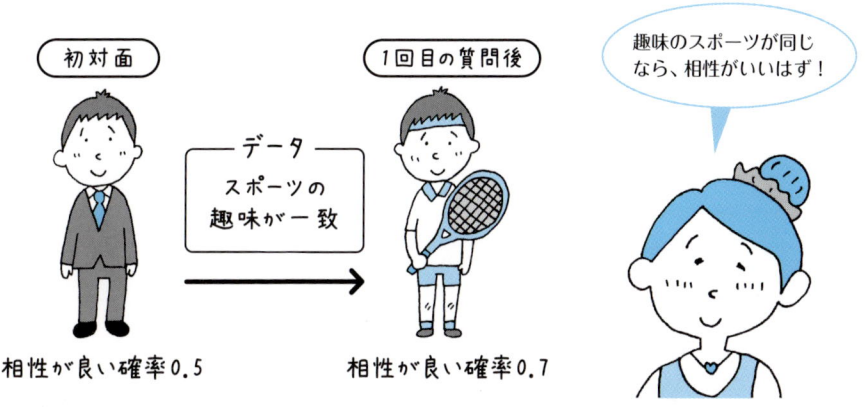

　この(2)を、事前確率(1)に対する**事後確率**といいます。事前確率にデータを加味したものが事後確率になっているのです。人は情報を得た後、自分の持つ確信度を変更します。ベイズの定理は、これとよく似た操作を数学的に実現するのです。

●2番目のデータを取得

　2回目の質問で、I子さんの「クラシック音楽が好きですか？」の問に、J君からは「いいえ」と返事が返ってきました。クラシック音楽愛好家のI子さんにとって、これは「相性が悪い」というデータとなるはずです。そこで、相性の良い確率は前の(2)の0.7から0.6にダウンしました。すなわち、

　　相性が合う確率＝0.6、相性が合わない確率＝0.4　…(3)

(注) 数値は仮想の値です。上述のように、この数値を具体的に求めるのがベイズ理論です。

事前確率は英語で：事前確率は、英語でPrior probability。3章で詳解。

1回目の質問から得たデータを取り込んだ(2)の確率が、更に2回目の質問から得たデータを取り込んで、新たな(3)になったわけです。このように、データを取り込むたびに事後確率が変化するのを**ベイズ更新**と呼びます。

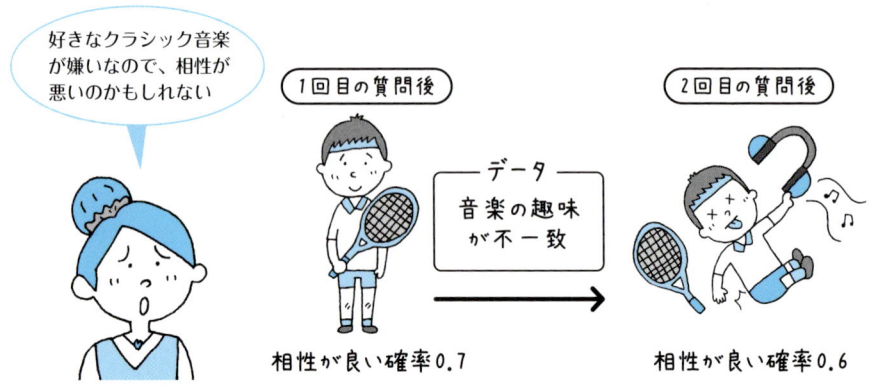

　以上のような確率の変化の流れが、ベイズ理論による確率・統計の計算の流れになります。漠然としてピンと来ないでしょうが、ベイズ理論の確率計算の流れが、普段の私たちの「常識」に一致したものになっているということを了解してください。すでに持っている確率情報に、入手データを加味して新たな確率情報を算出する、というアルゴリズムは、日常我々の行っている思考活動に一致しています。この一致性こそが幅広い分野でベイズの理論が活用できる原理になっているのです。

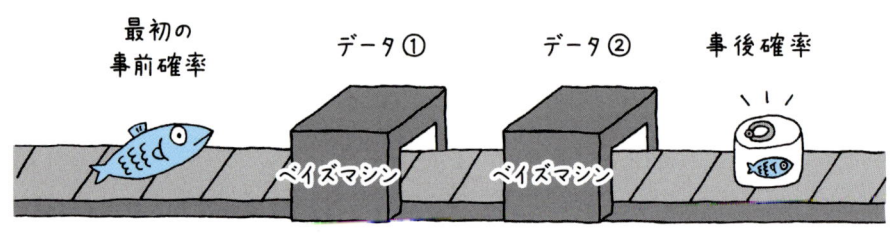

予め持っている確率情報に、入手データを加味して新たな確率情報を算出する、というのがベイズ流の計算の流れ。

●カンや経験を活かせるベイズ理論
　前の確率(事前確率)にデータを取り込んで新たな確率(事後確率)を算出するという

16　**事後確率は英語で**：事後確率は、英語でPosterior probability。3章で詳解。

考え方は大変重要です。現データの情報を過去のデータ情報に容易に融合できるからです。この融合はこれまでの確率統計理論が苦手とするところでした。

また、前の確率（事前確率）に経験やカンで得られた情報を含ませれば、新たに算出された確率情報はそれらを加味したものになります。カンや経験が活かせるのです。ベイズ理論は、従来の確率統計論に事前確率というアイデアを合わせ持つことで、より懐の深い理論に発展したのです。

メモ　ベイズの時代

ベイズの定理の「ベイズ」とは、すでに調べたように人名です。18世紀後半のイギリス・スコットランドの長老派教会の牧師トーマス・ベイズ（Thomas Bayes、1702－1761）の名前です。牧師であるベイズが、現在「ベイズの定理」と呼ばれる基本公式を導き出しました。

ベイズが所属した長老派教会とは、キリスト教プロテスタントに属するカルヴァン派を指します。その教会の牧師であるベイズは、優秀な数学愛好家でもありました。「アマチュアが趣味で定理を発見したのだ！」と驚かれるかもしれませんが、現代ほど分業が進んでいない当時において、プロとアマチュアの境ははっきりしませんでした。アマチュアの数学者が発見した定理といっても、侮ることはできないのです。実際、アマチュアの発見したこの定理こそが、現代の様々な分野で活躍するベイズ理論の根幹になっているのです。

ベイズの生きた時代の位置を年表で見てみましょう。ずいぶん昔の話であることが分かります。

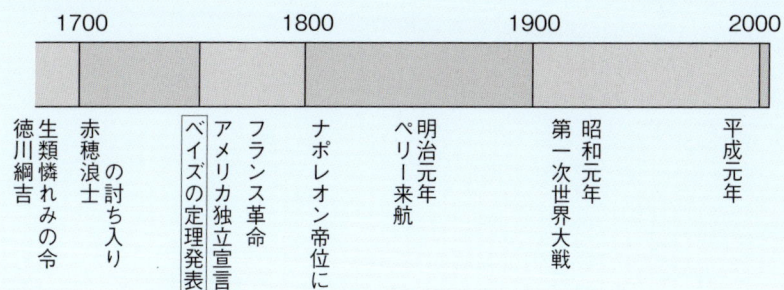

ちなみに、ベイズの定理を現代につないだのは高名なフランスの数学者ラプラス（1749－1827）でしょう。ラプラスはベイズの死後にベイズの遺稿を整理し、埋もれていた定理の素晴らしさを見抜き発展させました。この意味で、ベイズを有名にしたのはラプラスであるとも言えます。しかし、そのラプラスの死後、ベイズの定理は社会に埋もれてしまったのです。そして漸く現代になって、その価値が再認識されることになったのです。

ラプラスとベイズ：ラプラスがベイズの定理を応用する際に、「ベイズ」の名は明記しなかったそうである。ラプラスの評判はあまり良くない。

§4 ベイズ理論の計算法のしくみ

前の節（§3）では、ベイズ理論の考え方を調べました。ここでは、ベイズ理論の実際の計算法の雰囲気を味わってみることにします。詳細は後述しますから、軽く読み流してください。「こんな計算なのだ！」と感じてくれれば十分です。

● まずは簡単な問題から

ベイズ理論の計算法を考える前に、単純な次の問題を調べてみましょう。問題文中のA氏に代わって、解答を求めてみましょう。

〔例題1〕　A氏はある雑誌で次の記事を読んだ。

　世の女性にはダイエットの意志が「強い人」と「弱い人」の2パターンがあり、「強い人」は好きなケーキを勧められると5回に1回それを食べ、「弱い人」は5回に3回食べる。

　A氏はダイエットを心掛けている妻B子さんに好きなケーキを勧めた。すると、B子さんはためらいつつ、きれいに食べてしまった。この様子を見て、A氏は妻がダイエットの意志の「強い人」、「弱い人」のどちらのパターンに属するのか、その所属確率を求めたくなった。

ダイエットに関して妻は意志の強い人なのか、意志の弱い人なのか？確率で表現してみよう

統計モデル：統計データを分析するには、そのデータを構築するモデルが重要。確率分布などを仮定するのもその一つ。

「ダイエットの意志の『強い人』は好きなケーキを5回に1回食べ、『弱い人』は5回に3回食べる」とあります。妻は勧められたケーキを食べたので、その妻が意志の「強い人」のパターンに属するときと、「弱い人」のパターンに属するときの割合の比は次のように表せます。

「強い人」に属する確率：「弱い人」に属する確率 $= \dfrac{1}{5} : \dfrac{3}{5} = 1 : 3$ …(1)

　実際、「ケーキが食べられた」ことに占める各パターンの割合は下図のように示せます。この図からも、(1)の右辺の比1：3は明らかでしょう。

今回ケーキが食べられたことに対して、各パターンが原因として占める割合。1：3になっていることを確認しよう。

　そこで、この図または(1)から、妻のB子さんが意志の「強い人」「弱い人」に属する確率は、次のように算出されます。

　　B子さんが意志の「強い人」に属する確率 $= \dfrac{1}{4} = 0.25$　…(2)

　　B子さんが意志の「弱い人」に属する確率 $= \dfrac{3}{4} = 0.75$　…(3)

（注）(2)と(3)の和は1になります。妻の意志は「強い」、「弱い」の2通りしか考えていないからです。

割合と確率：割合と確率は、日常用語では明確な区別が無いことがある。

「食べた」というデータだけから評価すると、妻B子さんは意志が強いとは言えない。

(2)、(3)がA氏の知りたい答です。この結果だけを見る限り、妻のB子さんは、ダイエットに関してあまり意志が強いとは言えないようです。

●ベイズ的に問題をアレンジ

以上の問題をベイズ流にアレンジしてみましょう。それが次の問題です。

〔例題2〕 A氏はある雑誌で次の記事を読んだ。

世の女性にはダイエットの意志が「強い人」と「弱い人」の2パターンがあり、「強い人」は好きなケーキを勧められると5回に1回それを食べ、「弱い人」は5回に3回食べる。

A氏はダイエットを心掛けている妻B子さんに好きなケーキを勧めた。すると、B子さんはためらいつつ、きれいに食べてしまった。この様子を見て、A氏は妻がダイエットの意志の「強い人」、「弱い人」のどちらのパターンに属するのか、その所属確率を求めたくなった。

なお、経験的にA氏は妻B子さんを「意志の強い人」と感じている。「強い人」、「弱い人」の各パターンに属する確率は順に80%、20%(すなわち、順に0.8、0.2)であると思っている。

経験を数学に：ベイズ理論の素晴らしいところは経験という情報を数学に取り入れられること。

　最後に3行が付加されていることに注意してください。これが重要なのです。というのは、多くの場合、データを得る前に経験的な情報を持っているからです。データが唐突に1つだけ得られるということはまれで、入手するデータを評価するための「常識」が私たちには備わっているのです。いまの場合、「ケーキを食べた」という1回のデータは、経験のうえで評価されるべきでしょう。前節（§3）の最後に調べたように、ベイズ理論はその**経験を活かすことが可能**なのです！

　前置きはこれくらいにして、問題解決にとりかかりましょう。

　まず「ケーキを食べた」というデータだけからすると、妻が各パターンに所属する割合は、前問の解から次の(1)のように得られます。

　　「強い人」に属する確率：「弱い人」に属する確率＝$\dfrac{1}{5}:\dfrac{3}{5}$＝0.2：0.6　　…(1)

ところで、経験的な妻の各パターンへの所属確率は、題意から次の通りです。

　　「強い人」に属する確率：「弱い人」に属する確率＝0.8：0.2　　…(4)

(注) ベイズ理論では、この(4)が「事前確率」と呼ばれる特徴的なアイデアとなります。

意志が強い人のパターン　　　　　　意志が弱い人のパターン

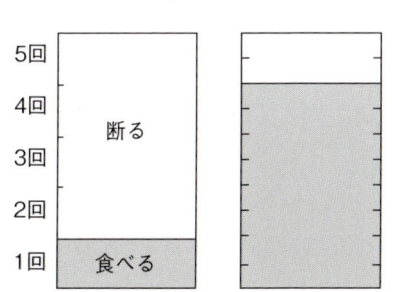

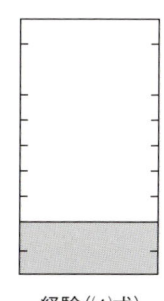

定数倍の違い：確率といっても、割合の概念を一般化したもの。したがって、定数倍の違いはあまり問題にならない。

(1)に、この(4)を掛けると、トータルでの妻の各パターンへの所属割合が得られます。

「強い人」に属する割合：「弱い人」に属する割合
$$= 0.2 \times 0.8 : 0.6 \times 0.2 = 4 : 3 \quad \cdots(5)$$

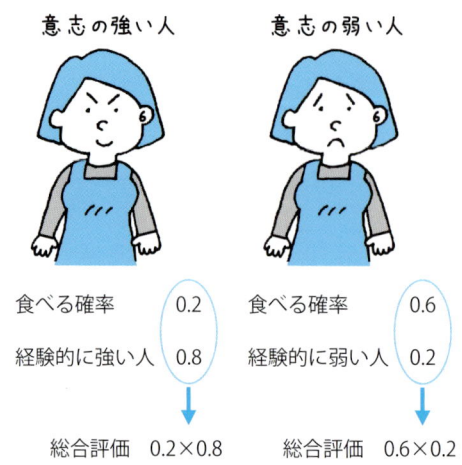

データから得られる各パターンの割合に、経験的な情報の割合を掛け合わせて、目標の総合的な評価が得られる。

（注）(1)と(4)とを掛け合わせてデータ取得後の所属割合（すなわち事後評価）が得られることは自明ではありません。その論拠こそがベイズの定理なのです。詳細は後に調べます。

　この(5)がデータと経験とを総合的に加味したＢ子さんの評価になります。得られたデータと経験とをトータルで考えると、妻のＢ子さんは意志の「強い人」に入る割合が高いことが分かりました。

　(5)の結果を確率に直してみましょう。「ケーキが食べられた」ことに占める意志の強弱の各パターンの割合は下図のようになります。

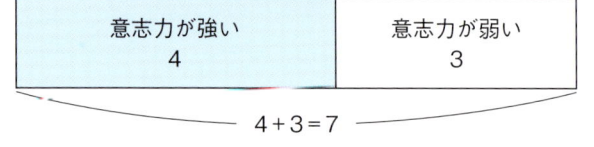

ケーキが食べられたことに対して、意志力の強弱のパターンが占める割合。今回は経験を加味。

　この図から、意志の強弱全体（=7）に占める各パターンに属する割合、すなわち確率は、次のように算出されます。

意志の強い人に属する確率：このような確率は先に述べた主観確率である。従来の確率論では扱えない概念である。

B子さんが意志の「強い人」に属する確率＝$\frac{4}{7}$≒0.57　…(6)

B子さんが意志の「弱い人」に属する確率＝$\frac{3}{7}$≒0.43　…(7)

以上の(6)、(7)がA氏の知りたい答です。
(注)(6)と(7)の和は1になります。

● **結果を吟味**

　夫の経験を取り入れることで、妻B子さんの評価は意志の「強い人」のパターンに傾いています。1回ぐらいケーキを食べたからといって、夫の妻に対する信頼性が壊れてはいないわけです。

　そうはいっても、「ケーキを食べた」というデータを得る前と得た後では、意志の強さの信頼性は大きく変化しています。(4)、(6)から、次のように妻への確信の度合いが変化しているのです。

　　(データ取得前) B子さんが意志の「強い人」に属する確率＝0.8

　　(データ取得後) B子さんが意志の「強い人」に属する確率＝$\frac{4}{7}$≒0.57

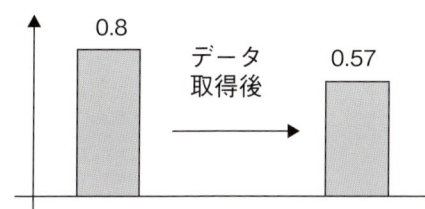

データ取得前後で、B子さんが意志の「強い人」に属する確率が3割近く減る。

ベイズ学習：データをベイズ理論に取り込み、データ取得以前より確度を高めることをベイズ学習と言う。

3割近く「意志の強い人」と思う確率が減少しています。このように、ベイズ流の計算では、**データを得ることで経験や常識が更新されていきます**。これはベイズ流の「学習」と捉えてもよいでしょう。この更新、学習のアイデアは、人間のデータ処理感覚にマッチしています。このことが、近年ベイズ理論が注目される大きな理由の一つなのです。

データを得ることで、評価が更新される。まさに、データによって「学習」するのである。

メモ　事前確率

(4)の設定が、ベイズ理論の特徴となります。**「事前確率」**の設定です。良くも悪くも、この設定が応用上大きな意味を持つことになります。「良」という点では、ベイズ理論の活躍する世界が広がる、ということが挙げられます。「悪」という点では、歴史的に見たように(前節§2)、「不厳密」というそしりを免れない、ということが挙げられます。

とりあえずの数学：不明なことは「とりあえず」そうしておこう、というのが人間的。ベイズはこのことに事前確率で対応。

§5 従来の統計学とベイズ統計学

ベイズの定理をアレンジし、それを利用して資料分析を行う統計学が、ベイズ統計学です。本節では、現在多くの教科書に採用されている従来の統計学の考え方と、このベイズ統計学の考え方との違いを調べてみましょう。

●平均身長を例に

いま日本に住む18歳男子の「平均身長」を調べるために、該当する男子5人をランダムに選び、その身長を測ったとしましょう。その結果が右の表です。この平均身長の例を利用して、従来の統計学とベイズ統計学とのデータに対する考え方の違いを調べてみましょう。

名前	身長(cm)
太郎	167
次郎	175
三郎	164
四郎	182
五郎	177
平均身長	173

●従来の統計学

多くの統計学の教科書で標準的に採用されている「従来の統計学」は、このデータに次のように対処します。

① 日本に住む18歳男子の身長は、「定まった」母集団の平均身長(これを母平均という)で規定される確率分布に従うと仮定する。

② たまたま選び出した5人の身長の平均値が、この表に与えられたように、173cmであったと考え、これを「標本平均」と呼ぶ。

人間の学習：人間の学習は、得られた情報から、疑いの度合いを変化させていく過程とも捉えられる。ベイズ理論がマッチする理由はそこ。

③何回も5人をランダムに選び出せば、それから得られる②の「標本平均」はいろいろ変化するが、母平均で規定される確率分布に従う。

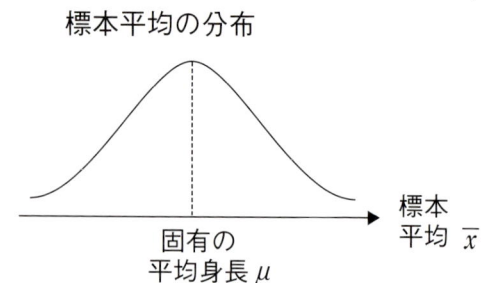

(注) ①の確率分布と③の確率分布とは異なるのが普通です。しかし、母集団の平均身長はどちらも同じ。

　以上の発想と確率論を組み合わせることで、従来の統計学は母集団の平均身長の推定や検定を行います。
　この考え方では、5人の身長のデータは何回でも得られることを仮定しています。そのため、このような考え方でデータに対応する方法を**頻度論**と呼びます（本章§2）。

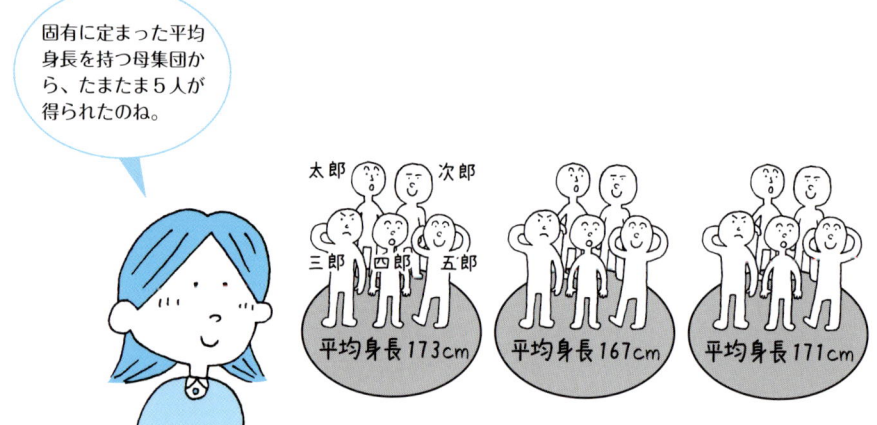

従来の統計学：ベイズ理論も、生い立ちは現在主流の統計学と同じくらい古い。しかし、現在主流の統計学を「従来の統計学」と呼ぶ。

●ベイズ統計学

ベイズの定理を論拠にする「ベイズ統計学」はどのような考え方で、先の5人の身長データに臨むのでしょうか。そのステップを調べてみましょう。

①日本に住む18歳男子の身長は、母集団の平均身長(これを**母平均**という)で規定される確率分布に従うと仮定する。
②いま得られた資料を与えられた唯一のデータとして扱う。
③②のデータを利用して、①で仮定した確率分布から母集団の平均身長の分布を算出する。

名前	身長(cm)
太郎	167
次郎	175
三郎	164
四郎	182
五郎	177

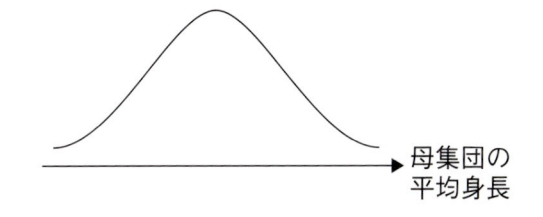

以上の発想とベイズの定理を組み合わせることで、ベイズ統計学は平均身長の推定や決定を行います。

●従来の統計学とベイズ統計学の対比

現在多くの教科書に採用されている統計学になれ親しんでいる読者は、ベイズ統計学に当初は戸惑うかもしれません。その戸惑いの主な原因はデータへの対処法と母数の扱い方の違いから生まれます。この違いを表にまとめてみましょう。

	データへの対応	母数(パラメータ)
ベイズ統計学	一期一会的に扱う	確率変数であり、その分布を調べようとする
従来の統計学	たくさんある中の一つとして扱う	母集団固有の唯一値を仮定

この表で、**母数とはデータが従う確率分布を決定する定数**のことです。**パラメータ**とも呼ばれます。例えば、次の式は正規分布を表しますが、平均値 μ と分散 σ^2 が母数となります(5章§4)。

$$f(x) = \frac{1}{\sqrt{2\pi}\sigma} e^{-\frac{(x-\mu)^2}{2\sigma^2}}$$

頻度論の主役:従来の統計学を、ベイズ統計と対比させて頻度論というが、その代表者はネイマンやピアソンである。

メモ　ネイマンと、ピアソン

　§2で見たように、ベイズ理論には主観的な確率が入ります。それを長所として捉え、活用するのが現在のベイズ理論です。しかし、歴史的には、その主観性ゆえに、多くの学者がベイズ理論を退けてきました。このベイズ理論の対極をなす代表的統計学を構築し、ベイズ理論を排斥した有名な学者が表題のネイマンと、ピアソンです。

　ネイマン(1894−1981)、ピアソン(1895−1980)は頻度論と呼ばれる、現在の多くの統計学の教科書に採用されている理論体系を完成します。

　彼らが構築した統計学には、ベイズ理論のような曖昧性は含まれません。数学的な確率論を基礎に、統計データを確率分布の中だけで扱おうとします。この統計学は推定や検定で大きな成果をあげ、品質管理技術などに多大な貢献をしています。

　繰り返しますが、ベイズ理論を統計学に持ち込もうとすると、主観的な確率が入り込む余地が生じてしまいます。これが上記2人の神経を逆なでることになります。「厳密な科学に主観が入ってはいけない」という厳しい道徳を持っていたからです。こうして、ベイズ統計学は20世紀の統計学から排除されることになったのです。

　ちなみに、ここで登場するピアソンはエゴン・ピアソンであり、有名な統計学者カール・ピアソン(1857−1936)の子供です。カール・ピアソンは今日の記述統計を集大成した学者であり、彼の名を冠した「ピアソンの積率相関係数」は、多くの読者がご存じのことと思います。

パラメータ：英語でparameter。モデルの構造を定義したりするための定数。統計学は母数と訳される。

第2章
ベイズ理論のための確率入門

ベイズ理論を理解するのに必要な確率の知識をまとめます。ベイズ理論では「条件付き確率」が表舞台に立ち、記号が複雑になります。例にたくさん接することで、この記号に慣れ親しんでください。

§1 ベイズ理論のための確率の基本

本節では、ベイズ理論を理解するために必要な「確率の基本」について調べることにします。ベイズ理論は確率に基づいた定理から出発します。そこで、その確率の意味を復習します。

● 分かっているようで分からない確率

ベイズ理論は確率の定理から出発します。ところで、確率とは不思議な言葉です。「1枚のコインを投げて、表の出る確率は $\frac{1}{2}$ 」、「1個のサイコロを投げて、1の目の出る確率は $\frac{1}{6}$ 」、「明日雨の降る確率は30%」、「彼の某大学合格の確率は1割」など、確率という言葉は普段の会話で気に留めることもなく利用されています。しかし、よく考えると、説明がしづらいアイデアです。「明日雨の降る確率は30%」と言いながら、明日に雨は「降る」か「降らないか」のどちらかです。30%の雨とは何を意味しているのでしょうか？ 「1個のサイコロを投げて、1の目の出る確率は $\frac{1}{6}$ 」と言っても、サイコロを1個振ったとき、1の目は「出る」か「出ない」かのいずれかです。1の目の出る確率は $\frac{1}{6}$ とは何を意味しているのでしょうか？

probability：確率の英語表現。probableは「だぶん、ありそうな」などの意味。

このように、確率は不思議な概念であり、この不思議性が様々な誤解を生じさせます。例えば、「受験に合格するかしないかは2つに1つ。だから勉強しない」などという暴論まで生まれてしまいます。

ここでは、この不思議な確率について数学的な解釈を提供します。これがベイズ理論の基本となります。

●確率の意味

確率を考えるとき、一番分かりやすい例の一つはサイコロです。そこで、サイコロを1個投げ、「偶数の目の出る」確率を調べることで、確率概念に迫ってみます。

まず、サイコロを投げてみましょう。この操作を**試行**といいます。英語でtrialといいます。英語の方が日常用語であり、分かりやすいかもしれません。

この「試行」によってサイコロの目が確定します。この結果を**事象**といいます。英語でeventといいます。これも、英語の方が分かりやすいかもしれません。

(注) 本書では「試行」、「事象」などの数学用語はできるだけ使用を避け、日常用語で解説します。

サイコロを投げることを「試行」、
得られた結果が「事象」

投げる＝試行
偶数の目＝事象

では、1個のサイコロを投げるという**「試行」**をし、結果として偶数の目の出る**「事象」**を考えるとき、その確率 p を定義してみましょう。

$$p = \frac{\text{サイコロを投げて「偶数の目」の出る場合の数}}{\text{サイコロを投げて、起こり得る目のすべての場合の数}}$$

(注) 確率はしばしば p と表示されます。英語の probability の頭文字だからです。

根元事象：起こり得るすべての事象一つ一つを根元事象という。

では、実際にこの値を求めてみましょう。

分母にある「起こり得る目のすべての場合の数」とは、サイコロの場合は6通りです。1個のサイコロの目の出方は1～6の6通りだからです。

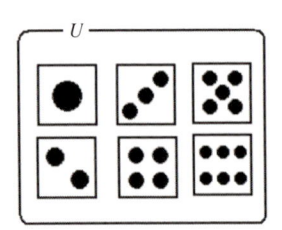

1個のサイコロを投げる試行において、起こり得るすべての場合の数は6通り。なお、「起こり得るすべての場合」は「標本空間」といい、通常Uで表される。各場合は等確率で起こること、すなわち「同様に確からしい」ことを仮定する。

また、「偶数の目の出る場合の数」は3通りです。というのは、偶数の目の出る事象を対象にしているので、2、4、6の3通りの目の出方があるからです。

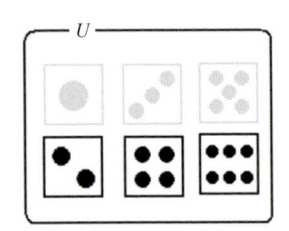

1個のサイコロを投げる試行において、偶数の目の出る「事象」は3通り。

以上より、偶数の目の出る事象Aの確率pは次のように求められます。

$$p = \frac{3}{6} = \frac{1}{2}$$

以上のことを一般化して、事象Aの起こる確率pを次のように定義します。

$$p = \frac{事象Aの起こる場合の数}{起こり得るすべての場合の数} \quad \cdots (1)$$

(注)起こり得るすべての場合は「同様に確からしい」、すなわち等確率で起こることを仮定します。

outcome：試行によって現れる一つ一つの結果を英語でoutcomeと呼ぶ。このoutcomeの集まりが事象になる。

この定義(1)は、次の図のようなイメージで表現されます。すなわち、大きな枠Uで「起こり得るすべての場合」を表すとします。すると、事象Aはその中の一部になります。このとき、大きな枠Uに含まれる要素の個数で、その中の事象Aに含まれる要素の個数を割った値が「確率」になるのです。イメージ的には、**次の図の長方形の面積で楕円の面積を割ったときに得られる値**と捉えられます。

(注) 前ページで見たように、このUを**標本空間**といいます。集合論の全体集合(universal set)に相当するものです。

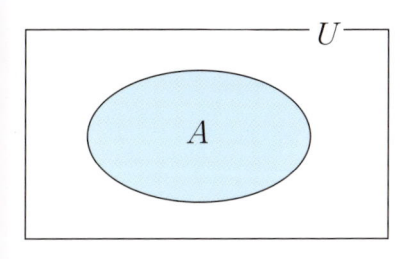

「起こり得るすべての場合」Uを四角で、事象Aを円(楕円)で表すと、確率(1)はあたかもUの面積でAの面積を割ったときに得られる値というイメージとなる。

●数学的確率と統計的確率

　「1個のサイコロを投げて、1の目の出る確率は$\frac{1}{6}$」といわれます。実際、(1)の定義に代入すると、分母は6、分子は1になります。

　ところで、1回だけ投げて1の目の出る確率が$\frac{1}{6}$であることは確かめられません。1回しか投げなければ、目は1か1でないかのいずれか一つだからです。そこで、確率が$\frac{1}{6}$であることを確かめるには、どうすればよいでしょうか？

　確率の値を確かめるには、試行を何回も繰り返せばよいでしょう。何万回、何億回と繰り返すうちに、現象の得られる比率は真の確率の値になるはずです。いま考えているサイコロの例でいうなら、1個のサイコロを何万回、何億回と繰り返し投げるうちに、1の目は全体の中で$\frac{1}{6}$の割合で現れるはずです。

数学的確率：古典的確率、先見的確率、ラプラスの確率、などいろいろな名で呼ばれる。

サイコロを何万回、何億回と繰り返し投げるうちに、1の目は全体の中で $\frac{1}{6}$ の割合で現れる。

　このように、何回も試行を繰り返したとき、得られる事象Aの割合を事象Aの**統計的確率**といいます。これに対して、(1)で定義した確率を**数学的確率**といいます。

　通常、確率といえば後者の「数学的確率」を指します。例えば、「コインの表の出る確率は $\frac{1}{2}$」はこの数学的確率を表現しているのです。

（注）統計的確率は「**割合**」とも表現されます。例えば、「過去100年間で4月1日に雨の降った確率は30%」というときの確率は統計的確率ですが、「4月1日に雨の降った割合は30%」とも表現されます。

●確率の記号

　話を発展させるときには、いろいろな確率が同じ式の中に現れます。そこで、各々の確率を区別するための記号が必要になります。そのために利用される記号が$P(A)$という記号です。これは次のことを意味します。

　　　$P(A)$ … 事象Aの起こる確率　　…(2)

（例1）　サイコロを1個投げたとき、Aを「偶数の目の出る事象」とします。このとき、事象Aの起こる確率を$P(A)$と表記します。

（例2）　コインを2枚投げたとき、Bを「2枚とも表の出る事象」とします。このとき、事象Bの起こる確率を$P(B)$と表記します。

サイコロ：サイコロといったとき、通常は理想的なサイコロをいう。すなわち、どの目も等確率で出る。

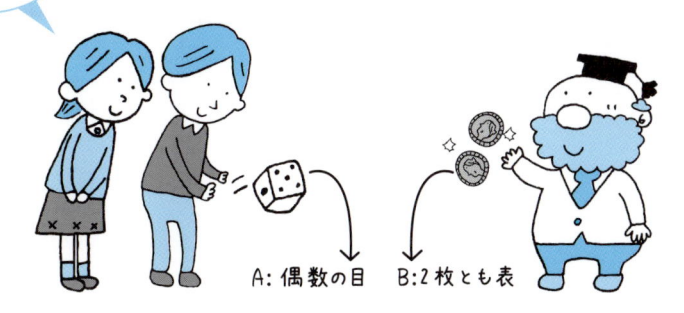

（吹き出し）$P(A)$、$P(B)$という記号で2つの事象の確率を区別するのね

A: 偶数の目　B: 2枚とも表

$P(A)$、$P(B)$等の記号を利用することで、複数の事象の確率を簡単に区別できる。

●同時確率

2つの事象A、Bを考えることにしましょう。これらA、Bが同時に起こる事象を$A \cap B$と表します。そして、この事象$A \cap B$が起こる確率を

　　$P(A \cap B)$

と表します。これを事象A、Bの**同時確率**と呼びます。

（注）記号∩はインターセクション（intersection）と読まれます。また、帽子の形をしているのでCapとも読まれます。$A \cap B$を事象A、Bの**積事象**と呼びます。

同時確率$P(A \cap B)$は、先に示した集合のイメージで表現すると、次のように表されます。

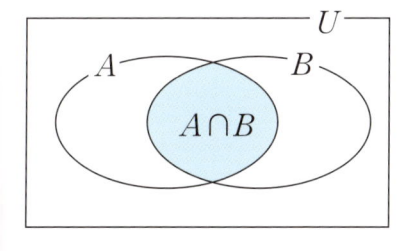

同時確率$P(A \cap B)$のイメージ。

確率論と集合論：数学的な確率は集合論に大きく依存している。そのため、記号も集合の記号を利用。

〔例3〕 サイコロを1個投げたとき、Aを「偶数の目の出る事象」、Bを「4以下の目の出る事象」とします。このとき、確率$P(A \cap B)$を求めてみましょう。

$A \cap B$は「4以下の偶数の目の出る事象」を表します。すなわち、2と4の目が出る場合を表します。そこで、

$$P(A \cap B) = \frac{2}{6} = \frac{1}{3} \quad \text{(答)}$$

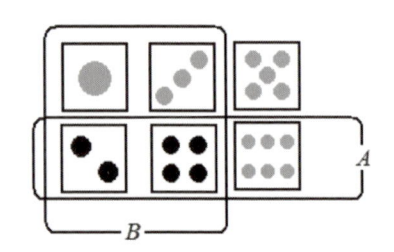

〔例4〕 Aを「サイコロを1個投げたとき偶数の目の出る事象」とします。また、Bを「コインを1枚投げたとき表の出る事象」とします。このとき、確率$P(A \cap B)$を求めてみましょう。

「サイコロの目が偶数でコインが表である」事象が$A \cap B$です。ところで、サイコロを1個投げ、コインを1枚投げたとき、起こり得るすべての場合は次の12通りです。

> （1、表）（2、表）（3、表）（4、表）（5、表）（6、表）
> （1、裏）（2、裏）（3、裏）（4、裏）（5、裏）（6、裏）

枠に囲まれた全体が標本空間Uになる。

このとき、「偶数の目の出る事象」Aと「表の出る事象」Bの積事象$A \cap B$は上の図の網をかけた場合の3通りです。したがって、

$$P(A \cap B) = \frac{3}{12} = \frac{1}{4} \quad \text{(答)}$$

---

joint probability：同時確率の英語表現。

●有名な例題

　確率のアイデアを理解するにはサイコロやコインが最適ですが、ベイズ理論に関しては、壺から取り出す玉の問題も大変重要です。ベイズ理論を応用して解く問題の多くが「壺から中の玉を取り出す」というアナロジーで理解できるからです。そこで、この問題に親しむために、次の簡単な問題を調べてみましょう。

〔例題〕　中の見えない壺の中には、赤玉が3つ、白玉が7つ入っている。この壺から無作為に玉を1つ取り出したとする。その玉が赤玉である確率を求めてみよう。ただし、どの玉も選ばれやすさは等しい(すなわち、同様に確からしい)とする。

題意から、次のことは明らかでしょう。
　「起こり得るすべての場合の数」= 10
　「取り出した玉が赤玉である場合の数」= 3
これらを(1)に代入して、

　　　赤玉である確率 = $\frac{3}{10}$　　（答）

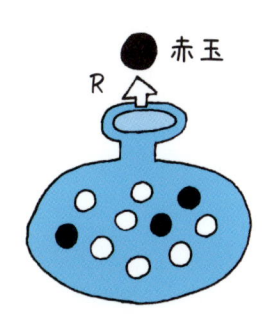

　後の準備のために、本節で紹介した(2)の記号を利用して答を書き表してみましょう。「取り出した玉が赤玉」である事象を R（赤(red)のR）と置くことにします。すると、この答は次のように書き表されます。

$P(R) = \frac{3}{10}$

同様に確からしい：確率でよく利用される言葉。複数の事象の起こる可能性が等しいこと。

§2 ベイズ理論の出発点となる条件付き確率

前節（§1）では、確率の基本を調べました。本節では、後述する「ベイズの定理」の出発点となる条件付き確率について調べることにします。

●条件付き確率

　一般に、ある事象Aが起こったという条件のもとで事象Bの起こる確率を、AのもとでBの起こる**条件付き確率**といいます。それを記号$P(B|A)$で表します。
（注）文献によっては$P(B|A)$を$P_A(B)$と表現します。ちなみに、$P(A) \neq 0$と仮定しています。

　簡単に言えば、$P(B|A)$とは事象Aを全体と考えたときに、事象Bの起こる確率のことを表します。

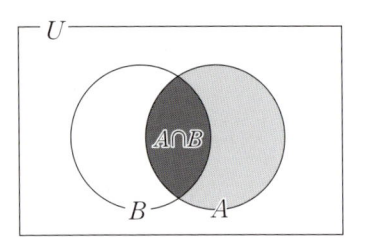

$P(B|A)$はAを全体と考えたときの事象Bの起こる確率のこと。薄い色付きの部分で、濃い色付きの部分を割って得られた値が条件付き確率$P(B|A)$。ただし、濃い色付き部分は薄い色付き部分に含まれているとする。

　条件付き確率$P(B|A)$と同時確率$P(B \cap A)$とは紛らわしい記号です。しかし、ベイズ理論では、条件付き確率$P(B|A)$が本質的に重要な意味を持つので、これらをしっかり区別し理解しておく必要があります。例で確かめることにしましょう。

●例題で条件付き確率を理解（Ⅰ）

　簡単な例で「条件付き確率」の意味するところを確認してみましょう。

〔例題1〕　東京－札幌を結ぶ飛行機には男性200人、女性150人が乗っている。男性200人中120人がメガネをし、女性150人中40人がメガネをしている。1人の乗客をランダムに選んだところ男性であった。その客がメガネをかけている確率を求めよう。

次のように事象を表す記号を約束します。

---
conditional probability：条件付き確率の英語表現。

A：1人の乗客を選んだとき、その人が男性である

B：1人の乗客を選んだとき、その人がメガネをかけている

求めたい確率は、これらの記号を用いると、条件付き確率$P(B|A)$として表せます。これは男性からメガネをかけた客を一人選ぶ確率と一致します。すなわち、

$$P(B|A) = \frac{120}{200} = \frac{3}{5} \quad \text{(答)}$$

Aは男性を選ぶ事象（太枠）、Bはメガネをかけている人を選ぶ事象（色付き）。題意の「1人の乗客をランダムに選んだところ男性であった。その客がメガネをかけている」確率$P(B|A)$は、男性からメガネをかけている人を選び出す確率と一致。

ちなみに、条件付き確率と紛らわしい同時確率$P(B \cap A)$を求めてみましょう。

$P(B \cap A)$ ＝「1人の乗客を選んだとき、男性でかつメガネをかけている」確率

$$= \frac{120}{200+150} = \frac{120}{350} = \frac{12}{35}$$

分母の200＋150は男女の和、すなわち飛行機の乗客全員を表しています。

●例題で条件付き確率を理解（Ⅱ）

昔から確率の理解にはトランプがよく利用されてきましたが、「条件付き確率」を理解するにもトランプは最適です。

〔例題2〕 ジョーカーを除いた1組のトランプから1枚のカードを無作為に抜くとする。抜いた1枚のカードがハートである事象をA、絵札である事象をBとする。このとき、条件付き確率$P(B|A)$、$P(A|B)$、同時確率$P(B \cap A)(= P(A \cap B))$を求めてみよう。

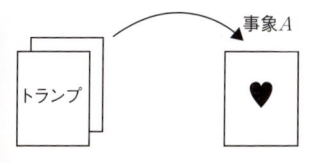

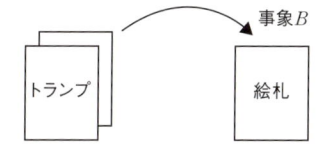

1枚抜いて、それがハートのときをA、絵札のときをBとする。

$P(B|A)$：覚えにくい記号である。$P(B/A)$と分数記号に変形すると覚えやすい。「AのもとでB」の感じが出る。

最初に、求めたい確率の意味を確かめてみましょう。

$P(B|A)$=「抜いた1枚がハートのとき(A)に、それが絵札である(B)」確率
$P(A|B)$=「抜いた1枚が絵札のとき(B)に、それがハートである(A)」確率
$P(A\cap B)(=P(B\cap A))$=「抜いたカードがハートでかつ絵札」の確率

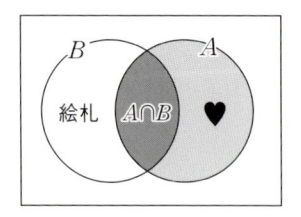

抜いた1枚がハート(A)のときに、それが絵札(B)である確率が$P(B|A)$

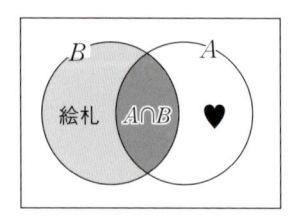

抜いた1枚が絵札(B)のときに、それがハート(A)である確率が$P(A|B)$

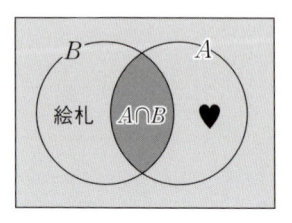

抜いた1枚がハート(A)でかつ絵札(B)である確率が$P(A\cap B)(=P(B\cap A))$

まず、理解しやすい同時確率$P(A\cap B)(=P(B\cap A))$を求めてみましょう。

$P(A\cap B)$=「抜いたカードがハートでかつ絵札」の確率=$\dfrac{3}{52}$　（答）

分母の52は、ジョーカーを除いた1組のトランプのカード枚数を表しています。分子の3は抜いた1枚がハート(A)の絵札(B)であるカードの枚数を表しています。

次に、条件付き確率$P(B|A)$を調べてみましょう。抜いた1枚がハート(A)の場合の数は13通りで、その1枚が絵札(B)である場合の数は3なので、条件付き確率の意味から、

$P(B|A)=\dfrac{3}{13}$　（答）

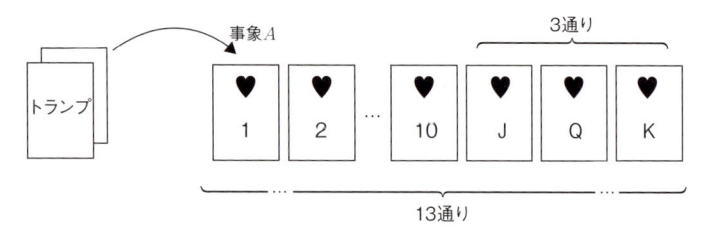

1枚抜いたときにハートであるとき、それが絵札である確率が$P(B|A)$。

最後に$P(A|B)$を調べてみましょう。抜いた1枚が絵札の場合(B)の数は12で、その1枚がハート(A)である場合の数は3なので、条件付き確率の意味から、

$P(A|B)=\dfrac{3}{12}=\dfrac{1}{4}$　（答）

トランプ：サイコロ、コインとともにトランプは確率の解説によく利用される。手近に置いておくことをお勧め。

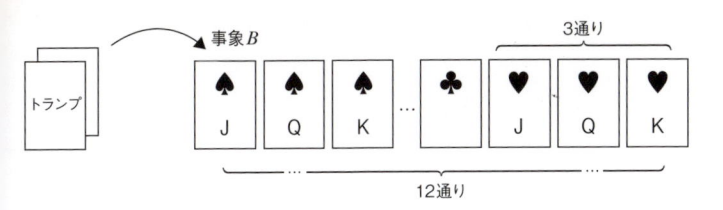

1枚抜いたときに絵札であるとき、それがハートである確率が$P(A|B)$。

●例題で条件付き確率を理解（Ⅲ）

ベイズ理論の解説書でよく利用される「壺とその中の玉」の問題で、**条件付き確率の意味**を確かめてみましょう。

〔例題2〕 中の見えない2つの壺A、Bがある。壺Aには、赤玉が3つ、白玉が7つ入っている。壺Bには、赤玉が6つ、白玉が4つ入っている。これら2つの壺の1つから玉を取り出すことを考える。

取り出した玉が壺Aからのものである事象をA、取り出した玉が壺Bからのものである事象をB、取り出した玉が赤玉である事象をRとするとき、条件付き確率$P(R|A)$、$P(R|B)$を求めてみよう。

(注) 厳密には壺の名称A、Bと事象A、Bとは異なる記号を使うべきですが、本書では分かりやすさと覚えやすさを優先しているので、このような混用を許してもらいます。

まず、記号の意味を確かめてみましょう。

$P(R|A)$＝「取り出した玉が壺Aからのとき、それが赤玉である(R)」確率

$P(R|B)$＝「取り出した玉が壺Bからのとき、それが赤玉である(R)」確率

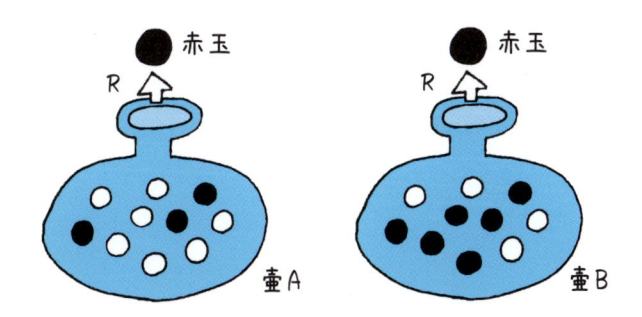

以上の意味から、次のように求めたい確率の値が得られます。

$P(R|A) = \dfrac{3}{10}$、 $P(R|B) = \dfrac{6}{10} = \dfrac{3}{5}$　（答）

組札：1組のトランプで、例えばハートの13枚のことを「ハートの組札」という。

§3 条件付き確率の公式化

前節(§2)では「ベイズの定理」の出発点となる「条件付き確率」の意味について調べました。ここでは、その「条件付き確率」を式で表してみましょう。その式が、次節で調べる「ベイズの定理」につながります。

●条件付き確率を公式で表す

言葉の定義から、「条件付き確率」は次のように公式で表現できます。

$$P(B|A) = \frac{P(A \cap B)}{P(A)} \quad \cdots (1)$$

実際、全ての場合の事象U、A、$A \cap B$に含まれる場合の数を、順にn_U、n_A、$n_{A \cap B}$で表すと、$P(B|A)$、$P(A \cap B)$、$P(A)$は順に次のように書き表せます。

$$P(B|A) = \frac{n_{A \cap B}}{n_A}、\quad P(A \cap B) = \frac{n_{A \cap B}}{n_U}、\quad P(A) = \frac{n_A}{n_U}$$

したがって、次のように変形し、公式(1)が示せます。

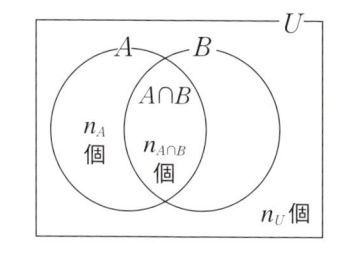

$$P(B|A) = \frac{n_{A \cap B}}{n_A} = \frac{n_U}{n_A} \frac{n_{A \cap B}}{n_U} = \frac{1}{\frac{n_A}{n_U}} \frac{n_{A \cap B}}{n_U} = \frac{1}{P(A)} P(A \cap B) = \frac{P(A \cap B)}{P(A)} \text{(証明完)}$$

以上の証明は面倒に思えるかもしれませんが、確率の定義のみ利用していることに留意してください。

(注) 何を言っているのか不明な場合には、本節末に示した例証も確かめてください。

●例題で確かめよう(Ⅰ)

この公式(1)を利用して、前節(§2)の〔例題1〕(下に再掲)を解いてみましょう。

〔例題1〕 東京−札幌を結ぶ飛行機には男性200人、女性150人が乗っている。男性200人中120人がメガネをし、女性150人中40人がメガネをしている。1人の乗客をランダムに選んだところ男性であった。その客がメガネをかけている確率を求めよう。

カードを抜く:本書では、無作為にカードを抜くことを前提としている。

前と同様、次のように事象を表す記号を約束します。

A：1人の乗客を選んだとき男性である

B：1人の乗客を選んだときメガネをかけている

これらA、Bの記号を用いると、

$P(A)=$「1人を選んだとき男性」の確率$=\dfrac{200}{200+150}=\dfrac{200}{350}$

$P(A\cap B)=$「1人の乗客を選んだとき男性でかつメガネをかけている」確率

$=\dfrac{120}{200+150}=\dfrac{120}{350}$

これらを公式(1)に代入し、求めたい確率$P(B|A)$が次のように得られます。

$P(B|A)=\dfrac{P(A\cap B)}{P(A)}=\dfrac{\frac{120}{350}}{\frac{200}{350}}=\dfrac{120}{200}=\dfrac{3}{5}$　（答）

前節（§2）の解答と一致することを確かめてください。

●例題で確かめよう（Ⅱ）

公式(1)を利用して、前節（§2）の〔例題2〕（下に再掲）を解いてみましょう。

〔例題2〕 ジョーカーを除いた1組のトランプから1枚のカードを無作為に抜くとする。抜いた1枚のカードがハートである事象をA、絵札である事象をBとする。このとき、条件付き確率$P(B|A)$、$P(A|B)$を求めてみよう。

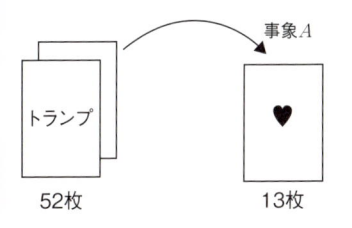

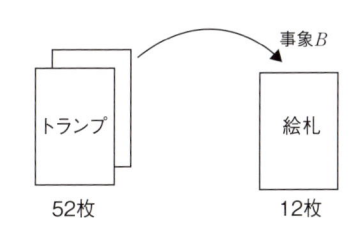

1枚抜いたとき、ハートのときをA、絵札のときをBとする。

ジョーカーを除いた1組のトランプの枚数は52枚であり、その中ハートは13枚、絵札は12枚なので、

$P(A)=\dfrac{13}{52}$、　$P(B)=\dfrac{12}{52}$

トランプ：トランプ（trump）は英語で「切り札」のこと。日本語のトランプは、英語でcards。

また、$A \cap B$ は「抜いた1枚がハート(A)でかつ絵札(B)の場合」を意味するので、対象枚数は3枚になります。

ハート(A)でかつ絵札(B)を表す $A \cap B$ は、これら3枚。

したがって、 $P(A \cap B) = \dfrac{3}{52}$

これらを(1)に代入してみます。前節(§2)の解答と同じ結果が得られます。

$$P(B|A) = \frac{P(A \cap B)}{P(A)} = \frac{\frac{3}{52}}{\frac{13}{52}} = \frac{3}{13}, \quad P(A|B) = \frac{P(A \cap B)}{P(B)} = \frac{\frac{3}{52}}{\frac{12}{52}} = \frac{3}{12} = \frac{1}{4} \quad \text{(答)}$$

●新しい問題で公式を利用してみよう

これまでと同じ問題ばかりを確認するだけでは飽きてしまったことと思います。そこで、新たな次の有名な問題で、公式(1)を利用してみましょう。

> 〔例題3〕 ある学校には男子500人、女子300人がいる。その中で血液型がAB型の子は、男子が2%、女子が3%いるという。この学校の子供1人をランダムに選び出したところ、その子はAB型であった。このとき、その子が男子である確率を求めよ。

選んだ1人の子供の血液型がABである事象を A、選んだ1人の子供が男子である事象を M としましょう。合計800人いて、その中男子でAB型の子は $500 \times \dfrac{2}{100} = 10$ 人、女子でAB型の子は $300 \times \dfrac{3}{100} = 9$ 人います。したがって、

$$P(A) = \frac{10+9}{800} = \frac{19}{800}$$

また、合計800人いて、その中男子でAB型の子は10人なので、

$$P(A \cap M) = P(M \cap A) = \frac{10}{800} \left(= \frac{1}{80} \right)$$

face card：トランプの絵札。a picture card、a court cardともいう

よって、条件付きの確率の公式(1)から

$$P(M|A) = \frac{P(M \cap A)}{P(A)} = \frac{\frac{10}{800}}{\frac{19}{800}} = \frac{10}{19} \quad \text{(答)}$$

(注) AB型の子19人中、男子は10人なので、この $\frac{10}{19}$ という答はすぐに得られますが、ここは公式(1)の確認として解答を作成しました。なお、この例題の理解は後のベイズの定理の応用に役立つでしょう。

●例題で公式(1)の証明を確認

本節最初に示した公式(1)の証明は記号ばかりで「うんざり」と思われたかもしれません。そこで、上記の〔例題2〕を利用して、(1)の証明を確認してみましょう。

まず、各確率の定義から次の値が得られます。

$P(B|A) =$「抜いたカードがハートのとき、それが絵札」の確率 $= \dfrac{3}{13}$

$P(A \cap B) =$「1枚抜いたら、それがハートでかつ絵札」の確率 $= \dfrac{3}{52}$

$P(A) =$「1枚抜いたら、それがハート」の確率 $= \dfrac{13}{52}$

したがって、次のように変形し、公式(1)が例証されます。

$$P(B|A) = \frac{3}{13} = \frac{52}{13} \times \frac{3}{52}$$

$$= \frac{1}{\frac{13}{52}} \times \frac{3}{52} = \frac{1}{P(A)} \times P(A \cap B)$$

$$= \frac{P(A \cap B)}{P(A)} \quad \text{(例証完)}$$

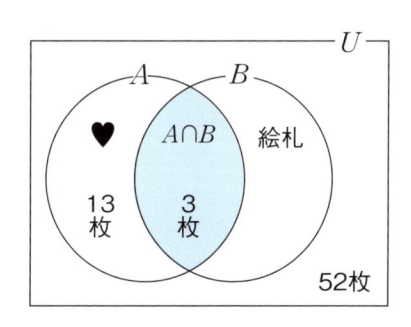

前掲の一般的な証明と対比させてみてください。

一様に確からしい：トランプのどのカードも等確率で選ばれることを一般的に表現した確率論の言葉。

§4 確率の乗法定理

ベイズ理論の出発点となる「ベイズの定理」を導き出す「乗法公式」を紹介しましょう。この「乗法定理」は条件付き確率の公式を変形するだけの簡単な公式ですが、確率論の基本となる重要な公式です。

●乗法定理

前節(§2)では、条件付き確率の意味を調べました。また、その意味から次の確率公式を得ました(§3)。

$$P(B|A) = \frac{P(A \cap B)}{P(A)} \quad \cdots(1)$$

ここで、$P(A)$は事象Aの起こる確率を、$P(A \cap B)$は2つの事象A、Bが同時に起こる確率を、$P(B|A)$は事象Aが起こるという条件のもとで事象Bが起こる確率を、表します。$P(A \cap B)$は**同時確率**、$P(B|A)$は**条件付き確率**と呼ばれることも調べました。

さて、この(1)の両辺に$P(A)$をかけてみましょう。すると、次の式が導出されます。

$$P(A \cap B) = P(A)\, P(B|A) \quad \cdots(2)$$

これが確率の**乗法定理**です。

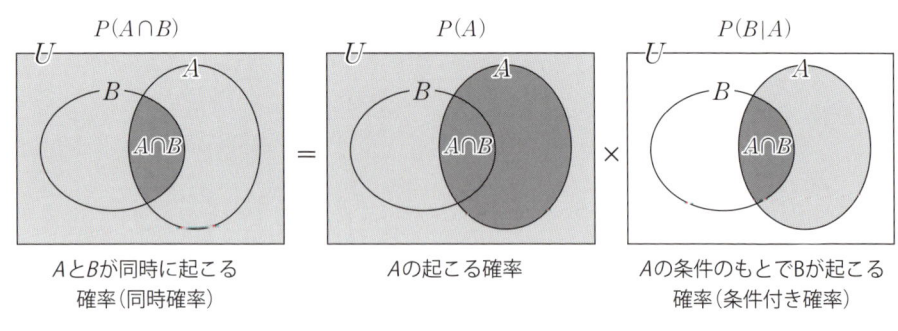

$P(A \cap B)$	$P(A)$	$P(B\|A)$
AとBが同時に起こる確率（同時確率）	Aの起こる確率	Aの条件のもとでBが起こる確率（条件付き確率）

$P(A \cap B)$は$P(A)$と$P(B|A)$との積となる。この図で、薄い色付きの部分で、濃い色付きの部分を割って得られる値が、各確率の値を意味する。ただし、濃い色付き部分は薄い色付部分に含まれているとする。

このように乗法定理は簡単に証明されますが、上述のように確率論の世界では大切な役割を演じます。後に述べる「ベイズの定理」も、この定理からすぐに得られます。

multiplication theorem：乗法定理の英語表現。ちなみに、multiplyは「掛ける」の意。

●乗法定理の成立を確かめてみよう

(2)、すなわち乗法定理が成立することを、次の例で確かめてみましょう。

〔例題1〕 ある小学校の教室には、男子が17人、女子が13人の合計30人の児童がいる。男子で塾に通う子は12人である。この教室の児童を無作為に1人選んだとき、男子である事象をA、塾に通う子である事象をBとする。この例を用いて、確率の乗法定理(2)を確かめてみよう。

題意を図にまとめてみましょう。

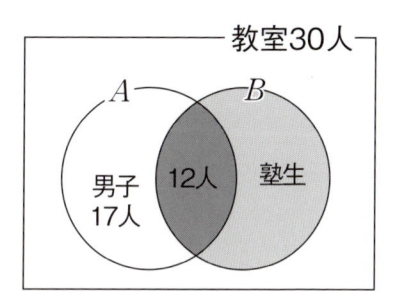

30人の教室における男子と塾生の人数関係。

最初に、$P(A \cap B)$を求めてみましょう。意味は次の通りです。

$P(A \cap B)$＝選んだ児童が「男子で、なおかつ塾に通う子」である確率

題意から「男子で塾に通う子は12人」とあることから、

$$P(A \cap B) = \frac{12}{30} \quad \cdots(3)$$

ここで、合計が30人であることを分母で利用しています。

さて、(3)に男子17人を次のように割り込ませてみます。

$$P(A \cap B) = \frac{17}{30} \times \frac{12}{17} \quad \cdots(4)$$

ところで、$P(A)$、$P(B|A)$を求めてみましょう。

$P(A)$＝選んだ児童が「男子」である確率＝$\frac{17}{30}$

$P(B|A)$＝選んだ児童が「男子の中で塾に通う子」である確率＝$\frac{12}{17}$

$\cdots(5)$

よって、(4)、(5)から、次の乗法定理(2)が確かめられました。

$P(A \cap B) = P(A) \times P(B|A)$ （終）

例証：例証は正式の証明ではないが、理解するには大切。

●乗法定理の使い方を確かめてみよう(Ⅰ)

「くじ」の例題で使い方を確かめてみましょう。

〔例題2〕 100本の中に10本の当たりがあるくじをAさん、Bさんの順に1本ずつ引く。このとき、Aさんが当たりくじを引き、Bさんも当たりくじを引く確率を求めよう。ただし、引いたくじは戻さないとする。

(解)「Aさんが当たりくじを引く」事象を A、「Bさんが当たりくじを引く」という事象を B とします。100本の中に10本の「当たり」があるくじを最初にAが引くので、

$$P(A) = \frac{10}{100}$$

すると、残り99本のくじの中、当たりくじは9本なので、Bさんが続けて当たりくじを引く確率 $P(B|A)$ は、

$$P(B|A) = \frac{9}{99}$$

以上の結果を乗法定理(2)に代入して、

$$P(A \cap B) = P(A)P(B|A) = \frac{10}{100} \times \frac{9}{99} = \frac{1}{110} \quad \text{(答)}$$

Aさんが当たる確率は $\frac{10}{100}$。続けてBさんも当たる確率は、当たりくじが1本抜けているので、$\frac{9}{99}$。

●乗法定理の使い方を確かめてみよう(Ⅱ)

確率の乗法定理について、もう一つの例題を調べてみましょう。壺とその中の玉に絡んだ例題で調べてみます。

くじ：数学での「くじ」は理想的なくじを指し、八百長など一切考慮しない。

〔例題3〕 中の見えない2つの壺A、Bがある。壺Aの中には、赤玉が3つ、白玉が7つ入っている。壺Bの中には、赤玉が6つ、白玉が4つ入っている。壺Aと壺Bの選ばれる確率は2：1として、壺から玉を1個取り出したとき、それが壺Aの赤玉である確率を求めよう。

玉を1個取り出したとき、それが壺Aからである事象をA、それが赤玉（red ball）である事象をRとします。このとき、求めたい確率は$P(A \cap R)$です。乗法定理(2)から、

$$P(A \cap R) = P(A)\,P(R|A) \quad \cdots(6)$$

さて、題意の「壺Aと壺Bの選ばれる確率は2：1」から、壺Aが選ばれる確率$P(A)$は次のように書けます。

$$P(A) = \frac{2}{3} \quad \cdots(7)$$

また、条件付き確率$P(R|A)$は「壺Aから赤玉を取り出す」確率です。これは次のように書けます。

$$P(R|A) = \frac{3}{10} \quad \cdots(8)$$

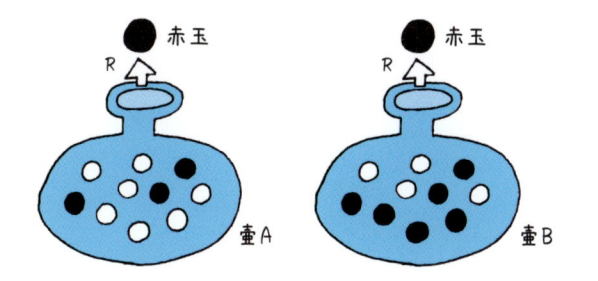

壺Aから玉1つを取り出す事象をA、取り出した玉が赤玉である事象をRとする。「壺Aと壺Bの選ばれる確率は2：1」とあるので、壺Aから取り出される確率は$\frac{2}{3}$。

(7)、(8)を上記の乗法定理(6)に代入して、解答が得られます。

$$P(A \cap R) = P(A)\,P(R|A) = \frac{2}{3} \times \frac{3}{10} = \frac{1}{5} \quad \text{(答)}$$

メモ 乗法定理

数学では乗法定理と名付けられた定理はいくつかありますが、通常「乗法定理」と言うと、この「確率の乗法定理」を指します。それだけ重要であり、また役に立つからでしょう。

壺の比喩：比喩には直喩と暗喩があるが、数学の理解は直喩的に行われるのが普通。

§5 事象の独立

2つの確率的な現象が「関係する」、「関係しない」ということをどう判断すればよいでしょうか？ これを調べるのが本節の課題です。それが「事象の独立」というアイデアです。

●事象の独立

条件付き確率 $P(B|A)$ とは、「事象 A が起こるという条件のもとで事象 B が起こる」確率を表します。また、$P(B)$ は、単に「事象 B が起こる」確率を表します。さて、A、B が関係しなければ、A が起ころうと起こるまいと、B の起こる確率には関係ないはずです。そこで、2つの事象 A、B が関係しないということは、次のように表現できるでしょう。

$$P(B|A) = P(B) \quad \cdots (1)$$

これが2つの事象 A、B の**独立**を表す式となります。これが成立しないとき、2つの事象 A、B に関係があることになります。それを**従属**と表現します。

(例1) A を「4月1日が雨」の事象とし、B を「4月2日が晴れ」の事象とする。A、B が独立のとき、次の関係式が成立する。

$$P(B|A) = P(B)$$

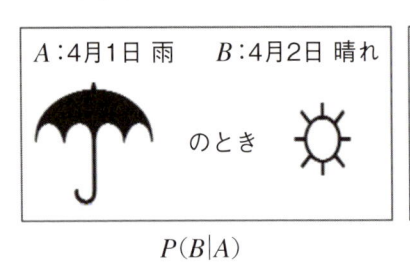

A:4月1日 雨　　B:4月2日 晴れ	B:4月2日 晴れ
☂ のとき ☀	☀
$P(B|A)$	$P(B)$

「A:4月1日が雨」と「B:4月2日が晴れ」とが独立の条件は、$P(B|A)=P(B)$。要するに、昨日雨であろうと雨でなかろうと、それが本日晴れの確率に関係しなければ、A、B は独立。

●独立事象の乗法定理

実際に2つの事象の独立を調べる際には、(1)は使いづらい場合があります。その時に役立つのが**独立事象の乗法定理**です。

この「独立事象の乗法定理」は前節で調べた「乗法定理」に、(1)を代入しただけで簡

---

independent event：「独立の事象」の英語表現。

単に得られます。実際、2つの事象A、Bについての乗法定理

$$P(A \cap B) = P(A) P(B|A)$$

に(1)を代入してみましょう。すると、次の公式が得られます。

> 独立事象の乗法定理：$P(A \cap B) = P(A) P(B)$　…(2)

多くの場合、「2つの事象A、Bの独立」の確認には、この(2)が利用されます。

(例2)　ある地方では、「4月1日が雨」の確率が0.2、「4月2日が晴れ」の確率は0.5、「4月1日が雨で4月2日が晴れ」の確率は0.1とする。このとき、「4月1日が雨」の事象と、「4月2日が晴れ」の事象とは独立かどうか調べよう。

Aを「4月1日が雨」の事象、Bを「4月2日が晴れ」の事象とします。すると、題意から、

$$P(A) = 0.2,\ P(B) = 0.5,\ P(A \cap B) = 0.1$$

よって、(2)が成立するので、A、Bは独立ということになります。

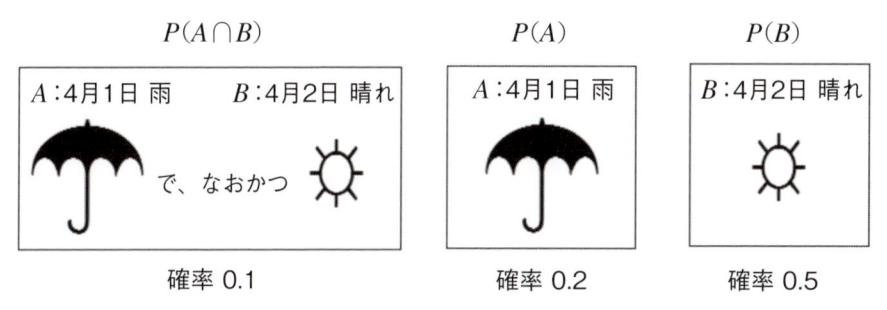

Aを「4月1日が雨」とし、Bを「4月2日が晴れ」とする。題意から$P(A)=0.2$、$P(B)=0.5$なので、$P(A)P(B)=0.2 \times 0.5=0.1$。よって、$P(A \cap B)=0.1$に一致するので、$A$、$B$は独立。

●例題で確かめてみよう

2つの事象A、Bに関係があるかないか、すなわち事象A、Bが独立かどうかを確かめることは、確率現象の分析のために重要です。次の例題で、その判定法を確かめてみましょう。

$P(A|B)=P(A)$：$P(B|A)=P(B)$ なら $P(A|B)=P(A)$ も成立することが簡単に確かめられる。

〔例題〕 ある小学校の教室には、男子が17人、女子が13人の合計30人の児童がいる。男子で塾に通う子は12人、女子で塾に通う子は9人である。この教室の児童を無作為に1人選んだとき、男子である事象をA、塾に通う子である事象をBとする。2つの事象A、Bが独立かどうかを調べよう。

(注) この例題は前節(§4)で調べた例題のアレンジです。

題意を図にまとめてみましょう。

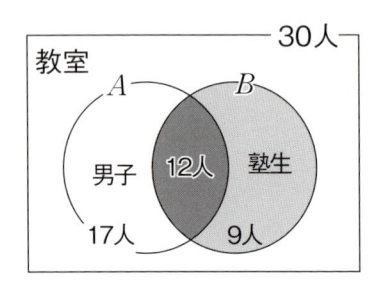

30人の教室における男子と塾生の人数関係。男子で塾に通う子は12人、女子で塾に通う子は9人である。

最初に、$P(A \cap B)$を求めてみましょう。

$A \cap B$=「男子で、なおかつ塾に通う子」が選ばれる事象なので、題意から「男子で塾に通う子は12人」から、

$$P(A \cap B) = \frac{12}{30} \quad \cdots (3)$$

次に、$P(A)$、$P(B)$を求めてみましょう。

$$P(A) = 選んだ子が「男子」である確率 = \frac{17}{30}$$

$$P(B) = 選んだ子が「塾に通う子」である確率 = \frac{12+9}{30} = \frac{21}{30}$$

よって、

$$P(A)\,P(B) = \frac{17}{30} \times \frac{21}{30} = \frac{119}{300} \quad \cdots (4)$$

(3)、(4)は一致していません。
よって、2つの事象A、Bが独立でないことが確かめられました。　(答)

この「2つの事象A、Bが独立でない」という結果は、「独立」の定義式(1)からも直接確かめられます。実際、次のように、$P(B)$と$P(B|A)$とは値が異なることが確かめられます。

---

dependent event：独立でない事象の英語表現。

$P(B)=$ 選んだ子が「塾に通う子」である確率 $=\dfrac{12+9}{30}=\dfrac{21}{30}=\dfrac{7}{10}$

$P(B|A)=$ 選んだ子が男子のとき、その子が「塾に通う子」である確率 $=\dfrac{12}{17}$

> **メモ** **試行の独立**
>
> 「事象の独立」と紛らわしい表現に「試行の独立」という言葉があります。
>
> 　後者の「試行の独立」は理解が簡単です。例えば、サイコロを投げ、次にコインを投げるとしましょう。1回目にサイコロを投げる試行と2回目にコインを投げる試行とは、トリックでもない限り、それらの結果に全く関係は無いはずです。このように、2つの試行の間に関係が無いときに、これら2つの試行は独立と呼びます。 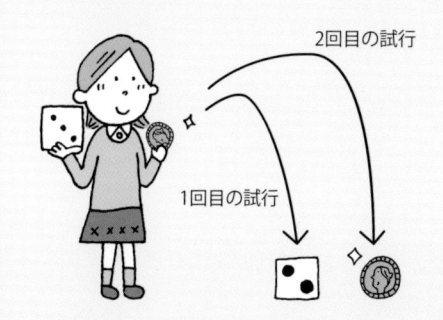
>
> サイコロとコインを投げる試行において、これら2つの試行は関係が無いはず。これを「試行の独立」と呼ぶ。
>
> 　一般的に、2つの独立な試行で得られた事象は互いに独立になります。
>
> 　独立な試行の例として、反復試行が重要です。同じ試行を繰り返し行うことをいいます。
>
> 　例えば、サイコロを3回投げるとしましょう。1回目に投げる試行と、2回目に投げる試行、そして3回目に投げる試行とは、全く関係が無いはずです。このように、独立な同じ試行を繰り返すことを「反復試行」と呼びます。 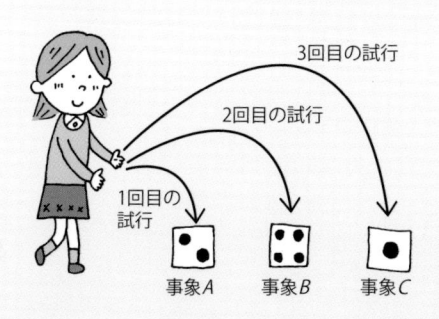
>
> サイコロを3回投げる試行において、1回目と2回目と3回目の結果は全く無関係になるはず。これを反復試行と呼ぶ。得られる事象A、B、Cは互いに独立である。

試行の独立：英語でindependent trials。

§6 確率変数と確率分布

統計というと平均値や分散を思い出す人も多いでしょう。その平均値や分散を議論するには、確率変数のアイデアを理解する必要があります。

●確率変数

サイコロの目のように、確率的に値の決まる変数を**確率変数**と呼びます。

確率変数は、通常ローマ字で表現されます。しかし、後に調べるベイズ統計学では母数が確率変数になるので、その母数を表現するギリシャ文字も確率変数として用いられることがあります。

(例1) サイコロを1個投げたとき、出る目 X は確率変数。

1つのサイコロを投げると、目の値 X は1から6までの、いずれかの整数になります。しかし、投げ終わらないと値は決まりません。このサイコロの目を表す変数 X が確率変数です。

サイコロの目 X は、サイコロを投げ終わらないと値が確定しない。このような変数を確率変数という。

(例2) ジョーカーと絵札を除いた1組のトランプから1枚のカードを無作為に抜くとき、取り出されたカードの数 X は確率変数。

トランプのカードの数 X は、カードを抜くまで値が確定しない。このような変数が確率変数。

stochastic variable：確率変数の英語表現。

(例3) ある工場のラインで生産される規格品から抽出された1つの製品の重さ X は確率変数。

工場のラインで生産される製品の重さ X は、抽出して初めて値が確定する。このような変数が確率変数。

●確率分布

確率変数のとる各値に対応して、それらが起こる確率が与えられるとき、その対応を**確率分布**といいます。この対応が表されている、その表を**確率分布表**と呼びます。

(例4) 1枚のコインを投げたとき、表が出たら1、裏が出たら0をとる確率変数 X を考える。この X の確率分布を調べてみます。

この X の確率分布表は次のようになります。

X	0	1
確率	$\frac{1}{2}$	$\frac{1}{2}$

X の確率分布表。

(注) 今後、注記しない限り、コインは理想的に作られていて、表の出る確率は等しいとします。

(例5) 1個のサイコロを投げたとき、出る目 X の確率分布を調べてみます。

1個のサイコロを投げたとき、出る目 X の確率分布表は次のようになります。

目	1	2	3	4	5	6
確率	$\frac{1}{6}$	$\frac{1}{6}$	$\frac{1}{6}$	$\frac{1}{6}$	$\frac{1}{6}$	$\frac{1}{6}$

サイコロの目 X の確率分布表。表の形式は縦でも横でもよい。

(注) 今後、注記しない限り、サイコロは理想的に作られていて、上の表の確率分布に従うとします。

(例6) ある工場のラインで生産される規格品から抽出された1つの製品の重さ X の確率分布は、通常、正規分布になります。

多くの場合、規格品からのズレ(すなわち誤差)は正規分布になることが知られています。詳細は5章§4で調べます。

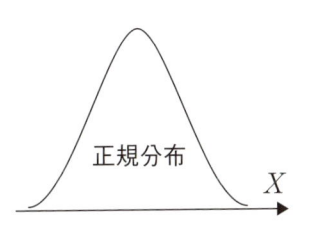

probability distribution：確率分布の英語表現。

§7 平均値と分散

本節では平均値と分散について調べることにします。従来の統計学と同様、ベイズ理論でも大変重要な指標です。確率的な現象を対象にしたときの推定や決定に大切な役割を演じます。

●平均値、分散

確率変数と確率分布が与えられたとき、**平均値**と**分散**、**標準偏差**というものが考えられます。平均値とは、確率変数における「並みの値」を、分散とは平均値からの「散らばり具合」を表現する値です。

(注) 平均値は平均とか期待値とも呼ばれます。

確率変数 X の分布が次のように与えられているとしましょう。

確率変数 X	x_1	x_2	x_3	$\cdots$	x_n	計
確率	p_1	p_2	p_3	$\cdots$	p_n	1

確率変数 X の確率分布表。

このとき、確率変数 X の平均値 μ と分散 σ^2、標準偏差 σ は、次の公式で示されます。

平均値: $\quad \mu = x_1 p_1 + x_2 p_2 + \cdots + x_n p_n \quad \cdots(1)$

分散: $\quad \sigma^2 = (x_1 - \mu)^2 p_1 + (x_2 - \mu)^2 p_2 + \cdots + (x_n - \mu)^2 p_n \quad \cdots(2)$

標準偏差: $\quad \sigma = \sqrt{\sigma^2} \quad \cdots(3)$

(注) μ、σ はギリシャ文字です。μ は「ミュー」、σ は「シグマ」と読まれます。

(例1) サイコロを1個投げたとき、出る目 X の平均値と分散、標準偏差を求めてみます。

サイコロの確率分布表は前のページの(例5)に与えられています。この表をもとに、公式(1)~(3)を利用して、

平均値 $\mu = 1 \times \dfrac{1}{6} + 2 \times \dfrac{1}{6} + \cdots + 6 \times \dfrac{1}{6} = 3.5$

分散 $\sigma^2 = (1-3.5)^2 \times \dfrac{1}{6} + (2-3.5)^2 \times \dfrac{1}{6} + \cdots + (6-3.5)^2 \times \dfrac{1}{6} = \dfrac{35}{12} \fallingdotseq 2.9$

平均値と期待値: ここで得た値を期待値といい、統計資料から得た平均値と厳密に分ける文献もある。

標準偏差 $\sigma = \sqrt{\dfrac{35}{12}} \fallingdotseq 1.71$

「平均値」μ は確率変数の分布の重心になります。下図で確かめてください。
「標準偏差」σ は平均値からの散らばりの幅の目安を与えます。それも下図で確かめてください。

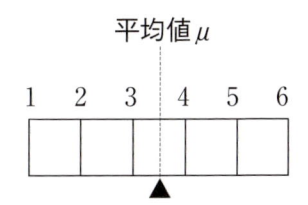

平均値はデータの広がりの中心、すなわち分布の重心を示す。

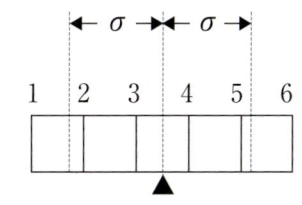

標準偏差は平均値からの散らばり幅の目安を与える。

(例2) 1枚のコインを投げたとき、表を1、裏を0とする確率変数 X の平均値と分散、標準偏差を求めてみます。
この場合の確率分布表は次の表で与えられます(前節§6)。

X	0	1
確率	$\dfrac{1}{2}$	$\dfrac{1}{2}$

X の確率分布表(前節§6)。

この表をもとに、公式(1)、(2)を利用して、

$$\text{平均値}\ \mu = 0 \times \dfrac{1}{2} + 1 \times \dfrac{1}{2} = \dfrac{1}{2}$$

$$\text{分散}\ \sigma^2 = \left(0 - \dfrac{1}{2}\right)^2 \times \dfrac{1}{2} + \left(1 - \dfrac{1}{2}\right)^2 \times \dfrac{1}{2} = \dfrac{1}{4},\ \text{標準偏差}\ \sigma = \sqrt{\dfrac{1}{4}} = \dfrac{1}{2}$$

ここでも、上記(例1)と同様、「平均値」が確率変数の散らばりの重心になることを、「標準偏差」σ が散らばりの幅の目安を表現していることを、下図で確かめてください。

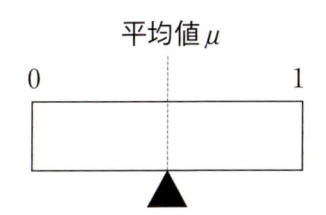

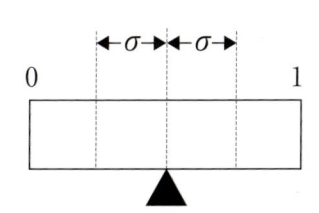

---

flip a coin:「コインを投げる」の英語表現。「コインをはじく」という意。

≪2章のまとめ≫

【数学的な確率の定義】

事象Aの起こる確率$P(A)$は次のように定義できる。

$$P(A) = \frac{事象Aの起こる場合の数}{起こり得るすべての場合の数}$$

(注) ただし、各場合は同様に確からしいとする。

【条件付き確率】

ある事象Aが起こったという条件のもとで事象Bの起こる確率を、AのもとでBの起こる条件付き確率という。記号$P(B|A)$で表す。

【確率の乗法定理】

2つの事象A、Bに対して、$P(A \cap B) = P(A) P(B|A)$

【事象の独立】

2つの事象A、Bが独立とは、$P(B|A) = P(B)$

【独立事象の乗法定理】

2つの事象A、Bが独立のときの条件は、$P(A \cap B) = P(A) P(B)$

【確率変数と確率分布】

確率的に値の決まる変数を**確率変数**と呼ぶ。確率変数の各値に対応して、それらが起こる確率が与えられるとき、その対応を**確率分布**という。この対応が表に表されているとき、その表を**確率分布表**と呼ぶ。

【平均値、分散、標準偏差】

確率変数Xの確率分布が次のように与えられているとする。

確率変数X	x_1	x_2	x_3	$\cdots$	x_n	計
確率	p_1	p_2	p_3	$\cdots$	p_n	1

このとき、平均値、分散、標準偏差は以下の式で与えられる。

平均値: $\mu = x_1 p_1 + x_2 p_2 + \cdots + x_n p_n$

分散: $\sigma^2 = (x_1 - \mu)^2 p_1 + (x_2 - \mu)^2 p_2 + \cdots + (x_n - \mu)^2 p_n$

標準偏差: $\sigma = \sqrt{\sigma^2}$

Heads or tails? :「表か裏か？」は「Heads or tails?」。headsの方が表。

第3章

ベイズの定理の基本

本章では、ベイズ理論の基本を解説します。たった一つの公式が姿を変え、応用に供されていく様子を見てください。後半では有名な応用問題をそろえました。ゆっくりと式を追ってください。

1 これってなに？ なんだろう？ うーん

2 H の部分で「重なり部分」を割った値が $P(D|H)$ ふーん

3 D の部分で「重なり部分」を割った値が $P(H|D)$

4 $P(D|H) \rightleftarrows P(H|D)$ こうやって関係づけるのがベイズの定理だよ なるほど

§1 ベイズ理論の出発点となる「ベイズの定理」

前章(2章)の確率論を用いて、本章からベイズ理論の世界に入ります。ベイズ理論は多方面で活躍していますが、その理論は「ベイズの定理」と呼ばれるたった1つの公式が出発点となります。本節では、その出発点となる定理を解説します。

●乗法定理の復習

ベイズの定理は2章で調べた乗法定理(2章§4)から得られます。この乗法定理とは次のように表せる定理です。2つの事象 A、B について、

> 乗法定理：$P(A \cap B) = P(A) P(B|A)$ …(1)

2章で詳しく調べたように、$P(A)$ は「Aの起こる確率」を、$P(A \cap B)$ は「A、Bが同時に起こる確率」(同時確率)を、$P(B|A)$ は「Aが起こるという条件のもとでBが起こる確率」(条件付き確率)を、表します。日常的な表現を用いるなら、乗法定理(1)は次のように表されるでしょう。

$$\boxed{\text{AとBが同時に起こる確率}} = \boxed{\text{Aが起こる確率}} \times \boxed{\text{Aが起こったときにBが起こる確率}} \quad \cdots(2)$$

●ベイズの定理

では、ベイズの定理を導き出してみましょう。

ベイズの定理は乗法定理(1)から簡単に導き出せます。まず、(1)から、

$P(A \cap B) = P(B|A) P(A)$ …(3)

(注) 後の応用を考え、(1)の $P(A)$、$P(B|A)$ の順を逆にしています。

AとBの役割を入れ替えても、この(1)の関係は成立します。

$P(A \cap B) = P(A|B) P(B)$ …(4)

以上(3)、(4)より、

英字表記：(2)のように日本語表記すると、式が締まらない。やはり、数式は英字表記が見やすい。

$$P(B|A)P(A) = P(A|B)P(B) \quad \cdots(5)$$

$P(B) \neq 0$を仮定し、$P(A|B)$について解くと、次の式が得られます。

$$P(A|B) = \frac{P(B|A)P(A)}{P(B)} \quad \cdots(6)$$

これがベイズの定理です。意外なほどあっけなく証明される定理です。

普段の言葉で表現すると次のように表されるでしょう。

$$Bのもとで Aが起こる確率 = \frac{Aのもとで Bの起こる確率 \times Aの起こる確率}{Bの起こる確率}$$

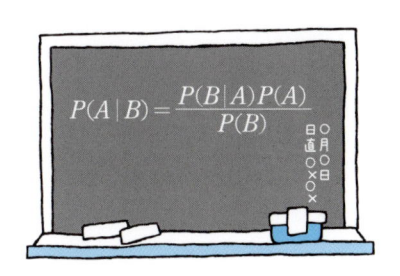

ベイズの定理は、確率の乗法公式から簡単に導き出せる。

●簡単な例でベイズの定理を例証

簡単な例でベイズの定理の各記号の意味を確認し、定理の正しさを例証してみましょう。

〔例題1〕 1個のサイコロを投げたとき、偶数の目の出る事象をA、4以下の目が出る事象をBとする。このとき、ベイズの定理が成立することを確認しよう。

サイコロを投げて、偶数の目が出る事象をA、4以下の目の出る事象をBとする。

相反定理：ベイズの定理はAのもとでBの起こる確率と、BのもとでAの起こる確率を結びつける「相反定理」である。

ベイズの定理(6)の左辺$P(A|B)$を調べてみます。これは「4以下の目が出たとき、それが偶数である」確率を意味します。4以下の偶数は2、4の2通りなので、

$$P(A|B) = \frac{2}{4} = \frac{1}{2} \quad \cdots(7)$$

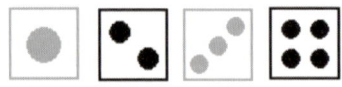

「4以下の目が出たとき、それが偶数である」確率$P(A|B)$は2/4

　今度はベイズの定理(6)の右辺を調べてみます。$P(A)$、$P(B)$は次のように求められます。

$$P(A) = 「偶数の目が出る」確率 = \frac{3}{6} = \frac{1}{2} \quad \cdots(8)$$

$$P(B) = 「4以下の目が出る」確率 = \frac{4}{6} = \frac{2}{3} \quad \cdots(9)$$

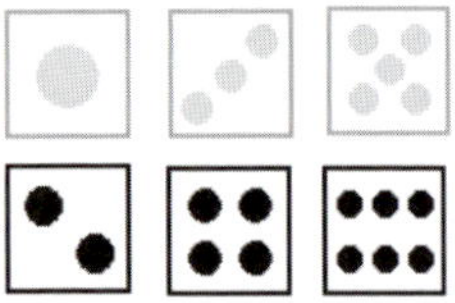

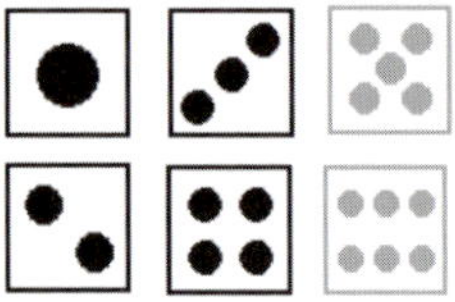

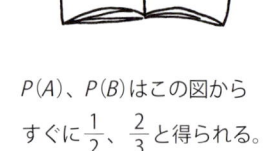

$P(A)$、$P(B)$はこの図からすぐに$\frac{1}{2}$、$\frac{2}{3}$と得られる。

　また、$P(B|A)$も次のように得られます。

$$P(B|A) = 「偶数の目が出たとき、それが4以下」である確率 = \frac{2}{3} \quad \cdots(10)$$

「偶数の目が出たとき、それが4以下」である確率$P(B|A)$は$\frac{2}{3}$

よって、以上の(8)～(10)より、

$$ベイズの定理(6)の右辺 = \frac{P(B|A)P(A)}{P(B)} = \frac{\frac{2}{3} \times \frac{1}{2}}{\frac{2}{3}} = \frac{1}{2}$$

これは(7)の$P(A|B) = \frac{1}{2}$に一致します。こうして、ベイズの定理(6)の正しさが、例証されました。

繁分数：分子や分母の中にも分数がある分数を繁分数という。分母・分子に共通な数を掛けることで、通常の分数に変形できる。

●ベイズの定理の見方

以上の証明から分かるように、ベイズの定理は実に簡単な定理です。ベイズの定理(6)を生んだ(5)は、要するに、同時確率$P(A \cap B)$に右からライトを当てた式と、左からライトを当てた式との関係を表しているのです。

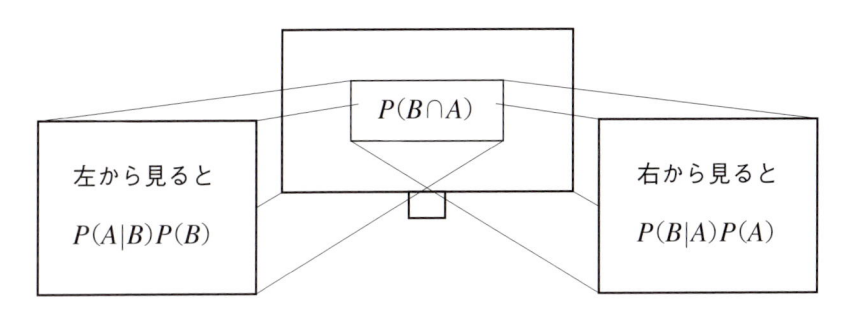

左から見ると $P(A|B)P(B)$ ← $P(B \cap A)$ → 右から見ると $P(B|A)P(A)$

$P(A \cap B)$を左右から見たものの関係が(5)。それから生まれたベイズの定理(6)にも当てはまる。

左右のライトの当て方によって見方が変わります。

まず、左右の2つの条件付き確率$P(B|A)$と$P(A|B)$にライトを当ててみましょう。このとき、ベイズの定理(6)は$P(B|A)$を$P(A|B)$に変換している式と考えられます。そこで、ベイズの定理は、条件付き確率の役割を逆さに変換する定理と解釈できます。この意味で、$P(A|B)$を$P(B|A)$の逆確率と呼びます。

ベイズの定理の左辺 $P(A|B)$
$P(A|B)$ =「BのもとでAが起こる」確率

ベイズの定理の右辺 $P(B|A)$
$P(B|A)$ =「AのもとでBが起こる」確率

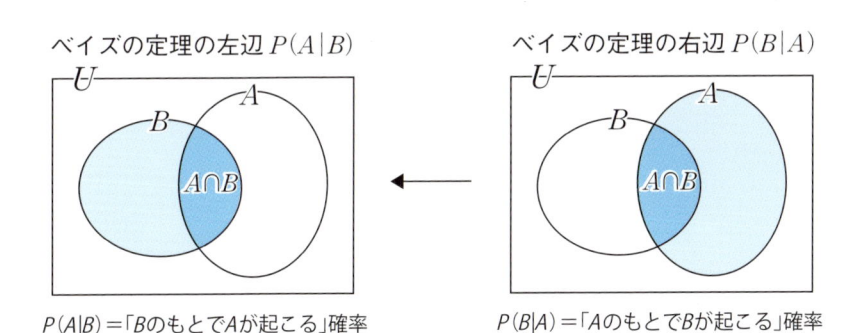

$P(A \cup B)$：本書では利用していないが、同時確率$P(A \cap B)$と似た記号として、$P(A \cup B)$がある。和事象の確率と呼ばれる。

もう一つのライトの当て方があります。ベイズの定理(6)の左辺の$P(A|B)$と右辺の$P(A)$に当てるのです。すると、何も条件がないときにAの起こる確率$P(A)$を、BのもとでAの起こる確率$P(A|B)$に変換している式と解釈できます。すなわち、Bの条件がどれくらいAに影響するかを定量的に与える公式がベイズの定理(6)と解釈できるのです。Bをデータと解釈するなら、データ取得前と後との確率の関係を示していることになります。この意味で、$P(A)$を**事前確率**、$P(A|B)$を**事後確率**と呼びます。
(注)事前確率、事後確率については、§5で再度詳しく調べます。

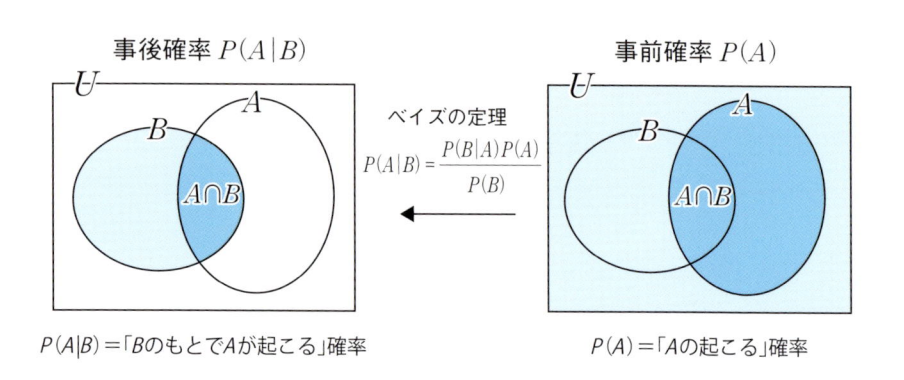

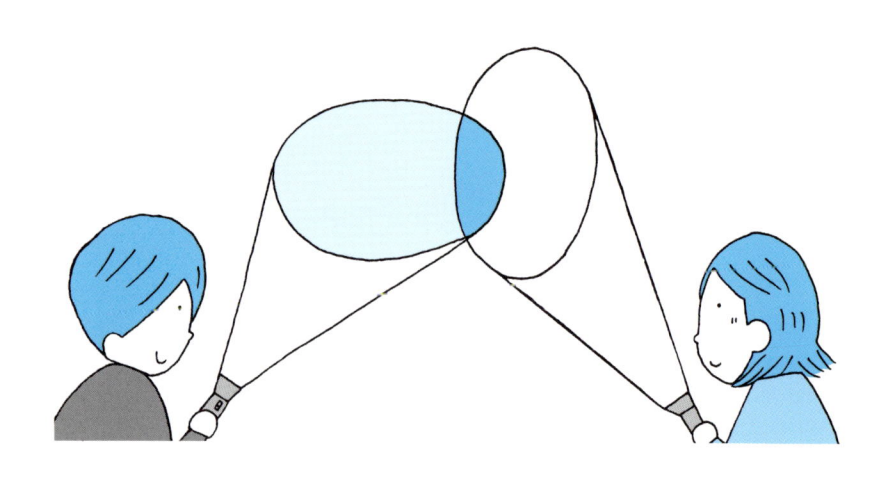

事後確率 $P(A|B)$　　　　　ベイズの定理　　　　事前確率 $P(A)$

$$P(A|B) = \frac{P(B|A)P(A)}{P(B)}$$

$P(A|B)=$「BのもとでAが起こる」確率　　　　$P(A)=$「Aの起こる」確率

ベイズ学習の直感的意味：既述のように、ベイズ理論にデータを取り込み確度を高めることをベイズ学習と言うが、その直感的な意味が上の図。

§2 ベイズの定理の使い方を確認

前節で調べたベイズの定理に親しむには、やはり慣れが必要です。そこで、3つの例題を利用して、この定理に親しむことにしましょう。

● トランプの問題でベイズの定理を確認

〔例題1〕 ジョーカーを除いた1組のトランプから1枚のカードを無作為に抜くとする。抜いた1枚のカードがハートである事象をA、絵札である事象をBとする。このとき、ベイズの定理を利用して、「絵札を抜いたとき、それがハートである」確率を求めてみよう。

(注) この問題は2章§2で一度調べていますが、解答にベイズの定理を利用するという点で異なります。

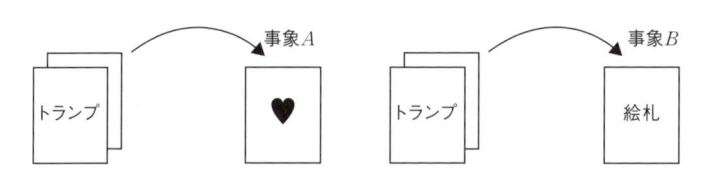

1枚抜いたとき、ハートのときをA、絵札のときをBとする。

求めたい確率は条件付き確率$P(A|B)$です。ここで、$P(A|B)$とは次の意味を持ちます。

$P(A|B)$=「抜いた1枚が絵札のとき(B)に、それがハートである(A)」確率

分かりやすく書けば$P(♥|絵札)$とも書けるでしょう。すなわち、

$P(A|B)=P(♥|絵札)$

(注) 今後、不厳密でも直感的に訴える記号をできるだけ併用します。

ランダムサンプリング:「無作為に抽出」することを英語でrandom samplingと言う。

ここで、ベイズの定理(1)を利用します。

$$P(A|B) = \frac{P(B|A)P(A)}{P(B)} = \frac{P(絵札|♥)P(♥)}{P(絵札)} \quad \cdots(2)$$

カードの総枚数は52、絵札の枚数は12、ハートの枚数は13、ハートの絵札の枚数は3なので、ベイズの定理(2)の右辺の各項は次のように求められます。

$$\left. \begin{array}{l} P(A) = P(♥) = \dfrac{13}{52}、\quad P(B) = P(絵札) = \dfrac{12}{52} \\[2mm] P(B|A) = P(絵札|♥) = 「♥を抜いたとき、それが絵札」の確率 = \dfrac{3}{13} \end{array} \right\} \cdots(3)$$

$P(B|A) = P(絵札|♥) = \dfrac{3}{13}$　　　$P(A) = P(♥) = \dfrac{13}{52}$　　　$P(B) = P(絵札) = \dfrac{12}{52}$

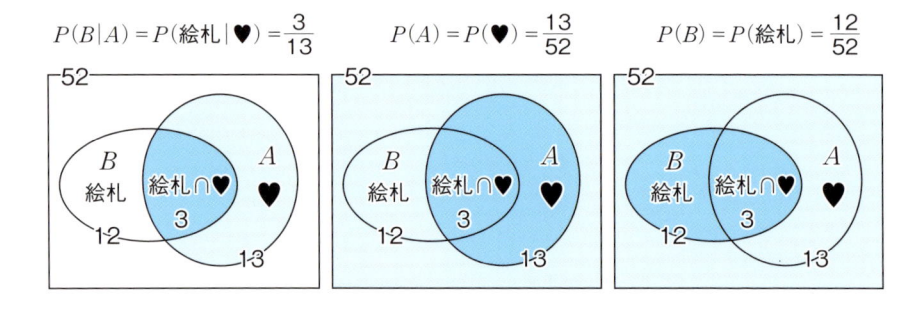

これら(3)をベイズの定理(2)に代入して、次のように答が得られます。

$$P(A|B) = P(♥|絵札) = \frac{\frac{3}{13} \times \frac{13}{52}}{\frac{12}{52}} = \frac{3}{13} \times \frac{13}{52} \div \frac{12}{52} = \frac{3}{13} \times \frac{13}{52} \times \frac{52}{12} = \frac{1}{4} \quad \text{(答)}$$

パスカル：現代の確率論は17世紀の哲学者パスカルの功績によるところが大きい。

さて、以前にも調べたように(2章§2)、以上の結果は確率の定義からすぐに得られます。抜いた1枚の絵札(12枚)がハート(3枚)である確率$P(A|B) = P(♥|絵札)$は、条件付き確率の定義から、

$$P(A|B) = P(♥|絵札) = \frac{3}{12} = \frac{1}{4}$$

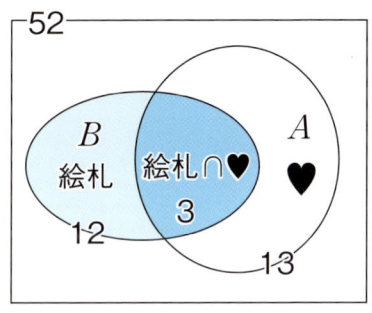

$$P(A|B) = P(♥|絵札) = \frac{3}{12} = \frac{1}{4}$$

ベイズの定理が確かめられた！

当然、この結果は上の答と一致します。ベイズの定理の正しさが確かめられました。

●代表の選出問題でベイズの定理を確認

今度は、次の「人の選出」問題で、ベイズの定理の使い方を確かめてみましょう。

〔例題2〕 X組は男子13人、女子7人、Y組は男子10人、女子5人である。X、Yの2組の集まりから1人を選んだなら、それが女子であった。このとき、その女子がX組の人である確率をベイズの定理で求めてみよう。ただし、どの人も選ばれる確率は等しいと仮定する。

A、Bを次のように約束します。
　A … 1人を選んだなら、それがX組である
　B … 1人を選んだなら、それが女子である

パスカルの賭け：確率論の創設者パスカルも、神の存在に関しては「神はいるかいないか、どちらか一つ」という乱暴な考えを示す。

すると、求めたい確率は次のように条件付き確率で表現できます。

$$P(A|B) = P(X組|女子) = 「女子が選ばれたとき、その人がX組」の確率$$

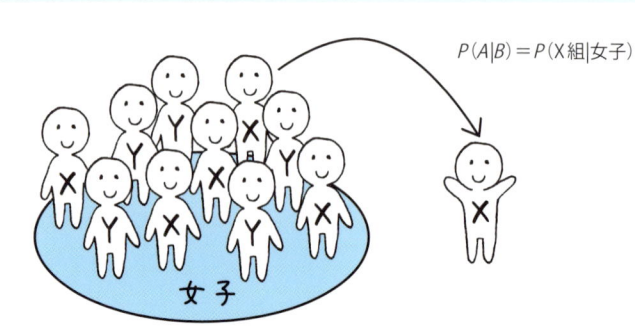

$P(A|B) = P(X組|女子)$

女子を選んだなら、それがX組の人である確率が$P(A|B)$。これが求めたい確率。

早速ベイズの定理(1)を利用してみます。

$$P(A|B) = \frac{P(B|A)P(A)}{P(B)} = \frac{P(女子|X組)P(X組)}{P(女子)} \quad \cdots(4)$$

ここで、題意から総人数は35人、X組の総人数は20人、女子の総人数は12人、X組の女子は7人です。よって、右辺$P(A)$、$P(B)$は次のように求められます。

$$P(A) = P(X組) = 「X組の人が選ばれる」確率 = \frac{20}{35} \quad \cdots(5)$$

$$P(B) = P(女子) = 「女子が選ばれる」確率 = \frac{12}{35} \quad \cdots(6)$$

また、右辺$P(B|A)$は次の意味を持ちます。

X組 男子13、女子7 計20人　　Y組 男子10、女子5 計15人

X組は20人で、Y組との合計は35人。女子合計は12人。よって、全体からX組の人が選ばれる確率$P(A)$は$\frac{20}{35}$。全体から女子が選ばれる確率$P(B)$は$\frac{12}{35}$。

どの人も選ばれる確率は等しい：「同様に確からしい」ことを保証する言葉。

$P(B|A) = P(女子|X組) = $「X組から選んだとき、それが女子である」確率

X組20人中、女子は7人なので、

$$P(B|A) = P(女子|X組) = \frac{7}{20} \quad \cdots (7)$$

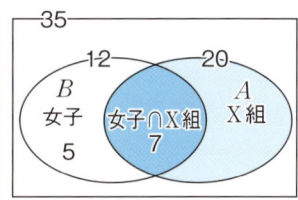

X組から選んだとき、それが女子である確率$P(B|A)$は、X組の20人から女子の7人のうち1人を選ぶ確率になる。よって、

$$P(B|A) = \frac{7}{20}$$

X組 男子13、女子7 計20人

以上の数値の関係を図にまとめておきましょう。

$P(A) = P(X組) = \frac{20}{35}$ $P(B) = P(女子) = \frac{12}{35}$ $P(B|A) = P(女子|X組) = \frac{7}{20}$

これら(5)〜(7)をベイズの公式(4)に代入して、次のように答が得られます。

$$P(A|B) = P(X組|女子) = \frac{\frac{7}{20} \times \frac{20}{35}}{\frac{12}{35}} = \frac{7}{12} \quad \textbf{(答)}$$

さて、〔例題1〕のときと同様、以上の結果は条件付き確率$P(A|B)$から直接導き出せます。実際、女子は合計12人いて、その中でX組は7人なので、次の値が得られます。当然、上の答と一致しています。

$$P(A|B) = P(X組|女子) = \frac{7}{12}$$

こうして、ベイズの定理の正しさが再度確かめられました。

別解の存在：分かりやすい別解があるときには、できるだけそれを示しているが、別解が常に存在するとは限らない。

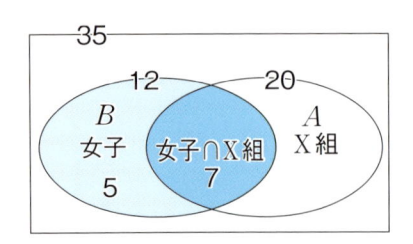

```
 35
   12     20
  ┌─B──┬─────┐
  │女子│女子∩X組│ A
  │ 5  │  7   │ X組
  └────┴─────┘
```

$P(A|B) = P(X組|女子)$ は女子12人（$=5+7$）から、X組の女子を1人選び出す確率なので、
$$P(A|B) = \frac{7}{12}。$$

●気象予報の問題でベイズの定理を確認

最後に、天気予報の例題で、ベイズの定理の使い方を確かめてみましょう。言い回しがベイズらしい問題です。分かりにくい表現が並んでいますが、ゆっくり解きほぐしてみましょう。

〔例題3〕 ある地域の気象統計では、4月1日に曇りの確率は0.6、翌2日に雨の確率は0.4である。また、1日に曇りのときに翌2日が雨の確率は0.5である。この地域で、2日が雨のときに前日の1日が曇りの確率を求めてみよう。

A、Bを次のように約束します。

　　A… 1日は曇り、B… 2日は雨

すると、求めたい確率は次のように条件付き確率で表現できます。

$$P(A|B) = P(1日曇|2日雨) = 「2日が雨のときに1日が曇り」の確率$$

> 2日が雨のときに
> 前日の1日が曇り
> の確率を求めるよ

ここで、ベイズの定理(1)を用います。

$$P(A|B) = \frac{P(B|A)P(A)}{P(B)} = \frac{P(2日雨|1日曇)P(1日曇)}{P(2日雨)} \quad \cdots(8)$$

題意に「4月1日に曇りの確率は0.6、翌2日に雨の確率は0.4」とあるので、

　　$P(A) = P(1日曇) = 「1日が曇り」の確率 = 0.6 \quad \cdots(9)$

　　$P(B) = P(2日雨) = 「2日が雨」の確率 = 0.4 \quad \cdots(10)$

明日雨の確率は30%：数学的確率をいうのか、統計的確率をいうのか、判別が困難。主観的確率と考えられる。

また、題意に「1日に曇りのときに翌2日が雨の確率は0.5」とあるので、これを表現する条件付き確率 $P(B|A)(=P(2日雨|1日曇))$ は、次のように求められます。

$$P(B|A) = P(2日雨|1日曇) = 「1日が曇りのときに2日が雨」の確率 = 0.5 \quad \cdots(11)$$

以上の数値の関係を図にまとめておきましょう。

$P(A) = P(1日曇) = 0.6$ $P(B) = P(2日雨) = 0.4$ $P(B|A) = P(2日雨|1日曇) = 0.5$

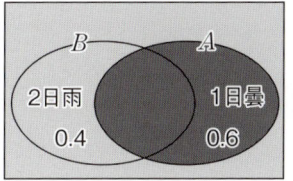

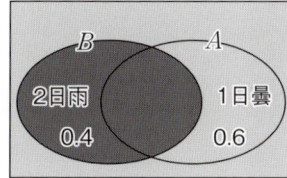

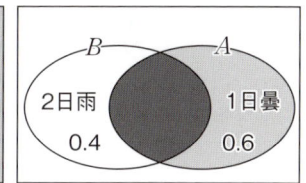

これら(9)〜(11)を(8)に代入して、次のように答が得られます。

$$P(A|B) = P(1日曇|2日雨) = \frac{P(B|A)P(A)}{P(B)} = \frac{0.5 \times 0.6}{0.4} = \frac{3}{4} \quad \text{(答)}$$

● **ベイズの定理は分かりにくい?**

3つの例題で、ベイズの定理の使い方を調べてきました。ベイズの定理を利用するには、その言い回しが普段の表現と異なるので、慣れるのに時間がかかります。

でも、大丈夫。ベイズの定理をアレンジすることで、もっと分かりやすく使えるようになりますから。それを次節で調べてみましょう。

過去の確率：確率は通常未来を議論するが、「2日が雨のときに前日の1日が曇りの確率」とは過去の事象の確率である。

§3 ベイズの定理に味付けを加えた「ベイズの基本公式」

前節(§1、2)では、ベイズの定理について調べました。この定理は二つの事象A、Bの関係を逆にする定理です。本節では、この定理に味付けをします。ベイズ理論として使いやすいように解釈し直すのです。その結果として得られるのが「ベイズの基本公式」です。

●復習

「ベイズの定理」とは、次の式で与えられる定理です(§1)。

$$P(A|B) = \frac{P(B|A)P(A)}{P(B)} \quad \cdots(1)$$

ここで、A、Bは事象、すなわち「確率的に起こること」であり、特段の意味があるわけではありません。本節では、このA、Bを解釈し直して、ベイズの定理に新たな意味を持たせます。

●ベイズの定理の解釈

「ベイズの定理」(1)において、Aを原因や仮定(Hypothesis)と、Bを結果、すなわちデータ(Data)と解釈してみましょう。

A=「原因や仮定(Hypothesis)」

B=「結果やデータ(Data)」

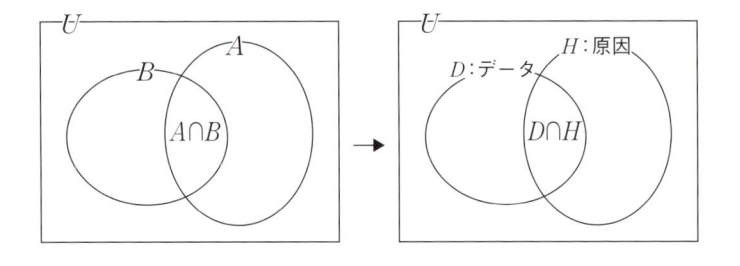

一般的に記述されているベイズの定理に、特有の解釈を施す。

このような解釈を明示するために、ベイズの定理(1)を次のように書き換えます。

$$P(H|D) = \frac{P(D|H)P(H)}{P(D)} \quad \cdots(2)$$

ここで、Hは「原因」を、Dは「データ」を表します。

名前付けが大切:「AをHに、BをDに名をかえただけ」だが、名は体を表すという。ペットも名を付けると愛情が増す。

この(2)は単にベイズの定理(1)のAをHに、BをDに書き換えただけの式です。しかし、名は体を表すといいます。このように書き換え、解釈し直すことで、公式(1)はデータ分析の「魔法の杖」に変身するのです。

この(2)は、今後のベイズ理論の出発点となる式です。そこで、ベイズの定理(1)から生まれたこの(2)を、本書では**ベイズの基本公式**と呼ぶことにします。

H：原因
D：データ
$$P(H|D) = \frac{P(D|H)P(H)}{P(D)}$$

これがベイズの基本公式ね

●原因の確率

一般的には、原因が与えられたときに、その結果を議論します。ところが、ベイズの基本公式(2)は、それを反対にしてくれるのです。すなわち、結果から原因をたどれるように変換してくれるのです。

実際、(2)の左辺$P(H|D)$は「データDが得られたときの原因がHである」条件付き確率です。すなわちデータが与えられたときに原因を求める確率を表しているのです。この意味で、(2)の左辺$P(H|D)$をデータDの**原因の確率**と呼びます。

結果の確率 $P(D|H)$
H ⟶ D
仮定(原因)　　結果(データ)

原因の確率 $P(H|D)$
D ⟶ H
結果(データ)　　仮定(原因)

●「データとその原因」的な解釈を例で確かめる

前節(§2)で取り上げた3つの例題で、ここで調べたような「データと原因」的な解釈、すなわち「原因の確率」的な解釈が可能であることを確かめましょう。

(2)の分母の$P(D)$：この$P(D)$には名前がない。「データの確率」などと呼ぶ文献もあるが、一般的ではない。

〔例題1〕 ジョーカーを除いた1組のトランプ52枚から1枚を抜くとする。ここで、Aを「ハートを抜く」こと、Bを「絵札を抜く」こととする。このとき、ベイズの定理を利用して、「絵札を抜いたとき、それがハートである」確率を求めてみよう。

この例題では、「絵札を抜いた」ことをデータ(D)と考え、その原因が「ハートを抜いた」こと(H)と捉えることができます。

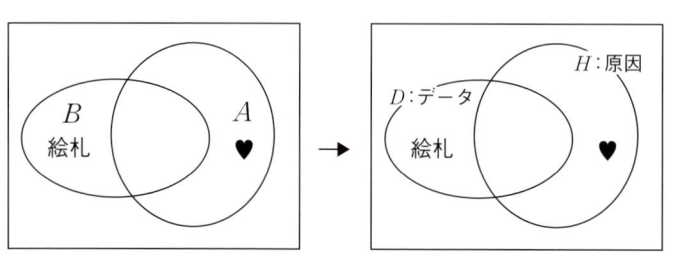

ベイズの定理のA、Bをベイズの基本公式H、Dと解釈可能であることを確かめる。

〔例題2〕 X組は男子13人、女子7人、Y組は男子10人、女子5人である。X、Yの2組の集まりから一人を選んだならそれが女子であった。このとき、その女子がX組の人である確率をベイズの定理で求めてみよう。

この例題では、「女子を選ぶ」ことをデータ(D)と考え、その原因が「X組の人を選ぶ」こと(H)と捉えることができます。

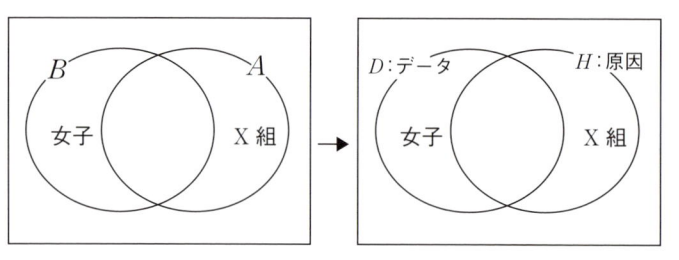

ベイズの定理のA、Bをベイズの基本公式H、Dと解釈可能であることを確かめる。

〔例題3〕 ある地域の気象統計では、4月の1日に曇りの確率は0.6、2日に雨の確率は0.4である。また、1日に曇りのときに2日が雨の確率は0.5である。この地域で、2日が雨のときに前日の1日が曇りの確率を求めてみよう。

原因H：Hは本文に示しているようにHypothesis（仮説）であるが、本書ではこのHを分かりやすい「原因」と読み替えている。

この例では、「2日が雨である」ことをデータ(D)と考え、その原因が「1日が曇りである」こと(H)と捉えることができます。

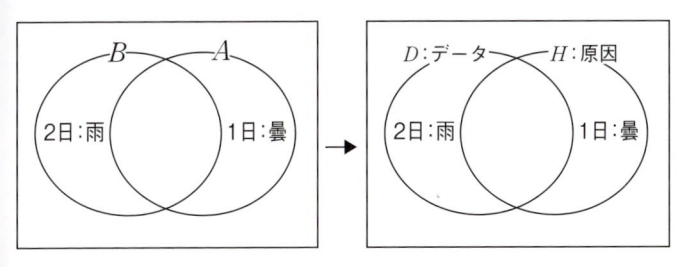

ベイズの定理のA、Bをベイズの基本公式H、Dと解釈可能であることを確かめる。

●ベイズの基本公式(2)の典型的な応用

これまで確認した例題は、前節までにすでに紹介したものを利用しました。節を終えるにあたって、新たな例題に公式(2)を応用してみます。この例題では、Hを原因、Dをデータと解釈するのが大変自然に感じられるでしょう。

〔例題4〕 ある英語の検定試験において、1000点中900点以上を取った受験者は2割いた。英語が好きな受験者が900点以上を取る確率は0.4である。900点以上を取った受験者から1人抽出したとき、その人が英語を好きである確率を求めよ。ただし、この検定試験では、英語が好きな人の確率は0.3であった。

ここでは、原因Hを「英語が好き」、データDを「900点以上を取った」としてみましょう。このように解釈すると、「原因」Hと「データ」Dという言葉を用いることに違和感が起こらないと思われます。

すると、目標の確率は$P(H|D)$、すなわち「900点以上を取ったという条件のもとで英語が好きな確率」です。これはベイズの基本公式(2)の左辺です。実際に公式(2)を応用し、この左辺を求めてみましょう。

題意から、

$P(H)=$「英語が好きである」確率$=0.3$

$P(D)=$「900点以上を取る」確率$=0.2$

$P(D|H)=$「英語が好きな受験者が900点以上を取る」確率$=0.4$

これらをベイズの基本公式(2)に代入して

$$P(H|D) = \frac{P(D|H)P(H)}{P(D)} = \frac{0.4 \times 0.3}{0.2} = 0.6 \quad \text{(答)}$$

1000点中900点以上と言う高得点をあげた受験生の10人中6人が「英語が好き」ということになります。

天気予報の確率：厳密に考えると、天気予報で使われる確率は本書で定義した確率とはなじまない。主観確率と呼ばれる確率であり、ベイズ理論はこの確率を扱えるのが大きな特徴である。

§4 ベイズ理論をイメージさせる図の表現法

ものごとの理解には、視覚化、すなわち「見える化」が重要です。これまではベイズ理論を示すのに丸のイメージの図(ベン図)を利用してきました。しかし、今後ベイズ理論を展開する上では、この丸イメージよりも、「四角イメージ」の方が表現力に優れています。本節では、この「四角イメージ」の表現法を調べます。

● ベン図のアレンジ

多くのベイズ理論は次の「ベイズの基本公式」から出発します(前節§3)。

$$P(H|D) = \frac{P(D|H)P(H)}{P(D)} \quad \cdots (1)$$

ここで、H は原因(すなわち仮定(Hypothesis))を、D はその結果(すなわちデータ(Data))を表すと解釈します。

ところで、確率論の教科書の多くは、確率をイメージさせるのに円や楕円の図を利用します。例えば、事象 A の起こる確率 $P(A)$ を次のような図で表します(2章§1)。

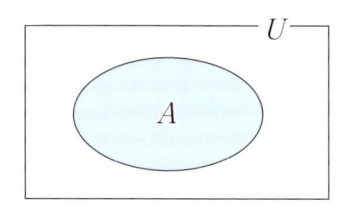

これを、集合論の世界ではベン図と呼びます。

(注) ベイズとベン図は似た発音なので、本書ではこの「ベン図」という用語を本節以外は利用しません。

しかし、ベイズ理論の議論を進めるときに、この「ベン図」は使いにくいことが分かります。複数の原因を考えるときに、表現しづらいのです。そこで、後の応用・発展を考え、今後は下図右のような「四角イメージ」の図を利用することにします。

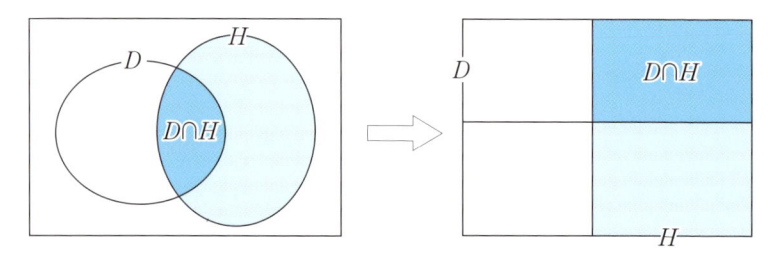

ベン図：集合を視覚的に図式化したもの。イギリスの数学者ジョン・ベン (John Venn) によって考案。

両者が対等な表現であることを、次の図で確かめてください。アイウエが記された領域が互いに過不足なく表現されています。

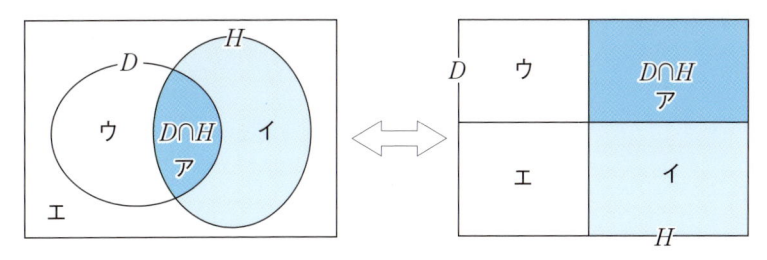

●例で確認

すでに調べた例題で確かめてみましょう。例えば、§2、§3で調べた〔例題3〕を取り上げてみます。

〔例題3〕 ある地域の気象統計では、4月の1日に曇りの確率は0.6、2日に雨の確率は0.4である。また、1日に曇りのときに2日が雨の確率は0.5である。この地域で、2日が雨のときに前日の1日が曇りの確率を求めてみよう。

これまでは次の左の図のイメージを利用しましたが、今後はその右の図のイメージを利用していくことにします。

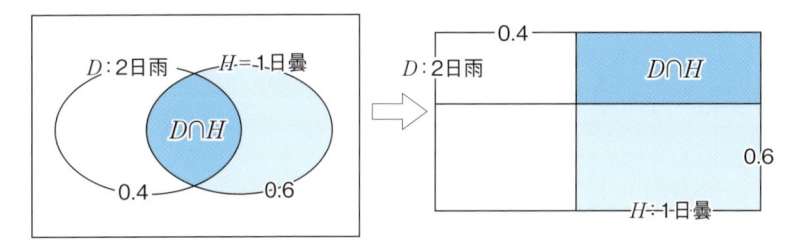

●四角イメージで$P(H|D)$と$P(D|H)$の意味を再確認

四角イメージで、ベイズ統計学の重要な条件付き確率である$P(D|H)$と$P(H|D)$のイメージを再確認してみましょう。

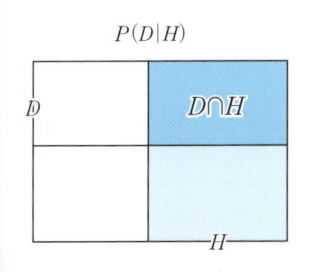

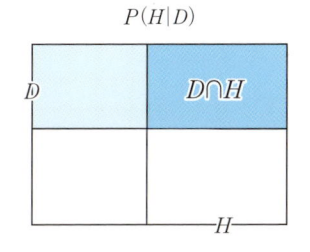

薄い色付きの部分で濃い色付き部分を割るイメージが各確率の意味となる(濃い部分は薄い部分にも含まれるとする)。

視覚化：近年は「見える化」とも呼ばれる。理解に大切なことが知られている。

この図から、$P(D|H)$ と $P(H|D)$ の表す確率は、縦と横の関係になっています。ベイズの基本公式は $P(H|D)$ と $P(D|H)$ との関係を与える公式です。そこで、ベイズの基本公式は「図を縦に見たときを横に見たときに変換する公式」と表現できます。

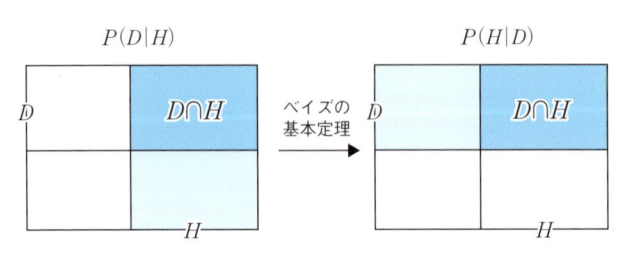

$P(D|H)$ は縦の割り算、$P(H|D)$ は横の割り算の関係。ベイズの基本公式は「図を縦に見たときを横に見たときに変換する公式」と考えられる。

●原因が複数あるときの図

　四角のイメージを採用する最大のメリットは、原因がいくつもあるときに表現がしやすくなることです。実際、データにはいくつもの原因が考えられるのが普通です。その場合、四角イメージは簡単に対応できるのです。

　例えば、データ D の原因として考えられるものに、3つの原因 H_1、H_2、H_3 が挙げられたとしましょう。

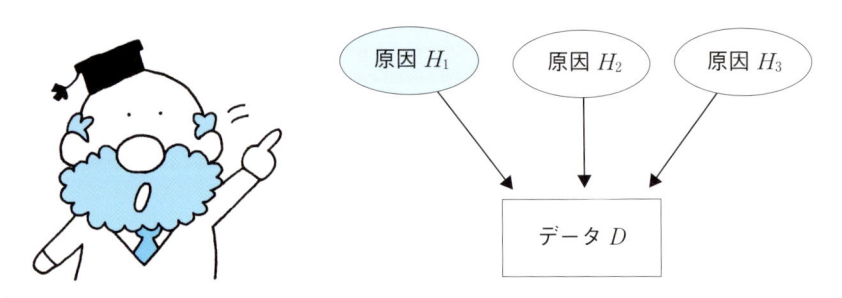

　これらの原因は互いに重なり合うことはないと仮定します。このとき、原因 H_1 から得られるデータについての「ベイズの基本公式」の条件付き確率は、次の図ように簡単に描けます。

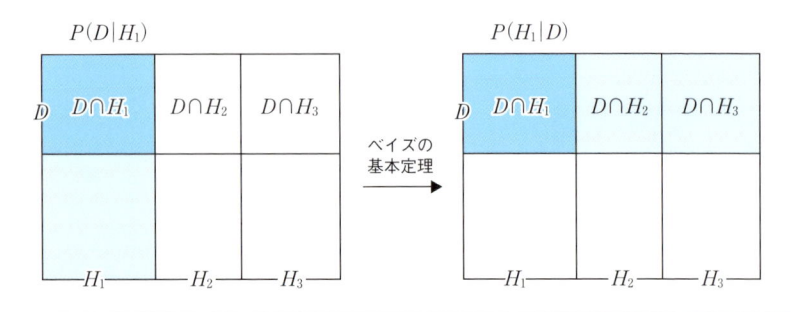

排反：2つの事象において、共通なものがないとき、互いに「排反」と呼ぶ。

このとき、ベイズの基本公式(1)は次のようになります。

$$P(H_1|D) = \frac{P(D|H_1)P(H_1)}{P(D)} \quad \cdots(2)$$

　もっと一般化してみましょう。データDの原因としてH_1、H_2、…、H_nのn個が考えられるとしましょう。

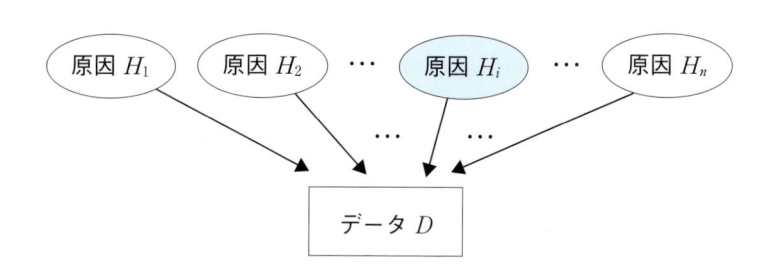

このとき、原因H_i($i=1$、2、…、n)から得られるデータについての「ベイズの基本公式」の条件付き確率を表す図は、前の図を簡単に拡張して描くことができます。

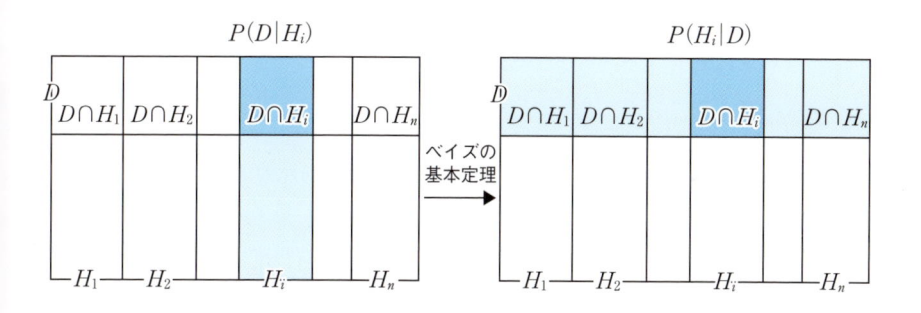

$P(D|H_i)$は縦の割り算、$P(H_i|D)$は横の割り算の関係。この図は、一般的なベイズの基本公式の役割、すなわち「図を縦に見たときを横に見たときに変換する公式」を表している。

このとき、ベイズの基本公式(1)は次のように表現されます。

$$P(H_i|D) = \frac{P(D|H_i)P(H_i)}{P(D)} \quad (i=1、2、\cdots、n) \quad \cdots(3)$$

　この(3)はベイズ理論の出発点となる「ベイズの基本公式」(1)のHを単にH_iと置き換えただけの式です。しかし、上の図とコラボレーションさせることで、複数の原因が関与するデータ分析に容易に対応できる式に変容したのです。その変容を次節で更に詳しく調べることにします。

---

(3)式の意味：簡単に言うと、確率$P(H_i|D)$は$P(D|H_i)$と$P(H_i)$の積に比例する、ということ。

§5 応用の主役となる「ベイズの展開公式」

本節では、「ベイズの基本公式」を利用しやすいように変形した「ベイズの展開公式」を導き出します。この「ベイズの展開公式」こそが発展的な応用の基本公式になります。

●ベイズの基本公式の変形

前節(§3)では次の「ベイズの基本公式」を調べました。

$$P(H|D) = \frac{P(D|H)P(H)}{P(D)} \quad \cdots (1)$$

Dは結果(データ)、Hはその仮定(原因)です。この公式を更に使いやすいように変形しましょう。

$P(H|D)$は「データDが得られたときの原因がH」である確率ですが、考えられる原因は通常一つではありません。仮にその原因が3つあると考え、H_1、H_2、H_3と名付けることにします。

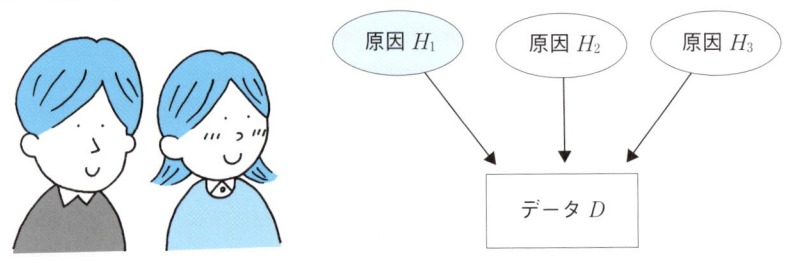

ここで、原因H_1に着目してみましょう。ベイズの基本公式(1)でHをH_1と置き換えてみます(前節§4の(2))。

$$P(H_1|D) = \frac{P(D|H_1)P(H_1)}{P(D)} \quad \cdots (2)$$

前節と同様、これから話を進めます。

●分母$P(D)$を分解

これら3つの原因にダブりはない、すなわち排反であるとしましょう。このとき、前節で調べた図がそのまま(2)のイメージとして利用できます。

全確率の法則：確率の合計は1であるという大法則。「全確率の公式」「全確率の定理」と紛らわしい。

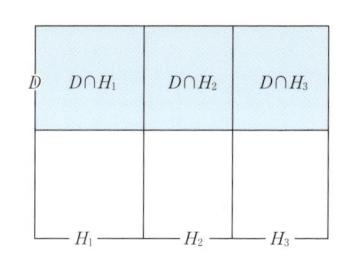

原因に重複がない（すなわち排反の）とき、Dは$D \cap H_1$、$D \cap H_2$、$D \cap H_3$の3つの和で表現される。

この図から、次のことが分かります。

$$P(D) = P(D \cap H_1) + P(D \cap H_2) + P(D \cap H_3) \quad \cdots(3)$$

すなわち、上の図の色が付いた部分Dを得る確率は$D \cap H_1$、$D \cap H_2$、$D \cap H_3$の3つの和で表現される部分から得られる確率の和です。

さて、この(3)の右辺の各項に、「確率の乗法定理」を適用してみましょう。この定理は、2つの事象A、Bについて常に成り立つ定理です（2章§4）。

確率の乗法定理：$P(A \cap B) = P(B|A) P(A)$

これから、(3)は次のように変形できます。

$$P(D) = P(D|H_1) P(H_1) + P(D|H_2) P(H_2) + P(D|H_3) P(H_3) \quad \cdots(4)$$

(注) (3)または(4)を全確率の定理（または全確率の公式）と呼びます。

結果を(2)に代入してみましょう。

$$P(H_1|D) = \frac{P(D|H_1)P(H_1)}{P(D|H_1)P(H_1) + P(D|H_2)P(H_2) + P(D|H_3)P(H_3)} \quad \cdots(5)$$

これが目標とする3つの原因に関するベイズの基本公式の変形です。

● **ベイズの展開公式**

(5)は原因としてH_1、H_2、H_3の3つを仮定したものです。これを一般化してみましょう。データDの原因としてn個のものを考えるのです。

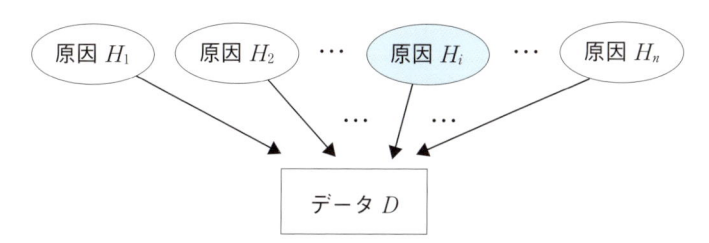

すると、先の式(5)は次のように一般化されるでしょう。本書ではこれを**ベイズの展開公式**と呼ぶことにします。応用の出発となる大切な式です。

---

(3)式の意味：簡単に言うと、データDは原因H_1〜H_3のどれかから起こるということ。

データ D は原因 H_1、H_2、…、H_n のどれか1つから生まれると仮定する。このとき、データ D が得られたとき、その原因が H_i である確率 $P(H_i|D)$ は

$$P(H_i|D) = \frac{P(D|H_i)P(H_i)}{P(D|H_1)P(H_1)+P(D|H_2)P(H_2)+\cdots+P(D|H_n)P(H_n)} \quad \cdots (6)$$

各原因からデータの得られる確率 $P(D|H_i)$ と、データを得る前の原因の確率 $P(H_i)$ が与えられたときに、データ D が得られたとき原因が H_i である確率 $P(H_i|D)$ を表す公式です。

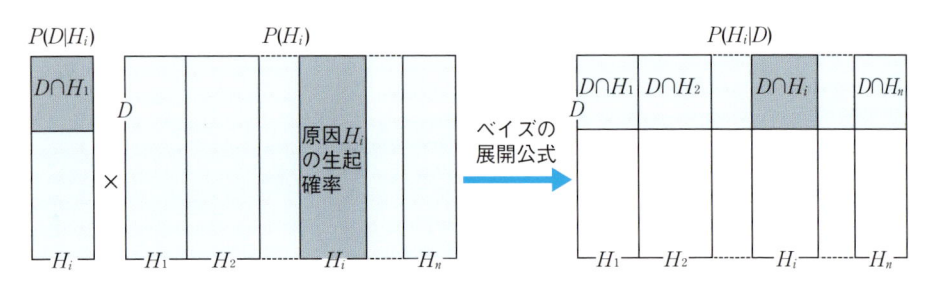

原因が H_i のときにデータ D が得られる確率 $P(D|H_i)$ に、原因 H_i の生起確率 $P(H_i)$ を掛けると、原因の確率 $P(H_i|D)$ の分子が得られる、というのが(6)の「ベイズの展開公式」。(6)の分母はデータ D の生起確率。ちなみに、濃い色付き部分の面積を薄い色付き部分の面積で割ってえられる値が各確率のイメージ(濃い色付き部分は薄い色付き部分の一部を構成すると考えます)。

この公式の原因 H_i を上手に解釈することで、ベイズ理論が花開きます。キーとなる大切な公式なので、しっかり頭に刻んでおきましょう。

これがベイズの展開公式なのね!

ベイズの展開公式

$$P(H_i|D) = \frac{P(D|H_i)P(H_i)}{P(D|H_1)P(H_1)+P(D|H_2)P(H_2)+\cdots+P(D|H_n)P(H_n)}$$

●ベイズ理論を理解する3つのキーワード

さて、ベイズの展開公式には、4種の確率が含まれていますが、その中の3つの確率には、今後しばしば利用される名称が付けられています。それが「**尤度**」、「**事前確率**」、「**事後確率**」です。

---

(6) 式を日本語で言うと:簡単に言うと、事後確率は事前確率と尤度の積に比例する、ということ。

「ベイズの展開公式」(6)で、右辺の分子にある$P(D|H_i)$を原因Hの**尤度**と呼びます。原因H_iのもとでデータの得られる「尤もらしい」確率を表すからです。

また、尤度の右隣にある$P(H_i)$を**事前確率**と呼びます。データDの影響をまだ考慮していない、分析前の原因H_iの起こる確率なので、そう呼ばれます。

公式の左辺にある原因の確率$P(H_i|D)$を**事後確率**と呼びます。ベイズの基本公式を用いてデータDを考慮して得られた分析後の原因H_iの確率だからです。この3つの言葉は今後の基本になるので、しっかり覚えておいてください。

確率の記号	名称	意味
$P(H_i|D)$	事後確率	データDが原因H_iから得られた確率
$P(D_i|H)$	尤度	原因H_iのもとでデータDが得られる確率
$P(H_i)$	事前確率	データDを得る前の原因H_iの確からしさ

【3つのキーワード】

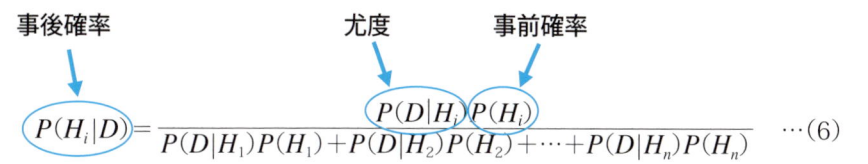

$$P(H_i|D) = \frac{\overbrace{P(D|H_i)}^{\text{尤度}} \overbrace{P(H_i)}^{\text{事前確率}}}{P(D|H_1)P(H_1) + P(D|H_2)P(H_2) + \cdots + P(D|H_n)P(H_n)} \quad \cdots (6)$$

（左辺$P(H_i|D)$は「事後確率」）

(注) 左辺$P(H_i|D)$は、すでに調べたように「原因の確率」とも呼ばれます。文脈で呼ばれ方が異なることに留意してください。

●ベイズの基本公式のイメージはトランジスタ

事前確率$P(H_i)$を事後確率$P(H_i|D)$に変換するベイズの定理は、原因(H_i)の起こる確率をデータによって更新していると考えられます。この考え方は、後に調べる「ベイズ更新」にもつながっていきますが、イメージで示すとトランジスタに似ています。もし回路や半導体物理に関心がある場合には、理解の一助となるでしょう。

よく知られているように、トランジスタは入力信号にデータ信号が加わることで、出力信号が得られます。ベイズの定理では、「事前確率」という情報に「データ」という情報が加わることで**「事後確率」**が出力されるのです。

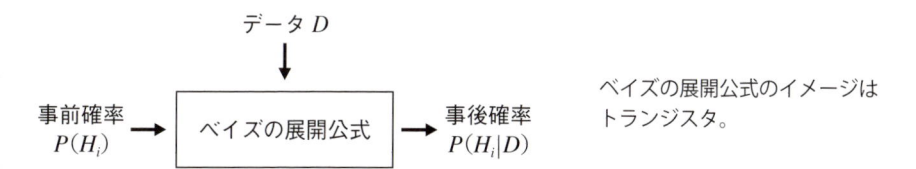

事前確率 $P(H_i)$ → ベイズの展開公式 ← データD → 事後確率 $P(H_i|D)$

ベイズの展開公式のイメージはトランジスタ。

---

likelihood：尤度を英語で表現する言葉。

§6 「ベイズの展開公式」の意味をホテルのアナロジーで理解

前節（§5）では「ベイズの展開公式」を抽象的に導出しました。本節では、日常の例を用いて、日常の言葉で、この式の意味を確かめてみましょう。尤度と事前分布、事後分布の関係を、具体的なアナロジーで理解することにします。

データDが原因H_1、H_2、…、H_nのどれか1つから生まれると仮定してみましょう。「ベイズの展開公式」は、入手したデータDがその中のある原因H_iから生まれた確率を与える公式です。すなわち、データDが原因H_iから生まれた確率$P(H_i|D)$（$i=1$、2、…、n）は次の式で表されるのです。

$$P(H_i|D) = \frac{P(D|H_i)P(H_i)}{P(D|H_1)P(H_1)+P(D|H_2)P(H_2)+\cdots+P(D|H_n)P(H_n)} \quad \cdots(1)$$

しかし、決して理解しやすい形をしていません。そこで、普段親しんでいる日常の例を用いて、この式の意味を確かめてみることにします。

●ホテルのアナロジーで「ベイズの展開公式」の意味を確認

「ベイズの展開公式」を「国際ホテルの部屋に泊まっている客を任意に選ぶ」というアナロジーで理解してみましょう。ホテルにはH_1、H_2、…、H_nと名付けられた部屋があり、その部屋には国際色豊かな何人かの客がいると想像してください。各部屋の選ばれる度合いは異なるとします。

ホテルに宿泊している多国籍の客から1人をランダムに抽出するとしましょう。この客が日本人である事象をDとします。この日本人にデータの役割を演じてもらい、ホテルの「部屋名」H_i（$i=1$、2、…、n）に原因H_iの役割を演じてもらいます。

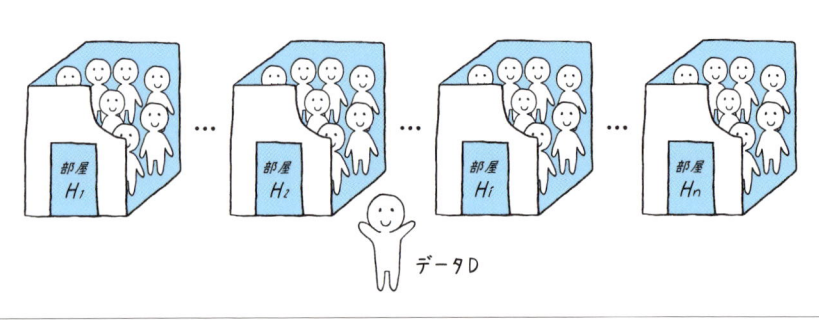

アナロジーで理解：ある理論をアナロジーで理解することは重要。理解とはそういうものだから。

さて、このホテルのイメージと、前節の「ベイズの展開公式」の事後確率、尤度、事前確率とはどう対応しているのでしょうか。確かめてみましょう。

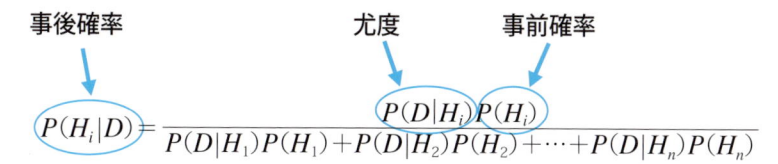

$$P(H_i|D) = \frac{P(D|H_i)P(H_i)}{P(D|H_1)P(H_1) + P(D|H_2)P(H_2) + \cdots + P(D|H_n)P(H_n)}$$

（左辺：事後確率、分子：$P(D|H_i)$ が尤度、$P(H_i)$ が事前確率）

●事後確率の意味

　ベイズ理論で目標になる(1)の左辺の「事後確率$P(H_i|D)$の意味を調べてみましょう。この事後確率$P(H_i|D)$は、「日本人が選ばれたとき、彼が部屋H_iから来た」確率です。簡単に言えば、選ばれた日本人が部屋H_iからの客である確率を表します。

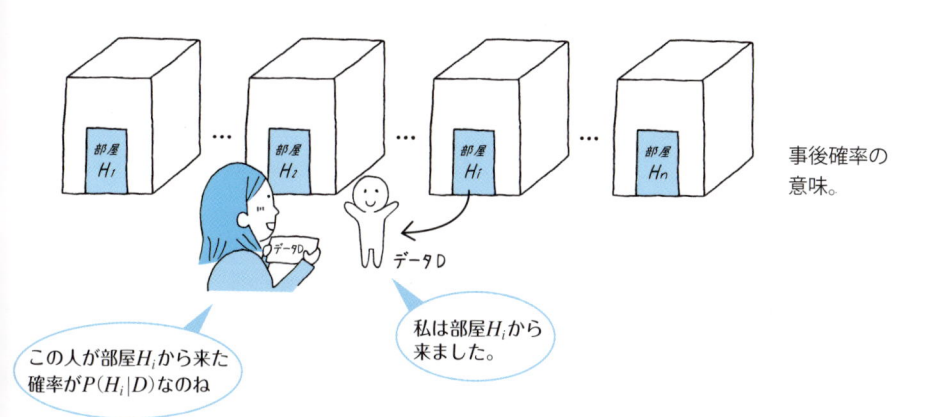

事後確率の意味。

この人が部屋H_iから来た確率が$P(H_i|D)$なのね

私は部屋H_iから来ました。

●尤度の意味

　次に「尤度」の意味を調べてみましょう。「尤度」$P(D|H_i)$は「部屋H_iの中で、日本人が選ばれる」確率です。これは分かりやすいでしょう。

この人が部屋H_iの中で選ばれる確率が$P(D|H_i)$なのね

私は部屋H_iから来ました。

部屋H_iで日本人が選ばれる確率が$P(D|H_i)$

「尤度」$P(D|H_i)$のイメージ。事後分布と記号の形式が似ているが、意味は大きく異なる。

事前確率の設定：ベイズ理論において、これが一番大切なステップの一つ。

●事前確率の意味

最後に「事前確率」$P(H_i)$を調べてみましょう。これは、一人が選ばれる前の「部屋H_iの選ばれやすさ」を表します。

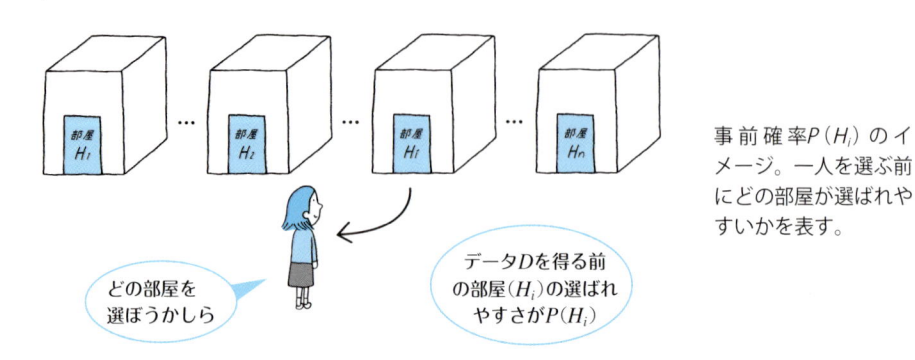

事前確率$P(H_i)$のイメージ。一人を選ぶ前にどの部屋が選ばれすいかを表す。

どの部屋を選ぼうかしら

データDを得る前の部屋(H_i)の選ばれやすさが$P(H_i)$

理解にはイメージが大切です。以上のアナロジーで「ベイズの展開公式」(1)の各項の確率の意味を確認してください。

●ベイズの展開公式の分母の意味$P(D)$は？

本節では、ベイズの展開公式の各項の意味をホテルの比喩で調べました。ところで、まだベイズの展開公式(1)の分母については触れていません。

前節(§5)の(1)から、ベイズの展開公式(1)の分母は$P(D)$、すなわちデータDの得られる確率と一致します。

$$P(D) = P(D|H_1)\,P(H_1) + P(D|H_2)\,P(H_2) + P(D|H_n)\,P(H_n)$$

この人が現れる確率が$P(D)$ね

データD

ベイズの展開公式(1)の分母は$P(D)$と一致するが、イメージ化はしにくい。

分母の$P(D)$の意味:ベイズの展開公式の分母にある$P(D)$は「確率の総和が1」となるための条件とも捉えられる。

すなわち、左記のホテルの比喩に当てはめると、(1)の分母は「日本人の出現確率」ということになります。しかし、これをイメージ化することは困難でしょう。

　ベイズの展開公式(1)の分母($=P(D)$)は計算上重要ですが、あまり具体的な意味を追い求めても不毛です。次の＜メモ＞でも調べたように、ベイズの展開公式の本質は事後確率$P(H_i|D)$が尤度$P(D|H_i)$と事前確率$P(H_i)$の積に比例することにあるからです。

メモ　ベイズの展開公式の別の見方

　ベイズの展開公式(1)は、事後確率$P(H_i|D)$が事前確率と尤度との積に比例していることを表しています。

$$P(H_i|D) \propto P(D|H_i)P(H_i) \quad (i=1,\ 2,\ \cdots,\ n) \quad \cdots (2)$$

データDは原因H_iのどれかから生起したものです。したがって、データDの得られたときの原因がH_iである確率は、すべての原因に占める(2)式右辺の値の割合になります。

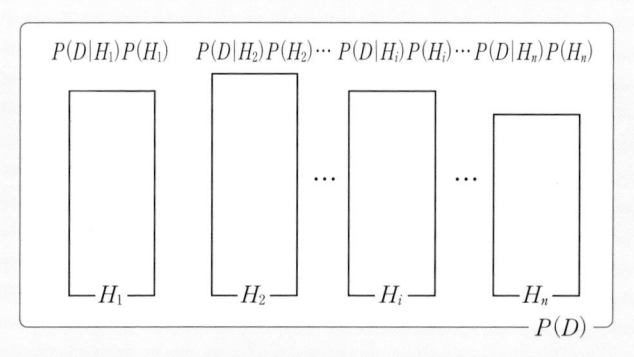

原因H_iからデータDが得られる部分（(2)式右辺）を1枚の短冊で表している。原因がH_iである確率は、これら短冊全体に占める(2)式右辺の割合。これから、ベイズの展開公式が得られる。ちなみに、短冊全体の値が「ベイズの展開公式」の右辺分母、すなわち$P(D)$になる。

　以上の解釈から、データDが原因H_iから生まれる確率$P(H_i|D)$ $(i=1,\ 2,\ \cdots,\ n)$は次のように書けることは明らかでしょう。

$$P(H_i|D) = \frac{P(D|H_i)\,P(H_i)}{P(D|H_1)\,P(H_1) + P(D|H_2)\,P(H_2) + \cdots + P(D|H_n)\,P(H_n)}$$

こうして「ベイズの展開公式」が得られます。このことから、(2)の関係がベイズの展開公式のエッセンスであることが分かります。

ベイズマシン：ベイズ理論を計算するソフトウェアのこと。トランジスタで実現できれば、高速なベイズマシンが実現可能。

§7 例題を用いた「ベイズの展開公式」導出

前節（§5）では「ベイズの展開公式」を導出しました。しかし、抽象的で意味が不明であったかもしれません。そこで、本節では、具体例を利用して、「ベイズの展開公式」を導出し、その意味を確認してみましょう。

次のベイズの展開公式はベイズ理論を応用するときの中心の式です。

$$P(H_i|D) = \frac{P(D|H_i)P(H_i)}{P(D|H_1)P(H_1) + P(D|H_2)P(H_2) + \cdots + P(D|H_n)P(H_n)} \quad \cdots (1)$$

ところで、§5で示した証明は一般論的なものであり、分かり辛かったかもしれません。そこで、具体例を利用してこの公式を導出してみます。その中で、公式のイメージが形作られるでしょう。

●これまでの復習

ベイズの最も原初的な公式は「ベイズの定理」です（§3）。

$$P(A|B) = \frac{P(B|A)P(A)}{P(B)} \quad \cdots (2)$$

この定理(2)から、B を D（データ）、A を H（原因）と読み替え、次の「ベイズの基本公式」を導出しました（§5）。

$$P(H|D) = \frac{P(D|H)P(H)}{P(D)} \quad \cdots (3)$$

本節では、具体的な例を用いながら、この(3)から「ベイズの展開公式」(1)を導き出してみましょう。

●トランプを用いてベイズの展開公式を導出

「ベイズの展開公式」(1)の導出方法を、例を用いて確かめてみましょう。例題としては§2で既に調べたものを利用します。

具体例から理解：度々述べているように、人が理解するとは帰納的であり、「そういうことか」と具体的イメージが湧くものである。

〔例題1〕 ジョーカーを除いた1組のトランプから1枚のカードを抜くとしよう。ここで、H_1を「抜いたカードがハートである」こと、Dを「抜いたカードが絵札である」こととする。このとき、ベイズの展開公式を追いながら、「絵札を抜いたとき、それがハートである」確率を求めてみよう。

問題文に、H_1を「抜いたカードがハート」、Dを「抜いたカードが絵札」とあります。

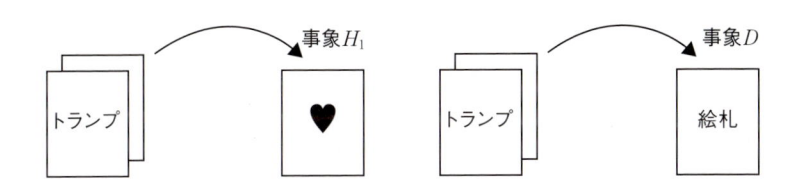

1枚抜いたとき、それがハートであるときをH_1、絵札であるときをDとする。

求めたい目標の確率は、これらの記号を用いて$P(H_i|D)$で表せます。すなわち、
$P(H_1|D) = P(♥|絵札) = $「絵札を抜いたとき、それがハートである」確率

さて、データD(「抜いたカードが絵札」)の原因としては、次の4つがあります。

原因	意味
H_1	抜いたカードがハート(♥)
H_2	抜いたカードがスペード(♠)
H_3	抜いたカードがダイヤ(♦)
H_4	抜いたカードがクラブ(♣)

原因の書き出し：ここではH_1〜H_4を原因として挙げている。実際のデータ分析では、これが大変。

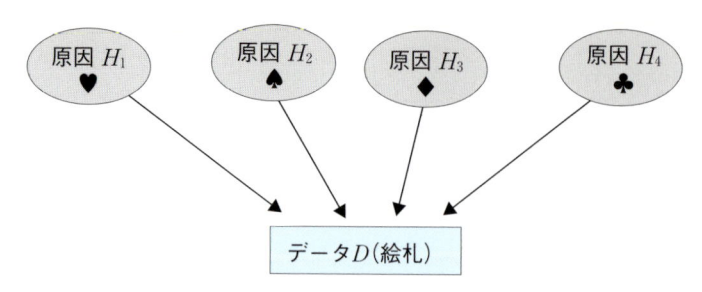

「絵札を抜く」原因として、前ページの表の4つを考える。

以上で、役者が出そろいました。いよいよ、出発の式(3)に題意の原因H_1を代入しましょう。

$$P(H_1|D) = \frac{P(D|H_1)P(H_1)}{P(D)} \quad \cdots (4)$$

これが本例題の話の始まりです。

●分母$P(D)$を分解

まず、(4)右辺の分母$P(D)$を調べてみましょう。

「抜いたカードが絵札」というデータDは4つの原因H_1〜H_4の一つから得られます。そこで、確率は、次の4つに分解されます。

$$P(D) = P(\heartsuit の絵札) + P(\spadesuit の絵札) + P(\diamondsuit の絵札) + P(\clubsuit の絵札)$$
$$= P(D \cap H_1) + P(D \cap H_2) + P(D \cap H_3) + P(D \cap H_4) \quad \cdots (5)$$

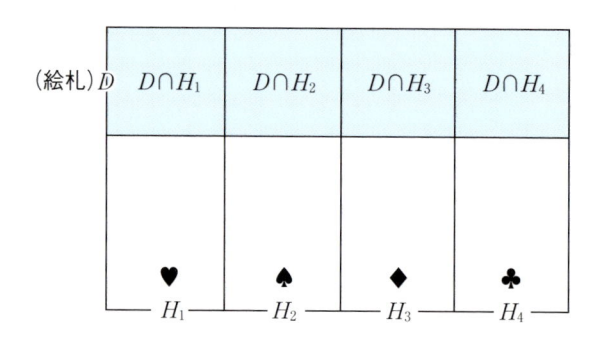

データDは色が付いた4つの部分に分解される。これが一般論で示した§5の(3)に対応する。

この式の各項に確率の乗法定理(2章§4)を適用します。

$$P(D) = P(D|H_1)P(H_1) + P(D|H_2)P(H_2) + P(D|H_3)P(H_3) + P(D|H_4)P(H_4) \quad \cdots (6)$$

(注) これが一般論で示した§5の(4)、すなわち「全確率の定理」に対応します。

(5)、(6)式の意味：データDは原因H_1〜H_4のどれかから起こるということ(全確率の定理)。

●ベイズの基本公式に代入

これで目的達成です。得られた(6)を出発点の(4)に代入します。

$$P(H_1|D) = \frac{P(D|H_1)P(H_1)}{P(D|H_1)P(H_1)+P(D|H_2)P(H_2)+P(D|H_3)P(H_3)+P(D|H_4)P(H_4)} \quad \cdots(7)$$

これが本例題の場合の「ベイズの展開公式」です。こうして、「ベイズの展開公式」(1)が例証されました。「ベイズの展開公式」(1)の意味が具体的に確認できたことと思います。

●実際に公式を使ってみる

では、導出した「ベイズの展開公式」(7)を使ってみましょう。

まず「尤度」を求めてみます。例えば、尤度$P(D|H_1)$は「選ばれた1枚のハート(H_1)が絵札(D)」の確率を表すので、次の値になります。

$$P(D|H_1) = \frac{3}{13} \quad \cdots(8)$$

ハートの組札13枚中、絵札が3枚だからです。他の組札についても同様なので、

$$P(D|H_2) = \frac{3}{13}, \quad P(D|H_3) = \frac{3}{13}, \quad P(D|H_4) = \frac{3}{13} \quad \cdots(9)$$

$P(D|H_1) = \frac{3}{13}$ $P(D|H_2) = \frac{3}{13}$ $P(D|H_3) = \frac{3}{13}$ $P(D|H_4) = \frac{3}{13}$

絵札 $D \cap H_1$ $D \cap H_2$ $D \cap H_3$ $D \cap H_4$

♥   ♠   ♦   ♣
H_1 H_2 H_3 H_4

データDが各原因H_i(♥♠♦♣)から生起する確率$P(D|H_i)$(すなわち尤度)は各々$\frac{3}{13}$

Total Probability Theorem：「全確率の定理」の英語表現。

次に、「事前確率」$P(H_1)$、$P(H_2)$、$P(H_3)$、$P(H_4)$を求めてみましょう。組札（♥、♠、♦、♣）のどれかが選ばれる確率は等しいはずなので、

$$P(H_1) = \frac{1}{4}、P(H_2) = \frac{1}{4}、P(H_3) = \frac{1}{4}、P(H_4) = \frac{1}{4} \quad \cdots(10)$$

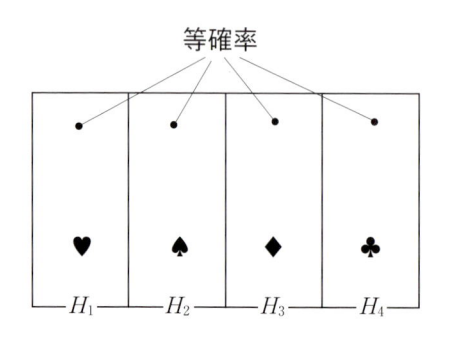

等確率

各原因H_i（すなわち、♥♠♦♣）の生起する確率は等しく$\frac{1}{4}$。

これら(8)～(10)を「ベイズの展開公式」(7)に代入すると、

$$P(H_1|D) = \frac{\frac{3}{13} \times \frac{1}{4}}{\frac{3}{13} \times \frac{1}{4} + \frac{3}{13} \times \frac{1}{4} + \frac{3}{13} \times \frac{1}{4} + \frac{3}{13} \times \frac{1}{4}} = \frac{1}{4} \quad \text{(答)}$$

こうして、前節（§2）で得られた解答$\frac{1}{4}$が確認されました。

以上で、ベイズの展開公式の成立とその使い方を、具体例を通して調べました。記号が乱立して難しく思われがちですが、内容は簡単なはずです。

ちなみに、H_1、H_2、H_3、H_4などの記号が煩わしいときには、次のようにシンボル記号で表現すると分かりやすいでしょう。例えば、(5)は次のように表現できます。

$$P(絵札) = P(絵札 \cap ♥) + P(絵札 \cap ♠) + P(絵札 \cap ♦) + P(絵札 \cap ♣)$$

事前確率が一定のとき：(10)式のように事前確率が一定のとき、事後確率は尤度に比例する。

§8 ベイズの展開公式を使ってみよう（Ⅰ）〜 天気予報

多くのベイズ理論の計算には、これまで調べてきた「ベイズの展開公式」が応用されます。以下の4つの節で、ベイズ理論の中核を担うこの公式の用い方を、具体例を通して調べます。本節では、多くの文献でしばしば例題として取り上げられる「天気予報の問題」を調べることにします。

● 天気予報の問題

〔例題〕 ある地方の気象統計では、4月1日に晴れ、曇り、雨の確率は0.3、0.6、0.1である。翌2日に雨の確率は、1日が晴れのときは0.2、曇りのときは0.5、雨のときは0.4である。この地方で、2日が雨のときに前日1日が曇りの確率を求めてみよう。

前節（§2）で取り上げた例題に似ていますが、今回は1日目に晴れ、曇り、雨の3パターンを考え、問題を複雑にしています。

問題を整理し、公式が使えるように記号を定義してみます。

記号	意味
H_1	1日は晴れ
H_2	1日は曇り
H_3	1日は雨
D	2日は雨

過去の確率：上の例題は2日から1日の確率を求めるという、確率としては異端な発想である。以前に示した「原因の確率」として理解しよう。

1日目の天気(H_1、H_2、H_3)の3つを「原因」と考え、それらから翌日の天気が雨というデータが得られたと考えます。

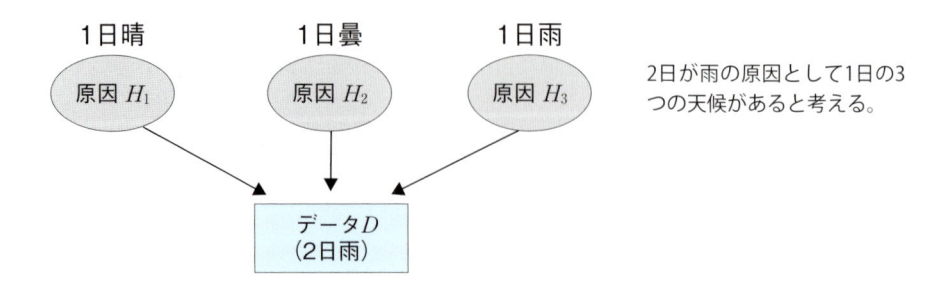

2日が雨の原因として1日の3つの天候があると考える。

以上のように整理すると、問題文の「2日が雨(D)のときに1日が曇り(H_2)」の確率は次のように表現できることがわかります。

$$P(H_2|D) = P(1日曇|2日雨) = 「2日が雨のときに1日が曇り」の確率$$

これを求めるのが、本例題の目標です。

このとき、「ベイズの展開公式」(§5(6))は次のように表現されます。

$$P(H_2|D) = \frac{P(D|H_2)P(H_2)}{P(D|H_1)P(H_1)+P(D|H_2)P(H_2)+P(D|H_3)P(H_3)} \quad \cdots (1)$$

分かりやすく書けば、次のように表現できるでしょう。

$$P(1日曇|2日雨) = \frac{P(2日雨|1日曇)P(1日曇)}{P(2日雨|1日晴)P(1日晴)+P(2日雨|1日曇)P(1日曇)+P(2日雨|1日雨)P(1日雨)}$$

●尤度の設定

ベイズの展開公式(1)の中にある尤度$P(D|H_1)$、$P(D|H_2)$、$P(D|H_3)$を調べてみましょう。これらの意味は次の表のようにまとめられます。

記号	意味
$P(D|H_1)$	1日が晴れのときに、2日に雨の降る確率
$P(D|H_2)$	1日が曇りのときに、2日に雨の降る確率
$P(D|H_3)$	1日が雨のときに、2日に雨の降る確率

習うより慣れろ：多くの学習がそうであるように、ベイズ理論に当てはまる法則。

題意として「翌2日に雨の降る確率は、1日が晴れのときは0.2、曇りのときは0.5、雨のときは0.4」とあるので、尤度は次の表にまとめられます。

尤度	$P(D|H_1)$	$P(D|H_2)$	$P(D|H_3)$
確率	0.2	0.5	0.4

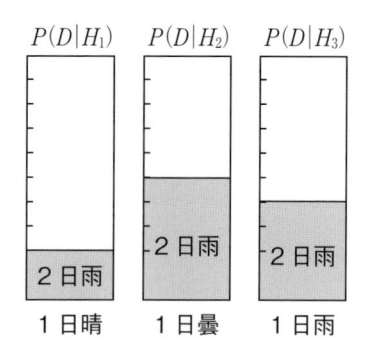

尤度は、1日目の各天気に対して、翌日の2日が雨になる確率。

式で表すと、次のようになります。

$$P(D|H_1)=0.2、P(D|H_2)=0.5、P(D|H_3)=0.4 \quad \cdots(2)$$

(注) 尤度の合計は1になる必要はありません。

●事前確率の設定

次に、ベイズの展開公式(1)の中にある事前確率 $P(H_1)$、$P(H_2)$、$P(H_3)$ を調べてみましょう。これらの意味は次の表のようにまとめられます。

記号	意味
$P(H_1)$	1日が晴れの確率
$P(H_2)$	1日が曇りの確率
$P(H_3)$	1日が雨の確率

尤度の設定：確率モデルがしっかり作られていれば、尤度は簡単に算出されるのが普通。

題意として「1日に晴れ、曇り、雨の確率は0.3、0.6、0.1」とあるので、事前確率は次の表にまとめられます。

P(原因)	$P(H_1)$	$P(H_2)$	$P(H_3)$
確率	0.3	0.6	0.1

式で表すと、次のようになります。

$P(H_1)=0.3$、 $P(H_2)=0.6$、 $P(H_3)=0.1$ ⋯(3)

(注) 尤度(2)とは異なり、事前確率の総和は必ず1になります。

● **事後確率の算出**

ベイズの展開公式(1)に(2)、(3)の値を代入してみましょう。

$P(H_2|D) = P(1日曇|2日雨)$

$$= \frac{P(D|H_2)P(H_2)}{P(D|H_1)P(H_1)+P(D|H_2)P(H_2)+P(D|H_3)P(H_3)}$$

$$= \frac{0.5 \times 0.6}{0.2 \times 0.3 + 0.5 \times 0.6 + 0.4 \times 0.1} = \frac{3}{4} (=75\%) \quad \text{(答)}$$

こうして、2日目が雨のときに前日1日が曇りであった確率は75%であることが求められました。これが例題の解答です。

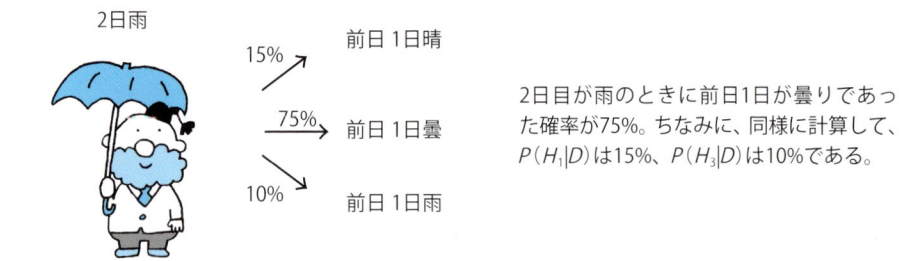

2日雨
15% → 前日1日晴
75% → 前日1日曇
10% → 前日1日雨

2日目が雨のときに前日1日が曇りであった確率が75%。ちなみに、同様に計算して、$P(H_1|D)$は15%、$P(H_3|D)$は10%である。

確率とパーセント：数学的には、確率は分数で表すのが普通。しかし、天気予報がそうであるように、パーセントの方がよく分かることが多い。

◉ベイズ理論の計算は3ステップ

以上の計算は次の3つのステップから構成されていることを確かめてください。

> （ⅰ）モデル化し、それから尤度を算出（(2)）
> （ⅱ）事前確率を設定（(3)）
> （ⅲ）ベイズの展開公式を用いて事後確率を算出（(1)）

この3つが手順だよ

今後のベイズ理論の計算の流れは、この手順に従うことになります。こうして得られた事後確率を用いて、様々な確率計算をするのがベイズ理論のシナリオです。

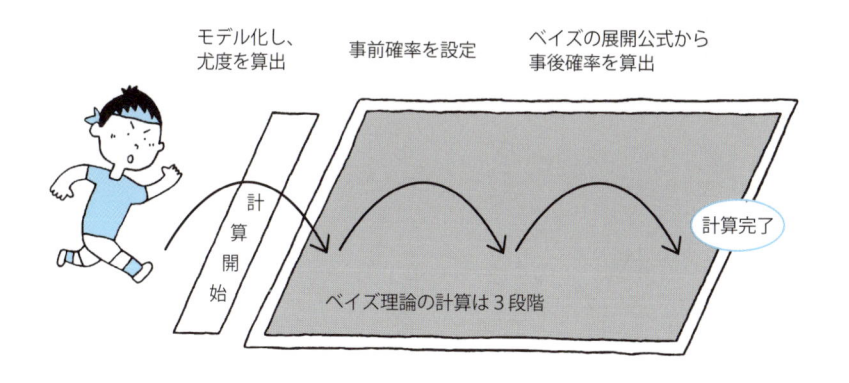

モデル化し、尤度を算出　　事前確率を設定　　ベイズの展開公式から事後確率を算出

計算開始　　　ベイズ理論の計算は3段階　　　計算完了

ベイズ理論の計算は、ほとんどの場合、上の3つのステップを追うことで実行される。

計算のパターン化：どんな理論も、まずはパターン化して利用すると、その意味の理解が深まる。

§9 ベイズの展開公式を使ってみよう(Ⅱ) 〜 壺と玉の問題

本書の中心となる「ベイズの展開公式」について、前節は有名な「天気予報の問題」を用いて、その利用法を調べました。本節もこの「ベイズの展開公式」の利用法を調べます。テーマとしては、ベイズ理論ではポピュラーな「壺の問題」を取り上げることにします。

●壺と玉の問題

何度か触れたように、ベイズ理論の応用の多くは「壺から玉を取り出す」というアナロジーで理解することができます。その準備をしましょう。

〔例題〕 赤玉と白玉合わせて3個入った壺が3つある。一つには赤玉が1個、もう一つには赤玉が2個、残りの一つには赤玉が3個入っている。これら3つの壺の一つから玉を取り出したところ、それが赤玉であった。取り出された赤玉が「赤玉3個の入った壺」からの玉である確率を求めてみよう。ただし、3つの壺が選ばれる確率は順に3:2:1と仮定する。

●問題の整理と記号の約束

問題を整理し、公式が使えるように記号を定義してみます。

壺とその中の玉はイメージが作りやすいというメリットがあります。実際、題意は次の図のように描くことができます。ここで、赤玉1個の壺を「壺1」、赤玉2個の壺を「壺2」、赤玉3個の壺を「壺3」と名付けることにします。

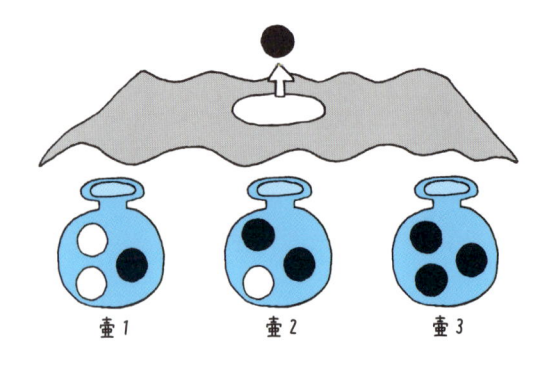

壺から取り出す玉のイメージは理解しやすい。赤玉1個の壺を「壺1」、赤玉2個の壺を「壺2」、赤玉3個の壺を「壺3」と名付ける。

壺の問題:各理論には、それにフィットした例題がある。微分なら接線、積分なら面積。ベイズ理論の場合は壺の問題がその一つ。

さて、ベイズの展開公式を利用するために、次のように記号を約束します。

記号	意味
H_1	取り出した玉が壺1、すなわち赤玉1個の壺からのもの
H_2	取り出した玉が壺2、すなわち赤玉2個の壺からのもの
H_3	取り出した玉が壺3、すなわち赤玉3個の壺からのもの
R	取り出した玉が赤玉(red ball)である

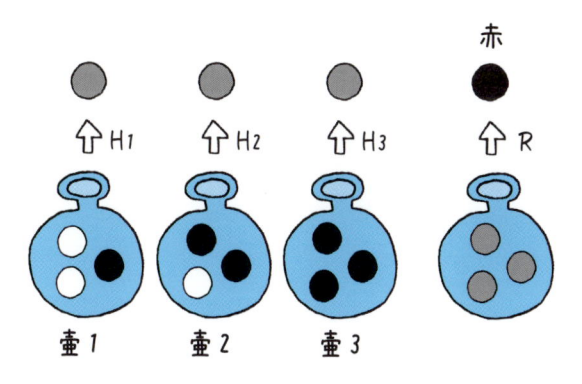

H_1、H_2、H_3、Rをこの図のように定義。

「取り出された赤玉が『赤玉3個の入った壺』からの玉」である確率を求めたいので、以上の記号を利用すると、目標の確率は次のように表現されます。

$P(H_3|R)=$「取り出された玉が赤のとき、それが壺3からである」確率

● **公式の準備**

ベイズの展開公式(前節§5)に上記の記号を当てはめると、この目標となる確率$P(H_3|R)$は次のように表されます。

$$P(H_3|R) = \frac{P(R|H_3)P(H_3)}{P(R|H_1)P(H_1)+P(R|H_2)P(H_2)+P(R|H_3)P(H_3)} \quad \cdots(1)$$

分かりやすく表現するなら、目標の確率は次のように書けるでしょう。

事後確率が目標：分からないときは「何が分からないか分からない」のが普通。目標をしっかり設定しよう。

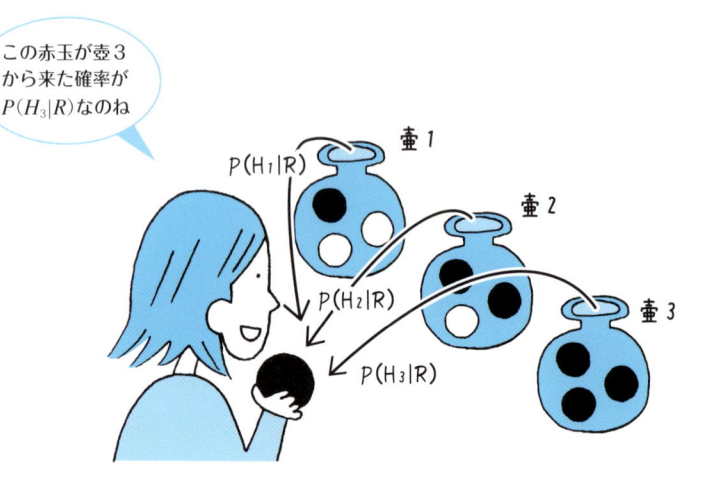

$$P(壺3|赤玉) = \frac{P(赤玉|壺3)P(壺3)}{P(赤玉|壺1)P(壺1)+P(赤玉|壺2)P(壺2)+P(赤玉|壺3)P(壺3)} \quad \cdots(1)'$$

> この赤玉が壺3から来た確率が $P(H_3|R)$ なのね

ちなみに、これらの意味から、当然、次の式が成立することが分かります。

$$P(H_1|R)+P(H_2|R)+P(H_3|R)=1 \quad \cdots(2)$$

得られた赤玉は壺1、壺2、壺3のどれかから取り出されたからです。

以上で準備完了です。前節(§8)で調べたベイズ理論の計算手順

（ⅰ）モデル化し、それから尤度を算出
（ⅱ）事前確率を設定
（ⅲ）ベイズの展開公式を用いて事後確率を算出

に従って、計算を進めてみましょう。

事前確率の総和も1：事後確率の総和は1になるが（(2)式）、事前確率の総和も1になる。

●尤度の設定

　尤度を求めるためのモデルの準備は既に済んでいます。早速、尤度 $P(R|H_1)$、$P(R|H_2)$、$P(R|H_3)$ を求めてみましょう。

記号	意味
$P(R|H_1)$	壺1から取り出され玉が赤である確率
$P(R|H_2)$	壺2から取り出され玉が赤である確率
$P(R|H_3)$	壺3から取り出され玉が赤である確率

> 壺1から赤玉が選ばれる確率が $P(R|H_1)$

> 壺2から赤玉が選ばれる確率が $P(R|H_2)$

> 壺3から赤玉が選ばれる確率が $P(R|H_3)$

　尤度はこの図のように求めやすいのが普通です。というのは、その尤度が計算しやすいように統計モデルを作るのが一般的だからです。実際、壺のモデルから簡単に尤度を書き下すことができます。

$$P(R|H_1) = \frac{1}{3}、P(R|H_2) = \frac{2}{3}、P(R|H_3) = \frac{3}{3}（=1）\quad \cdots (3)$$

(注) 尤度に関しては先の(2)のような関係が成立しないのが普通です。

---

expansion formula：一般的に、「展開公式」を英語に訳すと expansion formula。

$P(R|H_1) = \frac{1}{3}$　　　$P(R|H_2) = \frac{2}{3}$　　　$P(R|H_3) = \frac{3}{3}$

●赤玉　　　●赤玉　　　●赤玉

壺1　　　壺2　　　壺3

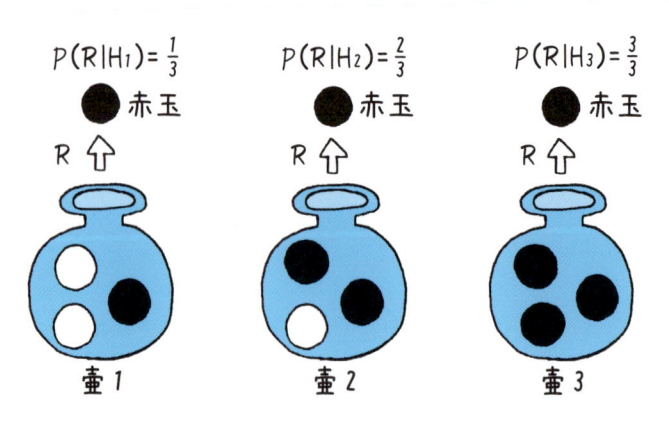

尤度 $P(R|H_1)$、$P(R|H_2)$、$P(R|H_3)$ は題意から簡単に得られる。

分かりやすく表現するなら、式(3)は次のように書けるでしょう。

$$P(赤玉|壺1) = \frac{1}{3}、\quad P(赤玉|壺2) = \frac{2}{3}、\quad P(赤玉|壺3) = \frac{3}{3}$$

分かりやすくなったね！

●事前確率の設定

事前確率とは、ベイズの展開公式(1)の中の右辺の分子にある確率 $P(H_1)$、$P(H_2)$、$P(H_3)$ のことです。本節の例題では、「3つの壺が選ばれる確率は順に3:2:1」とあるので、次のように設定できるでしょう。

確率と約分：確率の問題では、約分しない方が意味が見やすいときが多い。約分は最後に。

$$P(H_1) = \frac{3}{6}、P(H_2) = \frac{2}{6}、P(H_3) = \frac{1}{6} \quad \cdots (4)$$

分かりやすく表現するなら、これは次のように書けるでしょう。

$$P(壺1) = \frac{3}{6}、P(壺2) = \frac{2}{6}、P(壺3) = \frac{1}{6}$$

3:2:1の割合で選びやすいね

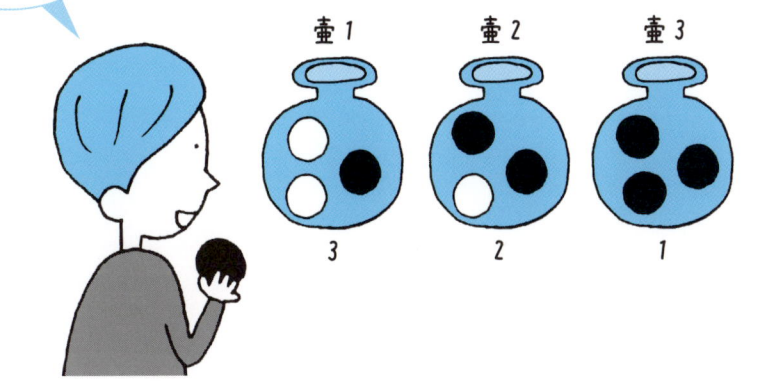

●ベイズの展開公式に代入

以上で準備が完了しました。ベイズの展開公式(1)に(3)、(4)を代入して、本例題の解答が得られます。

$$P(H_3|R) = P(壺3|赤玉) = \frac{\frac{3}{3} \times \frac{1}{6}}{\frac{1}{3} \times \frac{3}{6} + \frac{2}{3} \times \frac{2}{6} + \frac{3}{3} \times \frac{1}{6}} = \frac{3}{10} \quad \text{(答)} \quad \cdots (5)$$

$P(H_1)$の意味:「1個の玉を取り出したとき、それが壺1からの玉である」確率だが、簡単に言えば「壺1が選ばれやすさ」

§10 ベイズの展開公式を使ってみよう(Ⅲ)〜理由不十分の原則

前節(§9)では、ベイズ理論を学ぶための優れた例題となる「壺の中の玉の取り出し問題」を調べました。本節では、それを利用してベイズ理論を特徴づける「理由不十分の原則」を調べてみましょう。

●事前確率の条件が緩いとき

壺の問題を利用して、ベイズ理論の特徴の一つである「理由不十分の原則」を紹介します。ベイズ理論では事前確率の設定に恣意性があるということを確認するとともに、それがベイズ理論を融通性あるものに変身させる、ということを見てみましょう。

> 〔例題〕 赤玉と白玉合わせて3個入った壺が3つある。一つには赤玉が1個、もう一つには赤玉が2個、残りのもう一つには赤玉が3個入っている。これら3つの壺の一つから玉を取り出したところ、それが赤玉であった。取り出された赤玉が「赤玉3個の入った壺」からの玉である確率を求めよ。

例題は1箇所を除いて、前節の例題と同一です。その1箇所とは、前節の問題の最後の一文「ただし、3つの壺が選ばれる確率は順に3:2:1と仮定する」が抜けていることです。日常の文書でもそうですが、『ただし書き』の有無が文書の意味を大きく変えることがあります。この問題でも、十分注意しなければいけません。

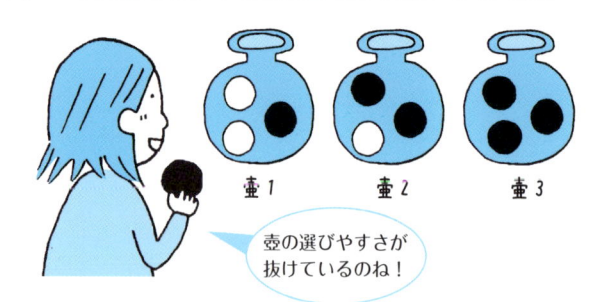

壺1　壺2　壺3

壺の選びやすさが抜けているのね!

●問題の復習

解答の詳細は前節(§9)に任せることにして、簡単に復習してみましょう。

まず、赤玉1個の壺を「壺1」、赤玉2個の壺を「壺2」、赤玉3個の壺を「壺3」と名付け、ベイズの展開公式を利用するために、次のように記号を約束しました。

200年埋もれたベイズの定理:歴史上、200年アイデアが埋もれることは珍しくない。地動説などは、ギリシャ時代から2000年の時を経て復活。

記号	意味
H_1	壺1、すなわち赤玉1個の入った壺から玉を1個取り出す
H_2	壺2、すなわち赤玉2個の入った壺から玉を1個取り出す
H_3	壺3、すなわち赤玉3個の入った壺から玉を1個取り出す
R	取り出した玉が赤玉(red ball)である

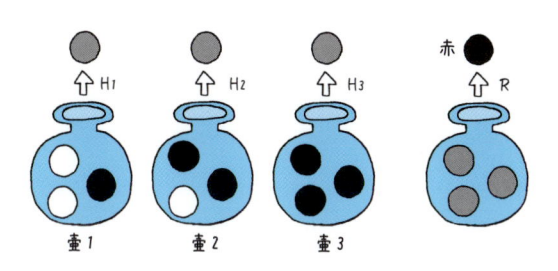

　取り出された赤玉が「赤玉3個の入った壺」からの玉である確率を求めたいので、目標は次の確率です。

　$P(H_3|R)$＝「取り出された玉が赤玉のとき、それが壺3からである」確率

これに、ベイズの展開公式(前節§5)を応用したのです。

$$P(H_3|R) = P(壺3|赤玉) = \frac{P(R|H_3)P(H_3)}{P(R|H_1)P(H_1)+P(R|H_2)P(H_2)+P(R|H_3)P(H_3)} \quad \cdots(1)$$

式の中の「尤度」$P(R|H_1)$、$P(R|H_2)$、$P(R|H_3)$は、次の値を設定しました。

$$P(R|H_1) = \frac{1}{3}、\quad P(R|H_2) = \frac{2}{3}、\quad P(R|H_3) = \frac{3}{3} \quad \cdots(2)$$

　以上が、前節(§9)の「尤度の設定」までの復習です。次に「事前確率の設定」に進むわけですが、ここからが本節の課題になります。

---

principle of insufficient reason：理由不十分の原則の英語表現。

●事前確率の設定

　事前確率とは、ベイズの展開公式(1)の中の確率 $P(H_1)$、$P(H_2)$、$P(H_3)$ のことです。前節(§9)では「3つの壺が選ばれる確率は順に3：2：1」とあるので、題意通り、次のように設定できました。

　　（前節の例題）$P(H_1) = \dfrac{3}{6}$、$P(H_2) = \dfrac{2}{6}$、$P(H_3) = \dfrac{1}{6}$

しかし、本節の例題の文には事前確率についての条件が無く、題意に沿う設定ができません。数学的には、ここで進行終了です。「解答不能」なのです。従来の確率統計論では、これ以上計算が進めないことになります。

壺を選ぶ確率が不明なら、先に進めない！

　しかし、このような条件の不備は、日常よくある話です。「問題が不厳密」といって片づけていては、現実的な対応ができません。そこで、ベイズ理論では、経験や常識を用いて、問題を乗り越えます。この例題の場合なら「何も条件が無いのなら事前確率として各々の壺の選択確率は等確率になる」と常識的な考えを取り入れるのです。こうして事前確率は次のように設定します。

$$P(H_1) = P(H_2) = P(H_3) = \dfrac{1}{3} \quad \cdots (3)$$

何も条件がなければ選ぶ確率はすべて等しいはず！

理由不十分の原則：18～19世紀の有名な数学者ラプラスの命名。ベイズ理論を世に広めたのはこの人。

分かりやすく表現するならなら、これは次のように書けるでしょう。

$$P(壺1) = P(壺2) = P(壺3) = \frac{1}{3}$$

このように、「何も情報が無ければ確率は同等」という発想を**理由不十分の原則**と呼びます。ベイズ理論の特徴です。人間の常識を敢えて確率計算に取り入れるのです。

人間の常識を確率の世界に取り入れられることは、ベイズ理論の優れた点です。近年、人工知能や心理学に応用されている理由がここにあります。しかし、このことが従来の統計学の批判を受けるところでもあります。ベイズが定理を発見してから数百年、この理論が封印されていた理由もここにあるのです。

●ベイズの展開公式に代入

以上で準備が完了しました。(1)に(2)、(3)の式の値を代入して、例題の解答が得られます。

$$P(H_3|R) = P(壺3|赤玉) = \frac{\frac{3}{3} \times \frac{1}{3}}{\frac{1}{3} \times \frac{1}{3} + \frac{2}{3} \times \frac{1}{3} + \frac{3}{3} \times \frac{1}{3}} = \frac{1}{2} \quad (答)$$

> **メモ 簡単に解くと**
>
> ベイズ理論を用いない解法を紹介しましょう。
>
> 3つの壺の中の赤玉の総数は下図のように合計6個です。条件が無いので、これら6個の赤玉はすべて対等です。よって、確率の定義から、壺3の赤玉3つのどれかが取り出される確率は次のように求められます。
>
> $$赤玉が壺3から取り出される確率 = \frac{3}{6} = \frac{1}{2} \quad (答)$$
>
> 赤玉①〜⑥はすべて対等。よって、全赤玉のうち、④〜⑥の赤玉が取り出される確率は $\frac{3}{6} = \frac{1}{2}$。

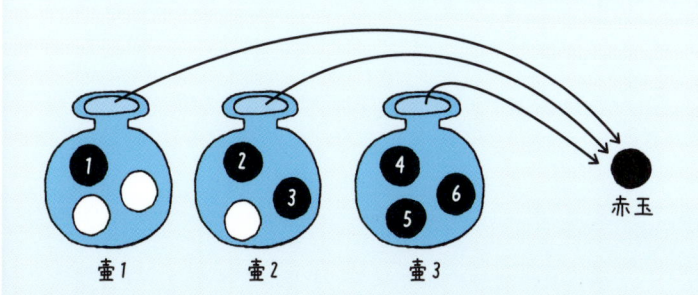

人工知能とベイズ：常識が入れられること、学習がしやすいことが、人工知能にベイズ理論が応用される論拠。

§11 ベイズの展開公式を使ってみよう(Ⅳ) 〜 ベイズ更新

前節では、ベイズ理論の鷹揚さを示す「理由不十分の原則」について調べました。本節では、ベイズ理論を用いて実際に計算する際に重要となる「ベイズ更新」というアイデアを調べます。

● これまでとの違い

「玉1個を取り出す」、「カード1枚を抜く」というように、これまでは単一のデータに関する処理を調べてきました。本節はこれまでと異なり、次の例題のように複数のデータが得られたときの処理を考えます。

〔例題〕 本物のA社の宝箱には、真珠とガラス玉が3:1の割合で入っている。偽物のB社の宝箱には、真珠とガラス玉が1:3の割合で入っている。中にはたくさんの玉が入っているが、外見からは2社の箱は区別できない。

いま、ここに本物のA社製か偽物のB社製か不明の宝箱がある。中から続けて3回玉を取り出したなら順に真珠、真珠、ガラス玉であった。この箱が本物のA社製の宝箱である確率を求めてみよう。

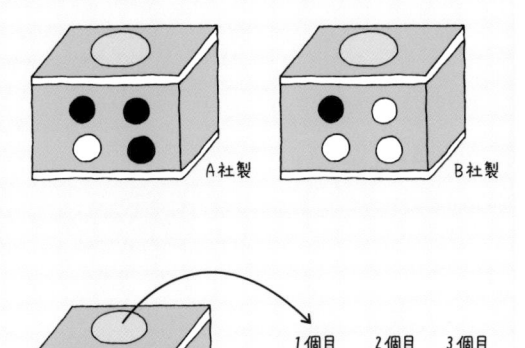

(注) この問題は前節(§9、10)の「壺」を宝石箱に、「赤玉」を真珠に、「白玉」をガラス玉に置き換えただけで、本質的には前節の問題と等価です。壺ばかりでは飽きてしまうので、宝箱にアレンジしてみました。

● 複数のデータの処理

ベイズ理論は、独立して得られる複数のデータを、1つのデータのときと同じように処理することが可能です。まとめて処理することも可能ですが、1データずつ料

Bayesian updating:ベイズ更新の英語表現。

することが、ベイズ理論を利用する醍醐味となります。特に、データ処理するソフトウェアを作成する際には、これは大変ありがたい性質です。1個のデータを処理するプログラムを作成しておけば、複数のデータにもそのまま対応することができるからです。

この例題では、玉の情報が3つあります。そこで、下図のように玉1個ずつ計算を進めることにしましょう。

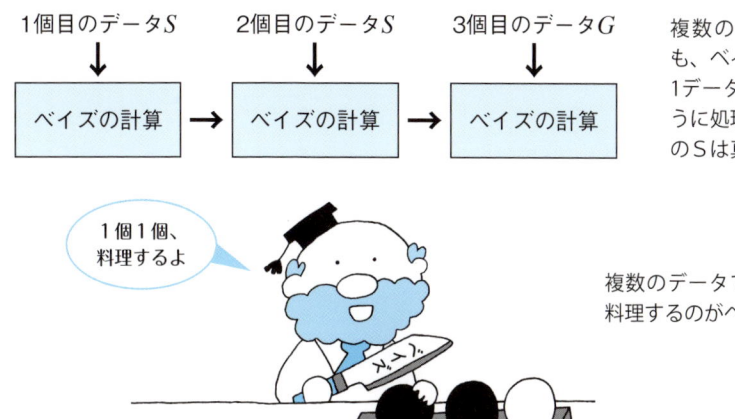

1個目のデータS → ベイズの計算 → 2個目のデータS → ベイズの計算 → 3個目のデータG → ベイズの計算

複数のデータに対しても、ベイズ理論の計算は1データごとに対するように処理できる。(図の中のSは真珠、Gはガラス)

1個1個、料理するよ

複数のデータでも、1個ずつ料理するのがベイズ流。

●記号の約束

上記のように、ベイズ理論では複数のデータを単一のデータのときと同様に処理できます。そこで、これまで同様、「取り出した1個の玉」について、以下のように記号を定義してみましょう。

まず、原因H_A、H_Bを次のように定義します。

原因	意味
H_A	取り出した1個の玉がA社製の宝箱からである
H_B	取り出した1個の玉がB社製の宝箱からである

また、データとなるS、Gを次のように定義しましょう。

データ	意味
S	取り出した1個の玉が真珠である
G	取り出した1個の玉がガラス玉である

個別料理するベイズ理論：後に、まとめてデータを料理する方法も調べる。

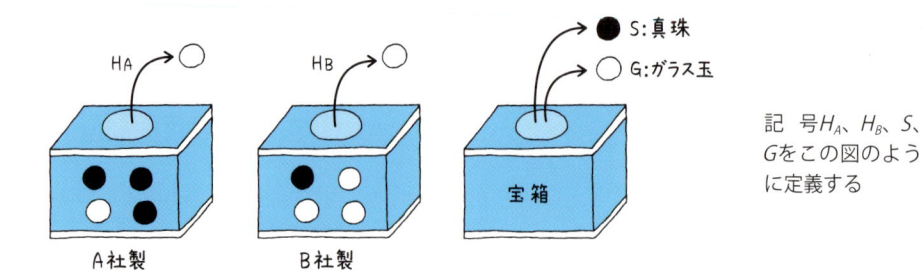

記号 H_A、H_B、S、Gをこの図のように定義する

これからは表記を簡単にするために、A社製の宝箱を「箱A」、B社製の宝箱を「箱B」と略記することにします。

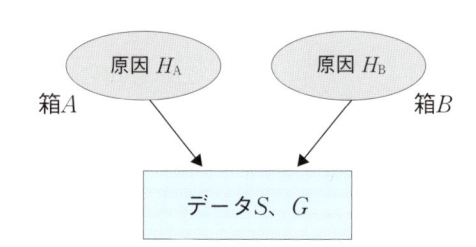

データS、Gの原因として、箱Aから取り出す場合と、箱Bから取り出す場合の2つを考える。

さて、複数のデータが与えられた場合でも、これまで同様（本章§9）、次のステップに従って計算を進めます。
（ⅰ）モデル化し、それから尤度を算出
（ⅱ）事前確率を設定
（ⅲ）ベイズの展開公式を用いて事後確率を算出
では、どうやって複数のデータを料理するのでしょうか？　そこで利用されるのが**ベイズ更新**という技法です。

●問題の整理

最初に目標の確率を示しましょう。繰り返しますが、処理の手順は1個のデータを得たときと変わりありません。そこで、前節（§9、10）のときと同様、次の表に示す事後確率が、計算の目標になります。

記号	意味
$P(H_A|S)$	真珠が取り出されたとき、それが宝箱Aからの確率
$P(H_B|S)$	真珠が取り出されたとき、それが宝箱Bからの確率
$P(H_A|G)$	ガラス玉が取り出されたとき、それが宝箱Aからの確率
$P(H_B|G)$	ガラス玉が取り出されたとき、それが宝箱Bからの確率

玉を言葉に置き換えると：本例題の玉を言葉に読み替えると、文書の分類に利用可能。

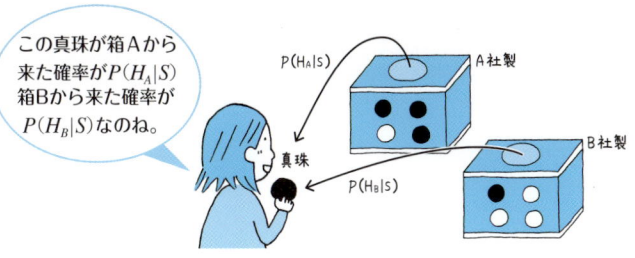

> この真珠が箱Aから来た確率が$P(H_A|S)$ 箱Bから来た確率が$P(H_B|S)$なのね。

真珠を取り出したとき、それが箱A、箱Bから来た確率が$P(H_A|S)$、$P(H_B|S)$。当然、次の式が成立。
$P(H_A|S)+P(H_B|S)=1$

> このガラスの玉が箱Aから来た確率が$P(H_A|G)$ 箱Bから来た確率が$P(H_B|G)$なのね。

ガラスの玉を取り出したとき、それが箱A、箱Bから来た確率が$P(H_A|G)$、$P(H_B|G)$。当然、次の式が成立。
$P(H_A|G)+P(H_B|G)=1$

これら4つの事後確率に「ベイズの展開公式」(本章§5)を適用してみましょう。

$$\left. \begin{array}{l} P(H_A|S) = \dfrac{P(S|H_A)P(H_A)}{P(S|H_A)P(H_A)+P(S|H_B)P(H_B)} \\ \\ P(H_B|S) = \dfrac{P(S|H_B)P(H_B)}{P(S|H_A)P(H_A)+P(S|H_B)P(H_B)} \end{array} \right\} \cdots (1)$$

$$\left. \begin{array}{l} P(H_A|G) = \dfrac{P(G|H_A)P(H_A)}{P(G|H_A)P(H_A)+P(G|H_B)P(H_B)} \\ \\ P(H_B|G) = \dfrac{P(G|H_B)P(H_B)}{P(G|H_A)P(H_A)+P(G|H_B)P(H_B)} \end{array} \right\} \cdots (2)$$

分かりやすい表現を使うなら、次のように書くこともできます。

$$\left. \begin{array}{l} P(箱A|真珠) = \dfrac{P(真珠|箱A)P(箱A)}{P(真珠|箱A)P(箱A)+P(真珠|箱B)P(箱B)} \\ \\ P(箱B|真珠) = \dfrac{P(真珠|箱B)P(箱B)}{P(真珠|箱A)P(箱A)+P(真珠|箱B)P(箱B)} \end{array} \right\} \cdots (1)'$$

$$\left. \begin{array}{l} P(箱A|ガラス) = \dfrac{P(ガラス|箱A)P(箱A)}{P(ガラス|箱A)P(箱A)+P(ガラス|箱B)P(箱B)} \\ \\ P(箱B|ガラス) = \dfrac{P(ガラス|箱B)P(箱B)}{P(ガラス|箱A)P(箱A)+P(ガラス|箱B)P(箱B)} \end{array} \right\} \cdots (2)'$$

これらの式が、本節の課題を解く「ベイズの展開公式」の具体形です。

玉を原子に置き換えると：本例題の玉を原子や分子に読み替えると、素材の産地偽装を見抜く判定手段になる。

●尤度の算出

題意に「A社製には3:1の割合で、B社製には1:3の割合で、真珠とガラスの玉が入っている」とあることから、次のように尤度の表が作成されます。

	H_A(箱A)	H_B(箱B)
S(真珠)	$\frac{3}{4}$	$\frac{1}{4}$
G(ガラス)	$\frac{1}{4}$	$\frac{3}{4}$

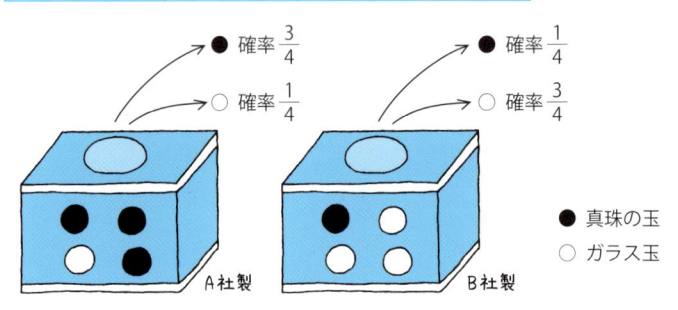

● 真珠の玉
○ ガラス玉

式として書き下してみましょう。上の表から、尤度は次のように表せます。

$$P(S|H_A) = \frac{3}{4} 、 P(S|H_B) = \frac{1}{4} \quad \cdots(3)$$

$$P(G|H_A) = \frac{1}{4} 、 P(G|H_B) = \frac{3}{4} \quad \cdots(4)$$

分かりやすい表現を用いるなら、次のように書くことができます。

$$P(真珠|箱A) = \frac{3}{4} 、 P(ガラス|箱A) = \frac{1}{4} 、 P(真珠|箱B) = \frac{1}{4} 、 P(ガラス|箱B) = \frac{3}{4}$$

●1回目の玉取り出し

いよいよ計算開始です。3個の玉のデータを1個1個処理していきます。

まず、1回目のデータを調べます。最初に取り出した玉は「真珠」でした。そこで、(1)の左辺の事後確率 $P(H_A|S)(=P(箱A|真珠))$、$P(H_B|S)(=P(箱B|真珠))$ を算出してみましょう。

ところで、ベイズの展開公式(1)の計算には事前確率 $P(H_A)$、$P(H_B)$ の設定が必要ですが、問題文には最初の玉の取り出し条件が書かれてありません。箱A、箱Bどちらが選びやすいかなどの指定が無いのです。そこで、前節(§10)で調べた「理由不十

玉を性格因子に置き換えると:本例題の玉を性格の因子に読み替えると、簡単なテストからその人の性格が判定できる。

分の原則」から、1回目の事前確率は次の表のように設定すべきでしょう。

$P(H_A)$	$P(H_B)$
$\dfrac{1}{2}$	$\dfrac{1}{2}$

1回目の玉の取り出しにおける事前確率の表。条件が無いので等確率としている。

この表の事前確率を式で書き下してみましょう。

$$P(H_A) = P(H_B) = \frac{1}{2} \quad \cdots (5)$$

何も条件が無いので、箱Aも箱Bも選ばれる確率は同一。だから $P(H_A) = P(H_B) = \dfrac{1}{2}$

この事前確率(5)と、S(真珠)に対する尤度(3)を、S(真珠)に対するベイズの展開公式(1)に代入し、1回目の事後確率が算出されます。

$$P(H_A|S) = P(箱\mathrm{A}\,|\,真珠) = \frac{\dfrac{3}{4} \times \dfrac{1}{2}}{\dfrac{3}{4} \times \dfrac{1}{2} + \dfrac{1}{4} \times \dfrac{1}{2}} = \frac{3}{4}$$

$$P(H_B|S) = P(箱\mathrm{B}\,|\,真珠) = \frac{\dfrac{1}{4} \times \dfrac{1}{2}}{\dfrac{3}{4} \times \dfrac{1}{2} + \dfrac{1}{4} \times \dfrac{1}{2}} = \frac{1}{4}$$

$\cdots (6)$

こうして、1個目のデータ処理が終了しました。「1個目のデータが真珠」なので、真珠をたくさん含む箱Aの確率が高まりました。

●2回目の玉取り出しと事前確率の設定

2回目の玉の取り出しに話を進めましょう。2回目に取り出した球が「真珠」(S)であるというデータを、ベイズの展開公式に適用してみます。

玉を遺伝子に置き換えると：本例題の玉を遺伝子に読み替えると、微量のDNAから生物や個体を判別できる。

計算の方法には変化はありません。しかし問題なのは事前確率です。どんな確率値を入れればよいでしょうか？　そこで用いられるのが**ベイズ更新**の考え方です。1回目の事後確率(6)を、2回目のデータ分析の際の新たな事前確率として利用するのです。

```
1回目の        データS              1回目の   2回目の        データS              2回目の
事前確率 → ベイズの展開公式 → 事後確率 = 事前確率 → ベイズの展開公式 → 事後確率
                 ↓                                              ↓
```

　たとえば、1回目にA社の箱が選択されたとするなら、2回目は1回目よりもA社の箱の選択される確率は高いはずです。このような「学習効果」をベイズ理論は「ベイズ更新」という考え方で取り入れるのです。

　実際にベイズ更新の考えを取り入れてみます。2回目のデータをベイズ理論に取り込むときの事前確率は、(6)より次の表のようになります。

$P(H_A)$	$P(H_B)$
$\dfrac{3}{4}$	$\dfrac{1}{4}$

2回目の玉の取り出しにおける事前確率の表。
1回目の事後確率を利用する。

表の事前確率を式で書き下してみましょう。これは当然(6)と一致します。

$$P(H_A) = \frac{3}{4}、\quad P(H_B) = \frac{1}{4} \quad \cdots(7)$$

この事前確率(7)と、S(真珠)に対する尤度(3)を、データがS(真珠)に対するベイズの展開公式(1)に代入し、2回目の事後確率が算出されます。

$$P(H_A|S) = \frac{\frac{3}{4} \times \frac{3}{4}}{\frac{3}{4} \times \frac{3}{4} + \frac{1}{4} \times \frac{1}{4}} = \frac{9}{10}$$

$$P(H_B|S) = \frac{\frac{1}{4} \times \frac{1}{4}}{\frac{3}{4} \times \frac{3}{4} + \frac{1}{4} \times \frac{1}{4}} = \frac{1}{10}$$

$\cdots(8)$

　こうして、2個目のデータ処理が終了しました。2回続けて真珠(S)が得られたので、真珠の割合の高い箱Aの確率がずいぶんと大きくなりました。

ベイズ更新は学習：データを取り入れて確度を変更するという過程は、人間の学習動作に似ている。

●3回目の玉取り出しと事前確率の設定

3回目の玉の取り出しに話を進めましょう。3回目に取り出した玉は、今度は「ガラス玉」(G)です。

3回目の玉に対しても、計算の方法に変化はありません。事前確率についても、2回目のときと同じように、「**ベイズ更新**」を利用します。つまり、2回目の事後確率(8)を、3回目の計算のための事前確率として利用するのです。

$P(H_A)$	$P(H_B)$
$\dfrac{9}{10}$	$\dfrac{1}{10}$

3回目の玉の取り出しにおける事前確率の表。2回目の事後確率を利用する。

表の事前確率を式で書き下してみましょう。

$$P(H_A) = \frac{9}{10}, \quad P(H_B) = \frac{1}{10} \quad \cdots(9)$$

この事前確率(9)と、G(ガラス玉)に対する尤度(4)を、データがG(ガラス玉)に対するベイズの展開公式(2)に代入し、3回目の事後確率が算出されます。

$$P(H_A|G) = \frac{\frac{1}{4} \times \frac{9}{10}}{\frac{1}{4} \times \frac{9}{10} + \frac{3}{4} \times \frac{1}{10}} = \frac{9}{12} = \frac{3}{4} \quad (=75\%) \quad \cdots(10)$$

こうして、「宝箱がA社製の箱である」確率が $\dfrac{3}{4}$ であることが分かりました **(答)**

以上で、3個のデータ処理が完了です。ベイズの計算の典型的な計算の流れがこの例題から見えたと思います。「ベイズ更新」という武器を利用して、データを得るたびに処理を進めるのが**ベイズ流データ処理**です。

> 1個1個調理するのね！

ベイズ更新というレシピを利用して、データを1個1個処理するのがベイズ流。

1個1個データ処理するメリット：まとめて処理することも可能なのに、1個1個処理するのは、継時的なデータ処理の準備のため。

宝箱がA社製である確率$P(H_A|D)$（DはSかG）の変化の様子をグラフに示してみます。

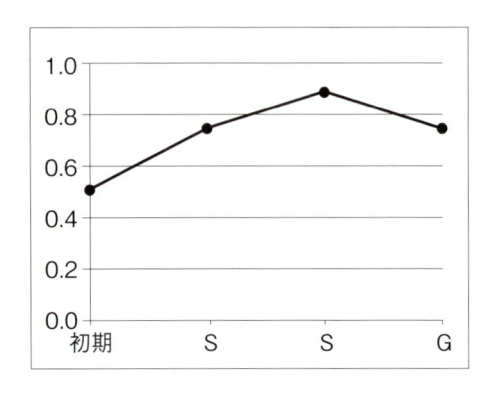

データS、S、Gを入手したときのA社製の確率$P(H_A|D)$（DはSかG）の変遷。

2回目までのデータ取得で、真珠が2回続けて得られたため「たぶん本物のA社製の箱」と思われましたが、3回目がガラス玉であったため、その「信念」が揺らいだことをよく表しています。このグラフが示すように、事後確率の変動と「信念」の揺らぎとが、よく似通っていることに留意してください。ベイズの論理が人間心理をよく表現する、と言われる所以です。

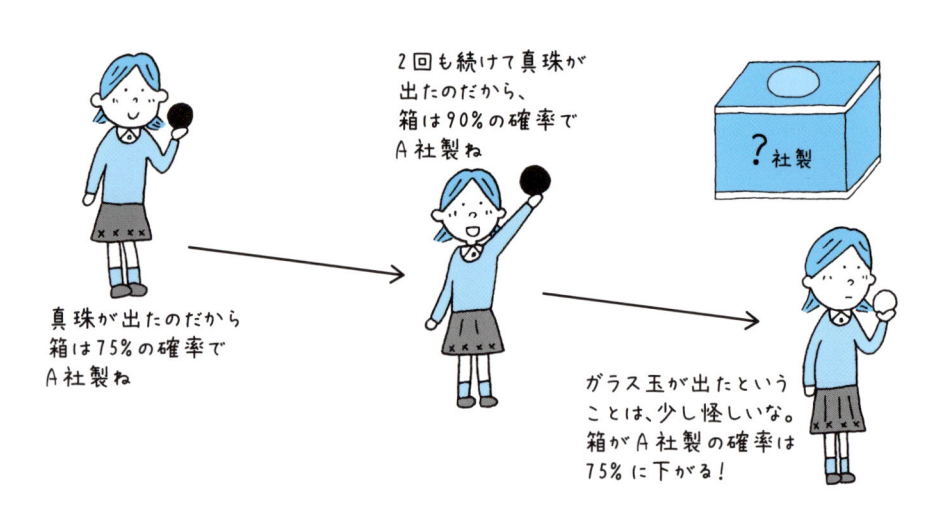

真珠が出たのだから箱は75％の確率でA社製ね

2回も続けて真珠が出たのだから、箱は90％の確率でA社製ね

ガラス玉が出たということは、少し怪しいな。箱がA社製の確率は75％に下がる！

ベイズの理論の計算の推移は人の推理に似ている

信念（belief）：本節の事前確率や事後確率を信念と呼ぶことがある。データが加わって予断が変化するから。

> **メモ** 直感的に解いてみよう

本節の例題について、ベイズ理論を用いない例題の解法を紹介しましょう。

まず「1回目の取り出し」の場合を考えてみます。1回目では、理由不十分の原則から、下図A、Bの箱のどの真珠を取り出す確率も同等です。そこで、「真珠が取り出される」とき、それが本物のA社製のものからの確率$P(H_A|S)$、偽のB社製のものからの確率$P(H_B|S)$は各々次のように得られます。

$$P(H_A|S) = \frac{3}{3+1} = \frac{3}{4}、\quad P(H_B|S) = \frac{1}{3+1} = \frac{1}{4}$$

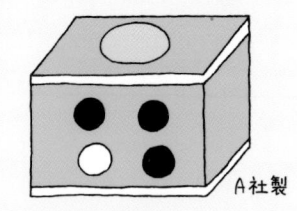

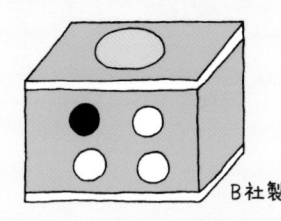

● 真珠
○ ガラス

こうして(6)式が得られます。

次に、「2回目の取り出し」の場合を考えてみましょう。上の結果から、本物のA社製の確率が偽物のB社製よりも3倍確率が高まったので、下図のベールの下から「真珠を取り出す」イメージになります。

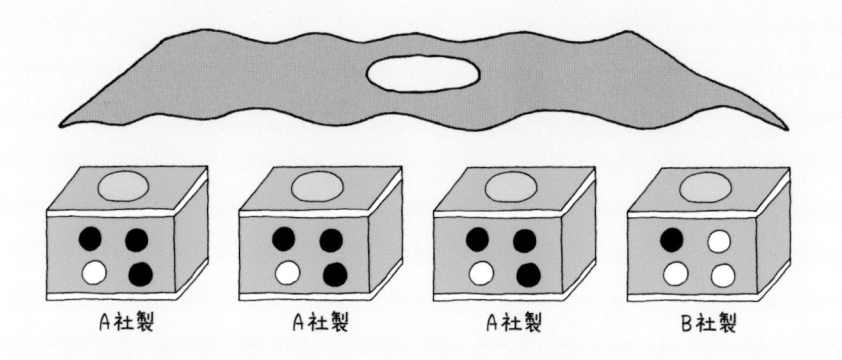

そこで、各社の真珠が取り出される確率は次のようになります。

$$P(H_A|S) = \frac{3+3+3}{3+3+3+1} = \frac{9}{10}、\quad P(H_B|S) = \frac{1}{3+3+3+1} = \frac{1}{10}$$

こうして(10)式が得られます。3回目も同様に確率が求められるので、計算してみてください。

主観確率：前のページに示した「信念」のアイデアのように、ベイズ理論は心の確信度も取り扱うことができる。このような確率を一般的に主観確率と呼ぶ(1章)。

§12 「ベイズ更新」による逐次合理性

ベイズ理論は、独立した複数のデータを1つずつ処理できるという便利な特徴があります。しかし、「データを取り込む順序で結果が異なってしまうのでは？」という心配が生まれます。しかしその心配は無用です。

●解析結果は解析順に依らない

太郎、次郎、三郎の3人を対象に、ある薬が効くかどうかを調査したとしましょう。このとき、同じ3人のデータを太郎、次郎、三郎の順で解析した場合と、太郎、三郎、次郎の順で解析したときとで結果が異なっては、大変困ったことになります。

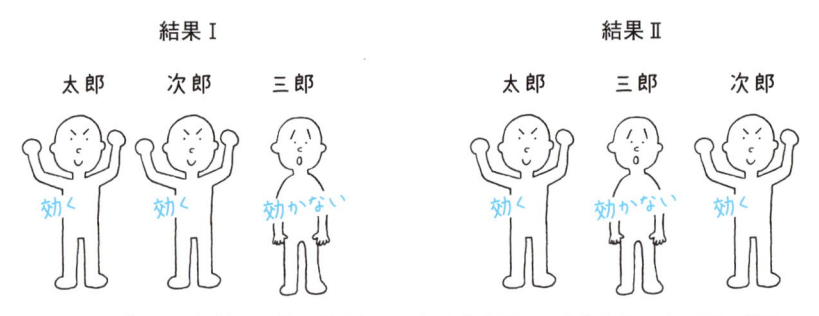

結果Ⅰ 太郎 次郎 三郎 / 結果Ⅱ 太郎 三郎 次郎

同じ3人のデータの解析順で結果が異なることは大変困る。すなわち、上の図の結果Ⅰと結果Ⅱとが異なっては面倒である。ベイズ理論ではそのようなことはない。

ベイズ理論は、独立したデータを1つずつ論理に取り込めるという特徴があります。しかし、逆に上の例のような心配も出てくるのです。でも、ご安心ください。ベイズ理論では、データが同じであれば解析順序に依らないことが保証されます。これをベイズ理論の**逐次合理性**と呼びます。この性質のおかげで、ベイズ理論は大変扱いやすいものとなります。

●例で調べる

前節（§11）で調べた宝箱の問題を、データの順序を変えて解いてみましょう。

逐次合理性と一括計算：ベイズ流ではデータを一つ一つ処理するが、逐次合理性から一括計算も可能となる。

前の節（§11）では、真珠とガラス玉の入った「本物の宝箱」と「偽物の宝箱」の真贋の確率を、3つの玉を取り出すことで調べました。そこでは、取り出した3つの玉は順に「真珠、真珠、ガラス」でした。ところで、もしこの順序が変化したなら、どうでしょうか。例えば、「真珠、ガラス、真珠」の順であったなら、真贋の確率が変わるのでしょうか。

　結論から言うと、変化はありません。独立なデータが複数あるとき、最終的な事後確率はそれらデータの解析順には依存しないのです。早速確かめてみましょう。

〔例題〕

本物のA社の宝箱には、真珠とガラス玉が3：1の割合で入っている。偽物のB社の宝箱には、真珠とガラス玉が1：3の割合で入っている。中にはたくさんの玉が入っているが、外見からは2社の箱は区別できない。

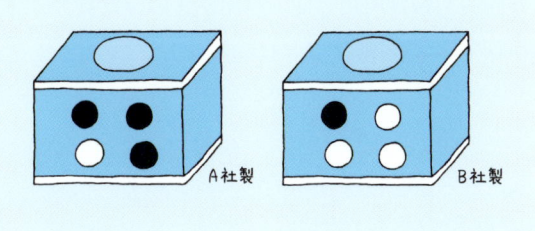

　いま、ここに本物のA社製か偽物のB社製か不明の宝箱がある。中から続けて3回玉を取り出したなら、順に真珠、ガラス玉、真珠であった。この箱が本物のA社製の宝箱である確率を求めよ。

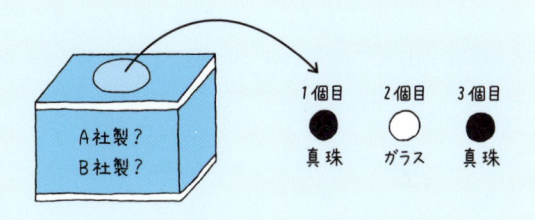

（注）前節（§11）の例題と取り出された玉の順序だけが異なることに留意してください。

●問題の整理

　前節（§11）の例題と取り出された玉の順序が異なるだけです。そこで、計算の詳細は省略します。記号や、尤度なども同一なので、説明を省きます。調べたいことは、取り出す順序が異なるだけの前節（§11）の問題と本節の問題の解答が一致するか否かです。

---

sequential rationality：逐次合理性の英語表現。

〔前節（§11）の問題〕　　　　　　　〔本節の問題〕

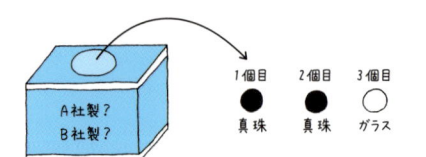

真珠(S)→真珠(S)→ガラス玉(G)　　真珠(S)→ガラス玉(G)→真珠(S)

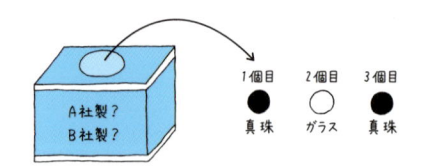

では、1回目の玉の取り出しから、計算の流れを追ってみましょう。

● 1回目の玉取り出し

1回目の取り出しでは、前節と状況は変わりません（上の図）。そこで、事後確率の結論だけを示します（§11(6)）。

$$P(H_A|S) = \frac{3}{4}、\quad P(H_B|S) = \frac{1}{4} \quad \cdots(1)$$

● 2回目の玉取り出し

2回目の玉の取り出しでは、前節（§11）とデータが異なります（上の図）。前節では真珠が取り出されましたが、本節では「ガラス玉」が取り出されました。

では、前節同様、この「ガラス玉」のデータを基に、ベイズ流の計算を進めましょう。まず、事前確率を調べます。2回目の計算のための事前確率は、「ベイズ更新」を利用して、上の(1)を用います。

$P(H_A)$	$P(H_B)$
$\frac{3}{4}$	$\frac{1}{4}$

2回目の玉の取り出しにおける事前確率の表。1回目の事後確率を利用する。

この事前確率と、G（ガラス玉）に対する尤度（§11(4)）を、データがG（ガラス玉）のときのベイズの展開公式（§11(2)）に代入し、2回目の事後確率を算出します。

$$P(H_A|G) = \frac{\frac{1}{4} \times \frac{3}{4}}{\frac{1}{4} \times \frac{3}{4} + \frac{3}{4} \times \frac{1}{4}} = \frac{3}{6} = \frac{1}{2}、\quad P(H_B|G) = \frac{\frac{3}{4} \times \frac{1}{4}}{\frac{1}{4} \times \frac{3}{4} + \frac{3}{4} \times \frac{1}{4}} = \frac{3}{6} = \frac{1}{2} \quad \cdots(2)$$

事前確率の総和は1：(1)式が示すように、事前確率の総和は1になる。

当然データが異なるため、前節と異なる事後確率が得られました(下表)。

前節(§11)		本節	
箱Aの事後確率	箱Bの事後確率	箱Aの事後確率	箱Bの事後確率
$\dfrac{9}{10}$	$\dfrac{1}{10}$	$\dfrac{1}{2}$	$\dfrac{1}{2}$

(注) (2)の結果は当然でしょう。真偽が対称の2つの箱から「真珠、ガラス玉」と平等に玉が得られたのですから、箱A、Bの判定も平等、すなわち等確率になるはずです。

●3回目の玉の取り出し

3回目は「真珠」を取り出しましたが、計算法はこれまでと変わりありません。まず、事前確率を設定します。再びベイズ更新を利用して、2回目の事後確率(2)を3回目のデータ分析の事前確率として利用します。

$P(H_A)$	$P(H_B)$
$\dfrac{1}{2}$	$\dfrac{1}{2}$

3回目の玉の取り出しにおける事前確率の表。
2回目の事後確率(2)を利用する。

この事前確率と、S(真珠)に対する尤度(§11(3))を、データがS(真珠)のときのベイズの展開公式(§11(1))に代入し、3回目の事後確率を算出します。

$$P(H_A|S) = \dfrac{\dfrac{3}{4} \times \dfrac{1}{2}}{\dfrac{3}{4} \times \dfrac{1}{2} + \dfrac{1}{4} \times \dfrac{1}{2}} = \dfrac{3}{4} \quad \text{(答)} \quad \cdots(3)$$

これが目標の解答です。この結果(3)は前節の解答(§11(10))と一致しています。こうして、ベイズ理論が、データを取り込む順序に依らないこと(すなわち逐次合理性)が確かめられたのです。

```
    データ                        データ
    S S G                         S G S
      ↓                             ↓
事前確率 → ベイズの計算 → 事後確率 ⇔ 事前確率 → ベイズの計算 → 事後確率
                              同一
                              結果
```

$G \to S \to S$ を計算：玉がG、S、Sの順序で取り出された場合も調べてみよう。同じ結果になるはず。

≪3章のまとめ≫

【ベイズの定理】

2つの事象A、Bに対して次の関係が成立する。

$$P(A|B) = \frac{P(B|A)P(A)}{P(B)}$$

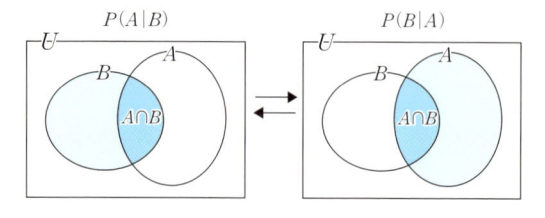

ベイズの定理はA、Bの役割を反転。

【ベイズの基本公式】

Hを「原因」、Dをそれから生まれた「データ」とすると、

$$P(H|D) = \frac{P(D|H)P(H)}{P(D)}$$

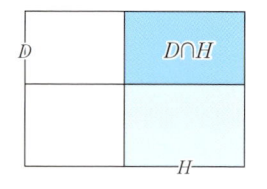

公式を理解するには、上記の円イメージではなく長方形イメージを用いた方がよい。

【ベイズの展開公式】

データDは原因H_1、H_2、…、H_nのどれか一つから生まれると仮定する。そのデータDが原因H_iから生まれる確率$P(H_i|D)$($i=1,2,…,n$)は次のように表現できる。

$$P(H_i|D) = \frac{P(D|H_i)P(H_i)}{P(D|H_1)P(H_1) + P(D|H_2)P(H_2) + \cdots + P(D|H_n)P(H_n)}$$

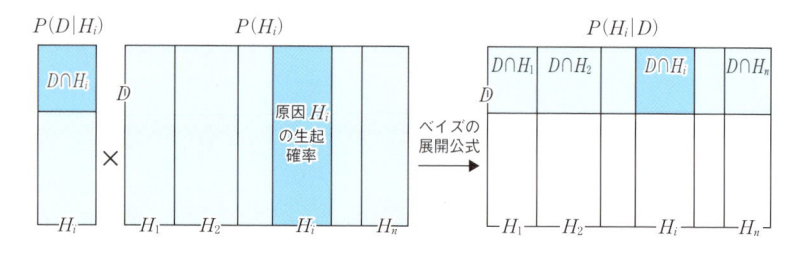

(注)薄い色付きの部分で濃い色付き部分を割るイメージが各確率の意味(濃い部分は薄い部分にも含まれる)。

プログラミングは逐次的に:逐次合理性で一括処理が可能でも、ベイズのプログラミングは1データごとに逐次的に処理するのが普通。汎用性が生まれるから。

第4章

ベイズ理論の応用

本章では、ベイズ理論の発展的な応用を取り上げることにします。後半はかなり難しい内容ですので、最初は読み流し、雰囲気だけを味わって頂ければと思います。

1. ベイズ理論による推定法のメリットはなんでしょう？

2. あ！事前確率に新たなデータも取り込めること？

3. そうだね。そうすることでより正確な推定を行なえるよ

4. 事前確率って重要だね！

§1 事前確率のパワーを体感する

ベイズ理論の解説に必ずと言ってよいほど取り上げられる有名な問題を利用して、事前確率の重要性について調べることにします。確率計算が常識に反した意外な結果になるとき、多くの場合にはこの事前確率が関係します。

◉検査の問題

ベイズ理論の特徴として、事前確率の重要性が挙げられます。これは旭川医科大学で出された入試問題ですが、その特徴を最も端的に表現しています。

〔例〕 ある病気を発見する検査Tに関して、次のことが知られている。
- 病気にかかっている人に検査Tを適用すると、98%の確率で病気であると正しく判定される。
- 病気にかかっていない人に検査Tを適用すると、5%の確率で誤って病気にかかっていると判定される。
- 人全体では、病気にかかっている人と病気にかかっていない人との割合はそれぞれ3%、97%である。

母集団より無作為に抽出された1人に検査Tを適用し、病気にかかっていると判定されたとき、この人が実際に病気にかかっている確率を求めよ。

◉問題の整理

まず、問題を整理するために、原因 H_1、H_2、データ D を次のように定義します。

H_1：「この病気にかかっている」
H_2：「この病気にかかっていない」
D ：「検査でこの病気にかかっていると判定（すなわち陽性と）される」

データ D は2つの原因 H_1、H_2 から生まれたと考えるのです。

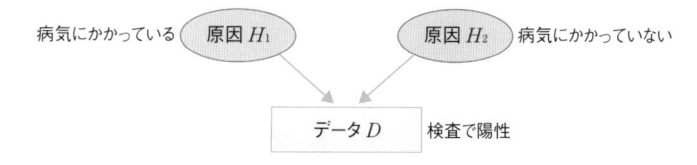

壺の問題に読み替え：H_1 を病気壺、H_2 を健康壺、陽性を赤玉、陰性を白玉と読み替えれば、本節の問題はこれまで取り上げてきた壺の問題と一致。

以上の記号を利用すると、求めたい確率は $P(H_1|D)$ と表現できます。すなわち、
$P(H_1|D)$＝「検査で陽性とされたとき、実際に病気にかかっている」確率

> 僕は病気なのか？
> 健康なのか？
> 陽性で本当に病気の
> 確率が $P(H_1|D)$

陽性

《注意》
病気の人の98%は
陽性になります。
病気でない人の
5%も陽性に
なります。

こうして、「ベイズの展開公式」（3章§5）を使う準備が整いました。実際にその公式を左記の記号を用いて書き下してみましょう。

$$P(H_1|D) = \frac{P(D|H_1)P(H_1)}{P(D|H_1)P(H_1)+P(D|H_2)P(H_2)} \quad \cdots(1)$$

くだけた表現を用いるなら、次のように書き下せます。

$$P(病人|陽性) = \frac{P(陽性|病人)P(病人)}{P(陽性|病人)P(病人)+P(陽性|健康)P(健康)}$$

なお、「この病気にかかっている人」（H_1）を「病人」、「この病気にかかっていない人」（H_2）を「健康」、「検査でこの病気にかかっていると判定」（D）を「陽性」と略記しています。この省略は本節全体で利用することにします。

●尤度の算出

例題の文から、検査Tについての検査精度は次の表のようにまとめられます。この表は尤度として利用できます。

尤度	$P(D|H_1)$	$P(D|H_2)$
確率	0.98	0.05

尤度の表

式で書き下すと、次のように表されます。

$P(D|H_1)$＝「病人が陽性と判断される」確率＝0.98
$P(D|H_2)$＝「健康の人が陽性と判断される」確率＝0.05
$\quad\cdots(2)$

この尤度を図示してみましょう。この尤度だけを見ると、陽性と判断された人のほとんどはその病気にかかっている感じを受けます。

壺の玉の数：本例題を壺の問題と読み替えられる、病気壺、健康壺に対して、赤白の玉数は98：2、5：95。壺の選ばれやすさを3：97と設定。

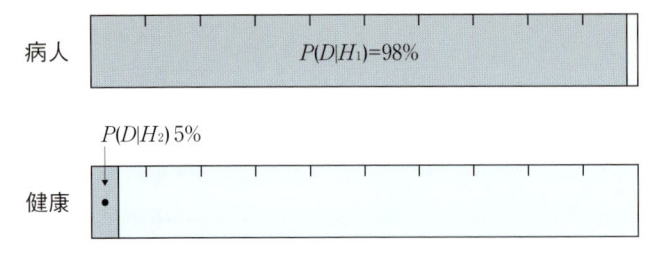

尤度の図。尤度だけを見ると、陽性と判断された人はほとんどその病気にかかっていることになる。

●事前確率の設定

例題の文から、「人全体では、病気にかかっている人と病気にかかっていない人との割合はそれぞれ3%、97%」とあるので、検査前の事前確率として、次のように設定できます。

事前確率	$P(H_1)$（＝P(病人)）	$P(H_2)$（＝P(健康)）
確率	0.03	0.97

事前確率の表

式で書き下すと、次のように表されます。

$P(H_1)$＝「病人である」確率＝0.03
$P(H_2)$＝「健康な人である」確率＝0.97
…(3)

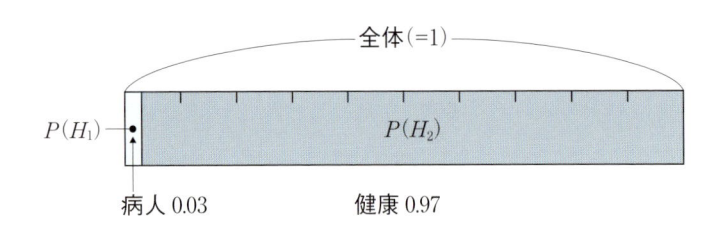

●事後確率の算出

以上の結果(2)、(3)をベイズの展開公式(1)に代入してみましょう。

$$P(H_1|D) = \frac{0.98 \times 0.03}{0.98 \times 0.03 + 0.05 \times 0.97}$$

$$= \frac{0.0294}{0.0779} (\fallingdotseq 37.7\%) \text{(答)} \quad \cdots (4)$$

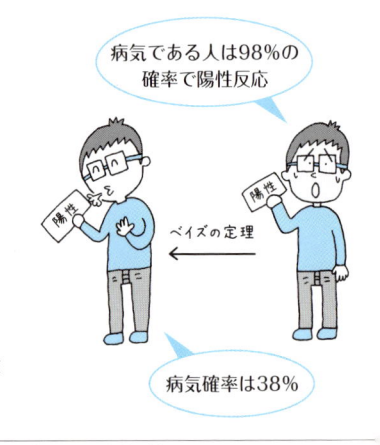

「検査Tで病気」と診断されても、実際に病気なのは約38%の確率です。意外に小さい確率です。

病気である人は98%の確率で陽性反応

病気確率は38%

行動経済学：人間行動から経済活動を研究するのが行動経済学。ベイズ理論との相性が良い。。

●人は事前確率に鈍感

　行動経済学で「基準率の無視」と呼ばれることですが、人は尤度に目を奪われ事前確率に疎くなってしまうようです。「病気の人は98％の確率で『病気』と判断される」と言われると、病気と判断された人は「自分は本当に病気だ」と思ってしまいがちです。「検査に誤診がつきものなら、多数を占める正常な人がたくさん『病気』と判断されている」という当然のことを忘れてしまうのです。

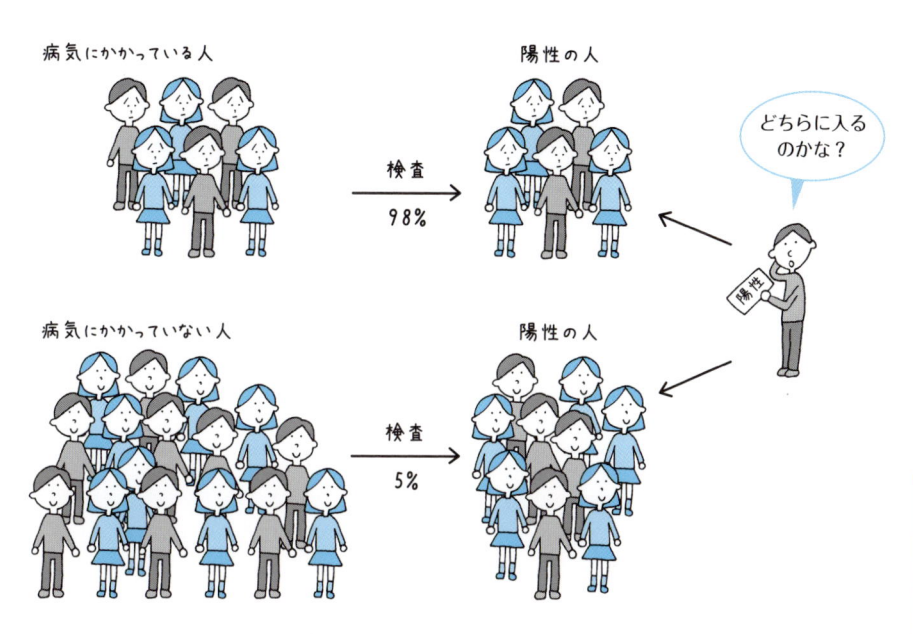

検査で「病気」と判断された人たち。判定ミスを前提とするなら、病気でない人の方が多いはず。

（注）病気の人と病気でない人が同程度の場合には、話は別です。近年、都会に住む花粉症の人は、そうでない人と同じくらいいると言われています。そこで、都会の花粉症検査の場合には、本例題のような意外な結論にはなりません。

基準率の無視：簡単に言えば、事前確率を忘れてしまうということ。人間の行動パターンはそれ程複雑ではないことを意味する。

●別解

本節の例題を、より直感的に解いてみましょう。このことにより、事前確率と事後確率の意味がより明確になると思われます。

それには、仮に1万人（＝10000人）の検診者を仮定します。すると、「病気にかかっている人と病気にかかっていない人との割合はそれぞれ3％、97％」とあるので、1万人中病気の人は300人、病気でない人は9700人です。

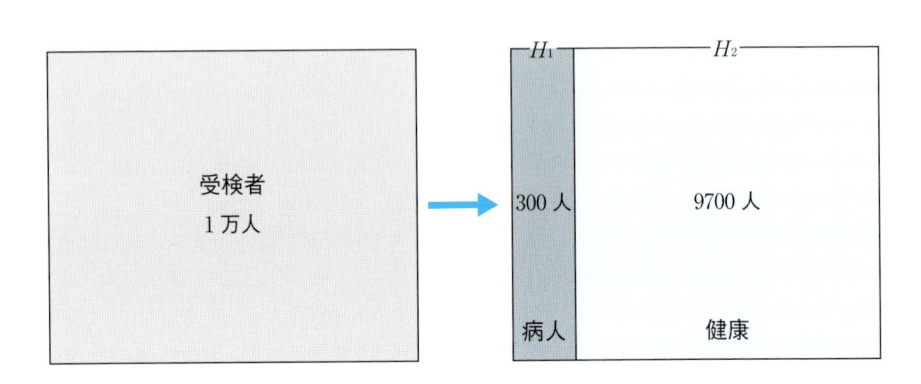

「病気にかかっている人に検査Tを適用すると、98％の確率で病気であると正しく診断される」とあるので、病人300人中300×0.98＝294人が陽性、残りが陰性と診断されることになります。

また、「病気にかかっていない人に検査Tを適用すると、5％の確率で誤って病気にかかっていると診断される」とあるので、病気でない9700人は9700×0.05＝485人が陽性、残りが陰性と診断されることになります。

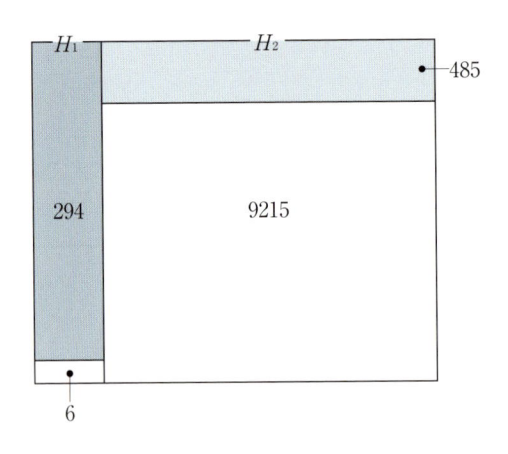

1万人中、病人で「病気である」と判断される人は294人、病気でない人で「病気である」と判断される人は485人。ちなみに、色を付けた部分が陽性（294＋485＝779人）を表す。（見やすくするために、図の大きさの縮小は正確ではない。）

データを書き出す：この別解からわかるように、ベイズの定理を「見える化」するには、具体的ににデータを書き出してから条件を網掛けすればよい。

表にまとめると、次のように表されます。

陽性	病人	健常者
人数	294人	485人

陽性の人数分布

よって、「検査で陽性と診断されたとき、実際に病気にかかっている」確率 $P(H_1|D)$ は、次のように得られます。

$$P(H_1|D) = \frac{294}{294+485} = \frac{294}{779} \quad \text{(答)}$$

先の答(4)と一致します。

メモ　事前確率の大切さ

　ベイズ理論の功績の一つは、事前確率の大切さを再認識させてくれたことです。本節で扱った例題はそれを示しています。「病気の人は98％の確率で『病気』と判断される」という尤度にばかり目を奪われ、そのバックとなる病気と病気でない人の確率、すなわち事前確率を忘れてしまいがちなのです。

　人は事前確率に疎いということを確かめるために、次の例を見てみましょう。確率の形には書かれていませんが、事前確率的な情報を蔑ろにしている代表的な例です。

> （例）ある事故で、軽傷を負った人は10人も死亡したのに、重傷の人は7人しか死ななかった。

　この文を見て、「変わった事故だな！」と思った読者は、まだベイズ流の思考が身についていないことになります。多くの読者はお気づきでしょうが、軽傷と重傷の人数が示されていないことに目を向けるべきなのです。例えば、「軽傷の人が1万人、重傷の人は10人」というデータが付加されていたなら、何ら不思議のない事故でしょう。

　マスコミの発するニュース報道には、この例のような記事がよく見受けられます。ベイズ理論の発想法を習得し、この例のようなニュース報道に対して「眉に唾が付けられるようになる」ことが望まれます。

ヒューリスティックス：複雑な問題を前にして人が行う簡便な解決法。大切な行動パターンであるが、ここで示した事前確率情報を忘れてしまうなどの過誤を伴う。

§2 迷惑メールを簡単に判別するナイーブベイズフィルター

前節に続いて、多くのベイズ理論の解説書に掲載されているベイズフィルターについて調べることにします。ベイズ理論が最も簡単に実用に供されている例です。例えば、迷惑メールの排除に応用されています。

●ナイーブベイズ分類

ベイズ分類とは、ベイズ理論を利用して、与えられたデータを目的のカテゴリーに分類する方法をいいます。複数のデータを逐次的に処理できるベイズ理論は、文書の分類などのような多くの分類キーワードを含む場合に威力を発揮しています。

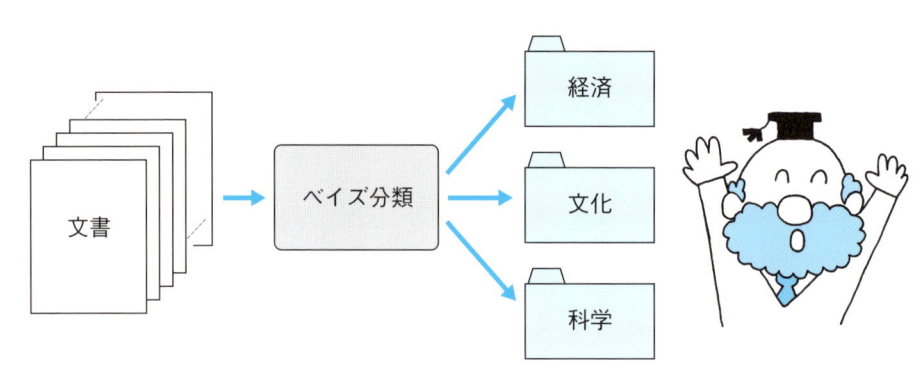

ベイズ分類で有名な応用の1つがベイズフィルターです。ベイズ理論を利用して不要な文書やメールなど、要するに「邪魔者」を確率的に排除する技法です。本節では、その最も簡単な論理である**ナイーブベイズフィルター**を調べましょう。対象の文中の単語はすべて独立であることを仮定し、文書やメールのふるい分け(フィルタリング)を行う方法です。

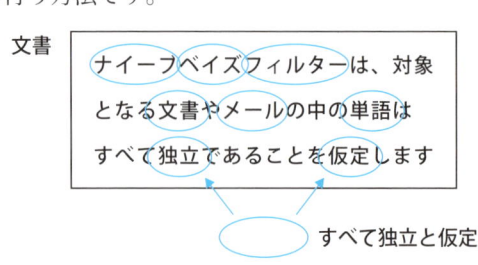

ナイーブベイズフィルターは「文書やメールの中の単語はすべて独立」と仮定する。

ナイーブ:単語間の関係を無視し独立して判定する単純なモデルなので、『ナイーブ』と呼ぶ。

「文書やメールの中の単語はすべて独立」というのは苦しい仮定ですが、この仮定を利用したナイーブベイズフィルターは実用上大いに有効であることが知られています。
(注) ナイーブベイズフィルターは単純ベイズフィルターとも呼ばれます。

●具体例を見てみると

具体的な応用例として「迷惑メール」の排除法が挙げられます。実際の問題で調べることにしましょう。

〔例〕 迷惑メールか通常メールかを調べるために、4つの単語「プレゼント」、「無料」、「統計」、「経済」に着目することにする。これらの単語は、次の確率で迷惑メールと通常メールに含まれることが調べられている。

検出語	H_1(迷惑)	H_2(通常)
プレゼント	0.6	0.1
無料	0.5	0.3
統計	0.01	0.4
経済	0.05	0.5

あるメールを調べたなら、次の順でこれらの単語が1回ずつ検索された。

　　プレゼント、無料、経済

このメールは迷惑メール、通常メールのどちらに分類した方がよいか、調べよう。ただし、受信メールの中で、迷惑メールと通常メールの比率は7:3の割合とする。

●問題を整理しよう

次の図のように、3つの単語が検出されました。

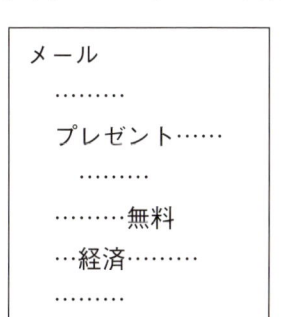

```
メール
　………
　プレゼント……
　　………
　………無料
　…経済………
　………
```

メールを調べたなら、「プレゼント」、「無料」、「経済」の順で単語が検索された。このメールは迷惑メール、通常メールのどちらに分類した方がよいだろうか。なお、この例では「統計」の文字が入っていないが、ここではそれを無視することにする。

このメールを「迷惑メール」にするか、「通常メール」にするかが、問題の趣旨です。

教師ありベイズ分類：本節で調べているような、単語の出現確率を予め与える方法を「教師あり」という。

まず、問題を整理し、記号を定義しましょう。

最初に、原因（H）として次の2つを定義します。

原因	意味
H_1	受信メールが迷惑メールである。
H_2	受信メールが通常メールである。

また、データとして、次の4つを定義します。

データ	意味
D_1	受信メールに「プレゼント」という単語が検出される
D_2	受信メールに「無料」という単語が検出される
D_3	受信メールに「統計」という単語が検出される
D_4	受信メールに「経済」という単語が検出される

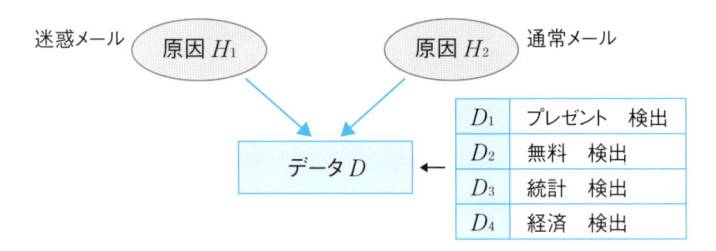

迷惑メール　原因 H_1　　原因 H_2　通常メール

データ D

D_1	プレゼント　検出
D_2	無料　検出
D_3	統計　検出
D_4	経済　検出

題意のメールで検索されたデータ（D）である「プレゼント」、「無料」、「経済」の3単語の並びは次のように3つの並びで表現できます。

$D : D_1, D_2, D_4$

すると、求めたい確率は次のように表されます。

$P(H_1|D) = P(H_1|D_1, D_2, D_4)$
　　　　　＝「3単語のデータDが得られたときの迷惑メールである」確率

$P(H_2|D) = P(H_2|D_1, D_2, D_4)$
　　　　　＝「3単語のデータDが得られたときの通常メールである」確率

このように整理できれば、あとはベイズの展開公式（3章§5）の出番です。実際に、2つの原因の場合について、公式を書き下してみましょう。

$$P(H_1|D) = \frac{P(D|H_1)P(H_1)}{P(D|H_1)P(H_1)+P(D|H_2)P(H_2)} \quad \cdots (1)$$

$$P(H_2|D) = \frac{P(D|H_2)P(H_2)}{P(D|H_1)P(H_1)+P(D|H_2)P(H_2)} \quad \cdots (2)$$

教師なしベイズ分類：単語の出現確率を予め与えず、学習していくタイプの分類方法を「教師なし」という。

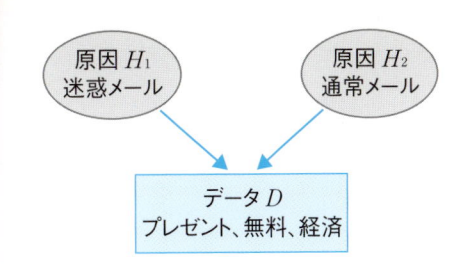

原因 H_1
迷惑メール

原因 H_2
通常メール

データ D
プレゼント、無料、経済

データ D：D_1, D_2, D_4 と原因 H_1, H_2 の関係。この関係で、$P(H_1|D)$、$P(H_2|D)$ を求めるのが目標。

◉判定には比が大切

ベイズの展開公式(1)、(2)は複雑ですが、迷惑メールか通常メールかの判定だけなら、もっと簡単にできます。迷惑メールの確率と通常メールの確率の比で判定できるからです。大きい確率を持つ方に分類すればよいのです。したがって、次の表が判定条件になります。

メール	判定条件
迷惑メール	$P(H_1|D) > P(H_2|D)$
通常メール	$P(H_1|D) < P(H_2|D)$

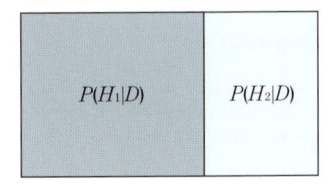

迷惑メール

$P(H_1|D)$ | $P(H_2|D)$

通常メール

$P(H_1|D)$ | $P(H_2|D)$

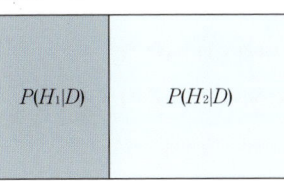

$P(H_1|D)$、$P(H_2|D)$ の大小だけで迷惑か通常かを判定できる。

ところで、式(1)、(2)を見ると分母が共通です。そこで、判定には式(1)、(2)の分子だけが関与することになります。すなわち、上の表は次の表のように変形されます。

メール	判定条件
迷惑メール	$P(D|H_1)P(H_1) > P(D|H_2)P(H_2)$
通常メール	$P(D|H_1)P(H_1) < P(D|H_2)P(H_2)$

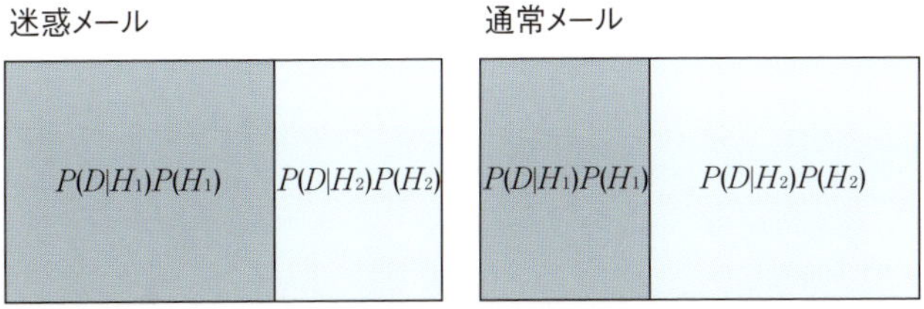

迷惑メール

$P(D|H_1)P(H_1)$ | $P(D|H_2)P(H_2)$

通常メール

$P(D|H_1)P(H_1)$ | $P(D|H_2)P(H_2)$

$P(D|H_1)P(H_1)$
$P(D|H_2)P(H_2)$ の大小で迷惑か通常かを判定。

ベイズの識別規則：本ページの表に示したような判定法をベイズの識別規則と呼ぶ。

●ナイーブベイズの仮定を利用

先に述べたように、ナイーブベイズ分類は、対象とする**文書の中の単語の独立性を仮定**します。例えば、通常のメールの中で、そこに含まれる各単語は互いに確率的に影響がないと仮定するのです。例えば、迷惑メールについて、このことを式で表すと、次のように表現できます。

$$P(D|H_1) = P(D_1, D_2, D_4|H_1) = P(D_1|H_1)P(D_2|H_1)P(D_4|H_1) \quad \cdots(3)$$

この(3)を言葉で表すなら、迷惑メールにおいて、

「3単語の現れる」確率＝「3単語一つ一つが現れる確率の積」

(3)のことは、通常メールでも成立します。

$$P(D|H_2) = P(D_1, D_2, D_4|H_2) = P(D_1|H_2)P(D_2|H_2)P(D_4|H_2) \quad \cdots(4)$$

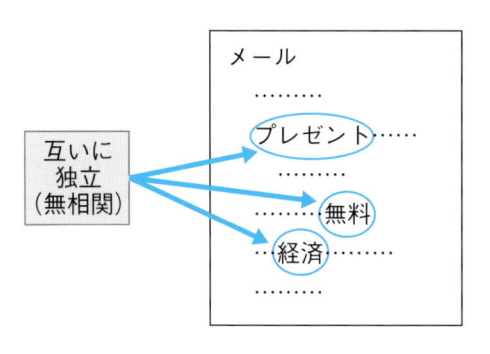

メールで検索された「プレゼント」、「無料」、「経済」は互いに独立と仮定する。本来は相関があるはずだが、それを無視するのがナイーブベイズ。こうして(3)、(4)が成立。

これら(3)、(4)を先の判定条件の表に代入してみましょう。すると、目標の判定条件の表が完成します。

メール	判定条件の表
迷惑メール	$P(D_1|H_1)P(D_2|H_1)P(D_4|H_1)P(H_1) > P(D_1|H_2)P(D_2|H_2)P(D_4|H_2)P(H_2)$
通常メール	$P(D_1|H_1)P(D_2|H_1)P(D_4|H_1)P(H_1) < P(D_1|H_2)P(D_2|H_2)P(D_4|H_2)P(H_2)$

要するに、各単語の出現確率と事前確率とを掛け合わせた値を見比べれば、迷惑メールか通常メールかが判定できるのです。

ベイズ分類：ベイズフィルターを一般化したものがベイズ分類。振り分けが複雑になるだけで、理屈は同じ。

●値のセット

判定表の中にある各項の値を調べましょう。検出される言葉の出現確率(すなわち尤度)は、題意より、次のようになります。

検出語	H_1(迷惑メール)	H_2(通常メール)
D_1(プレゼント)	0.6	0.1
D_2(無料)	0.5	0.3
D_3(統計)	0.01	0.4
D_4(経済)	0.05	0.5

式として書き下せば次のようになります。

$P(D_1|H_1)=0.6$、$P(D_2|H_1)=0.5$、$P(D_4|H_1)=0.05$

$P(D_1|H_2)=0.1$、$P(D_2|H_2)=0.3$、$P(D_4|H_2)=0.5$

また、「事前確率」として、これまで受信した迷惑メールと通常メールの数の比が利用できます。

事前確率	H_1(迷惑メール)	H_2(通常メール)
確率値	0.7	0.3

式で表現すれば、次のようになります。

$P(H_1)=0.7$、$P(H_2)=0.3$

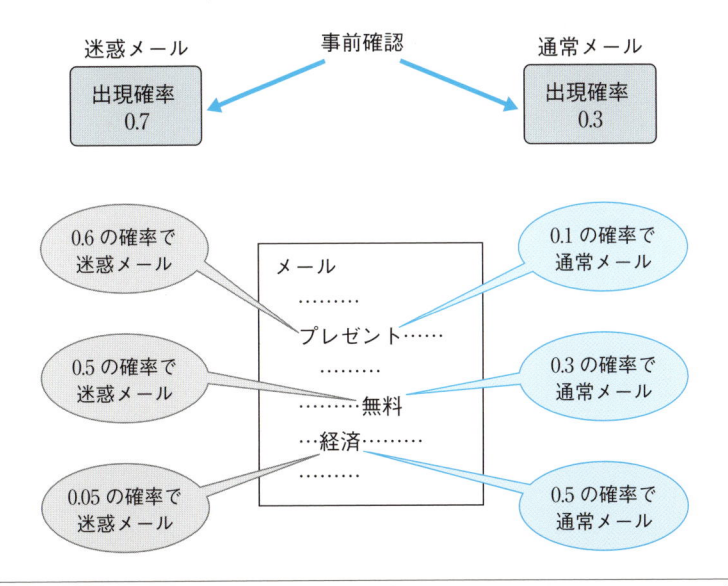

迷惑メールの量：インターネット上のメールにおいて、はるかに通常メールよりも多いといわれる。その分、事前確率は重要になる。

●判定表に代入

以上の結果を前のページの「判定条件の表」の式に代入してみましょう。

$P(D_1|H_1)\,P(D_2|H_1)\,P(D_4|H_1)\,P(H_1) = 0.6 \times 0.5 \times 0.05 \times 0.7 = 0.0105$

$P(D_1|H_2)\,P(D_2|H_2)\,P(D_4|H_2)\,P(H_2) = 0.1 \times 0.3 \times 0.5 \times 0.3 = 0.0045$

よって、

迷惑メールの確率：通常メールの確率

$= P(D_1|H_1)\,P(D_2|H_1)\,P(D_4|H_1)\,P(H_1) : P(D_1|H_2)\,P(D_2|H_2)\,P(D_4|H_2)\,P(H_2)$

$= 0.0105 : 0.0045$

したがって、判定条件の表から、受信したメールは「迷惑メール」に分類されます。

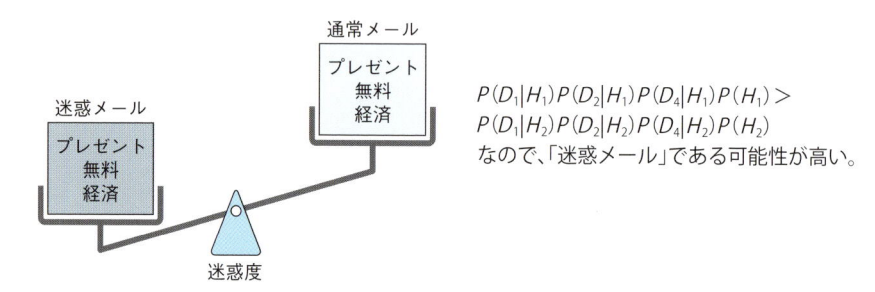

$P(D_1|H_1)P(D_2|H_1)P(D_4|H_1)P(H_1) >$
$P(D_1|H_2)P(D_2|H_2)P(D_4|H_2)P(H_2)$
なので、「迷惑メール」である可能性が高い。

以上が、ナイーブベイズ分類のアイデアです。大変簡単でしょう。結論から言うと、各単語の出現確率と「迷惑メールと通常メールの割合」をかけ合わせて得られる値の大小を比較すればよいのです。

検出語	H_1（迷惑メール）	H_2（通常メール）
D_1（プレゼント）	0.6	0.1
D_2（無料）	0.5	0.3
D_4（経済）	0.05	0.5
	H_1（迷惑メール）	H_2（通常メール）
事前確率	0.7	0.3

縦に掛け合わせた値の大小を比較すると、判別ができる。

（注）これまではデータを1個ごとに処理するのが「ベイズ流」としてきましたが、本節はまとめて処理しました。理由は、上記の結論を主張したいためです。

現れない単語の処理：本文では現れない単語を無視したが、現れなかったことも情報とする考えもある。

●ナイーブベイズ分類は壺の問題と等価

　迷惑メールの仕分けを考えるとき、もっとも簡単な方法は本節で調べたナイーブベイズ分類法でしょう。この分類方法は、単語の関係をまったく無視します。一語一語についての迷惑メールと通常メールの出現確率と、事前確率との積の大小で「迷惑メール」度を判断します。

　さて、このモデルは、3章で詳述した壺と玉の問題と等価です。たとえば、「無料」という単語を玉に見立ててみましょう。それが「迷惑メール」の壺から来た玉か、通常メール」の壺から来た玉かの判定問題と同じなのです。

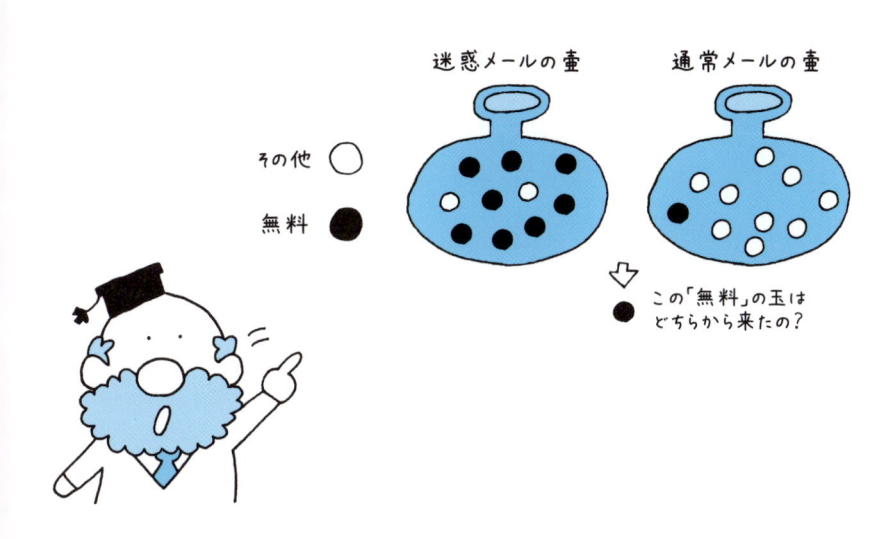

　「無料」の言葉の現れる尤度は、各壺に入っている玉の割合で算出されます。また、事前確率には壺の選択確率、すなわち迷惑メールと、通常メールとの経験的なメール数の比があてられることになります。

　以上のように、壺と玉のモデルはベイズ理論を応用するときに強力な武器になります。いろいろな事象に当てはめて解析してみてください。

> **メモ　ベイズフィルターによるテキスト分類**
>
> 　本節で調べた迷惑メールのフィルタリング問題は、文書を「迷惑文書」と「通常文書」に分類する動作をしています。しかし、この考え方は2種の文書の分類に限りません。原理は、3種でも4種でも変わりません。こうして、ベイズフィルターを利用した「テキスト分類」が可能になるのです。

ベイズフィルターを言葉で言うと：「単語の出現確率に事前確率を掛け比較する」ことがナイーブベイズフィルターの原理。

§3 確率分布をベイズ推定

確率分布を推定する問題を紹介します。ベイズ理論を利用すれば容易ですが、利用しなければてこずる問題です。ベイズ理論のだいご味が味わえる問題の一つです。

●具体例で見てみよう

分布関数の形をまったく仮定しないで確率分布を推定するのは、従来の統計学では困難。しかし、モデルを上手に作成することで、ベイズ理論は容易に可能にしてくれることがあります。ここでは、最もシンプルな問題で、そのことを調べてみましょう。

〔例題〕 中の見えない壺の中に赤玉と白玉が合計3つ入っていることが分かっている。中から玉を無作為に取り出し、再び元に戻す操作を2回行った。すると、2回続けて赤玉が出た。この事実から、壺の中の赤玉の個数の確率分布を求めよう。ただし、一度取り出した玉は、再び元に戻すとする。

壺の中身として考えられるのは次の3つの場合です。この壺の赤玉の個数を確率変数と考え、その分布を推定するのが目標になります。

壺の赤玉の個数を確率変数と考え、その分布を推定するのが本問のねらい。

赤1個   赤2個   赤3個

このように図示すれば分かるように、この問題は3章§9〜11で調べた問題の類題です。重複部分もありますが、敢えて重複を厭わず、問題を調べていきます。

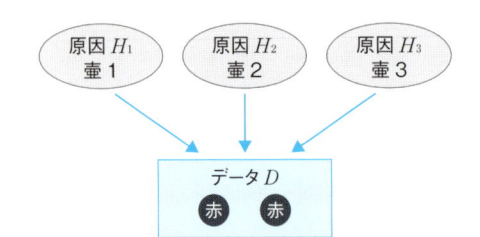

原因 H_1 壺1　原因 H_2 壺2　原因 H_3 壺3

データ D 赤 赤

2回続けて赤玉が得られたというデータは、3つの壺1〜壺3が原因と考える。ここで、赤玉が i 個入った壺を「壺 i」と名付ける。

ノンパラメトリックな手法：通常の統計分析は確率分布を仮定するが、それを仮定しないで分析する統計学の手法。

●整理してみよう

赤玉が i 個入った壺を「壺 i」と名前を付け、次のように記号を約束しましょう。

原因 H	意味
H_1	玉1個を取り出したとき、それが壺1からである
H_2	玉1個を取り出したとき、それが壺2からである
H_3	玉1個を取り出したとき、それが壺3からである

また、データ R を次のように約束します。

データ D	意味
R	玉1個を取り出したとき、それが赤(red)の玉である

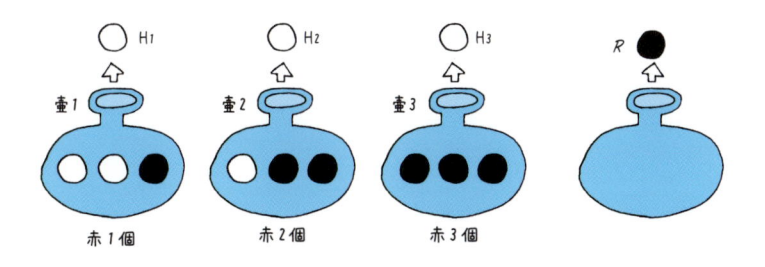

例題では「2回続けて赤玉が取り出された」と言っていますが、ベイズ理論では1回ごとに問題を料理していくことが一つの流儀です(3章§11)。

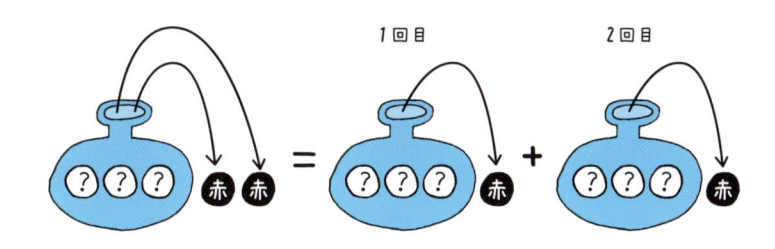

すなわち、1回玉を取り出すごとに、事後確率 $P(H_i|R)$($i = 1$、2、3)を調べるのです。事後確率 $P(H_i|R)$ を1回ごとに求めることで、尤度が簡単に求められるからです。

事後確率	意味
$P(H_i|R)$	赤玉1個を取り出したとき、それが壺 i からである確率

赤玉を解釈すると応用は無限：例えば、白玉を良品、赤玉を不良品と解釈すれば、製品管理に応用できる。

整理の最後に、事後確率$P(H_i|R)$を求めるためのベイズの展開公式(3章§5)を、この問題に合うように書き下しておきます。

$$P(H_i|R) = \frac{P(R|H_i)P(H_i)}{P(R|H_1)P(H_1)+P(R|H_2)P(H_2)+P(R|H_3)P(H_3)} \quad (i=1、2、3)\cdots(1)$$

記号が複雑なので、くだけた表現も併記しておきましょう。例えば、壺1に関しては、次のように書き表せるでしょう。

$$P(壺1|赤玉) = \frac{P(赤玉|壺1)P(壺1)}{P(赤玉|壺1)P(壺1)+P(赤玉|壺2)P(壺2)+P(赤玉|壺3)P(壺3)}$$

多少は各項の意味が分かりやすくなります。

●尤度の算出

公式(1)の中の尤度$P(R|H_i)$($i=1$、2、3)は次の意味を持ちます。

尤度	意味
$P(R|H_1)$	(赤玉が1個入った)壺1から赤玉を1個取り出す確率
$P(R|H_2)$	(赤玉が2個入った)壺2から赤玉を1個取り出す確率
$P(R|H_3)$	(赤玉が3個入った)壺3から赤玉を1個取り出す確率

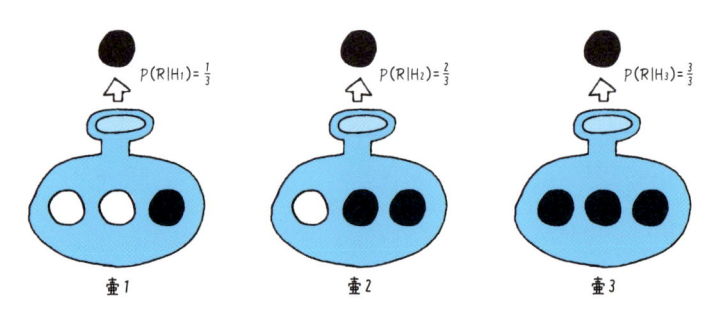

この尤度$P(R|H_i)$の意味から、値は次の表のようにまとめられます。

分母にこだわらない:(1)式のように、ベイズの展開公式で面倒なのは分母。しかし、重要なのは分子である。

尤度	H_1	H_2	H_3
$P(R\|H_i)$	$\dfrac{1}{3}$	$\dfrac{2}{3}$	1

式として書き下すと、「尤度」は次のような値になります。

$$P(R|H_1)=\frac{1}{3},\ P(R|H_2)=\frac{2}{3},\ P(R|H_3)=1 \quad \cdots(2)$$

● 1回目のデータから事後確率を算出

（ア）事前確率の設定

　1回目は赤玉を得ました。そこで、それに対するベイズの展開公式(1)を利用します。さて、この公式(1)を利用しようとするとき、事前確率$P(H_1)$、$P(H_2)$、$P(H_3)$の情報がありません。そこで、「理由不十分の原則」（3章§10）から、次のように設定します。

$$P(H_1)=P(H_2)=P(H_3)=\frac{1}{3} \quad \cdots(3)$$

見やすいように表にしておきましょう。

1回目の事前確率	H_1	H_2	H_3
$P(H_i)$	$\dfrac{1}{3}$	$\dfrac{1}{3}$	$\dfrac{1}{3}$

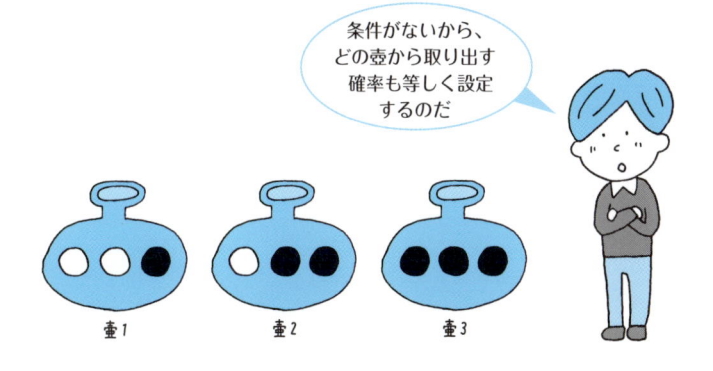

条件がないから、どの壺から取り出す確率も等しく設定するのだ

壺1　壺2　壺3

　従来の確率・統計論がこの例題を解くのにてこずる理由はここにあります。「理由不十分の原則」というベイズ理論の寛容な考えが、問題解決を容易にしてくれるのです。

　この最初の事前確率をグラフに示しておきます。

尤度は簡単にセットできる：たびたび述べているように、モデルをしっかり構築すれば、この（2）式のように、尤度の設定は容易。

最初の事前確率

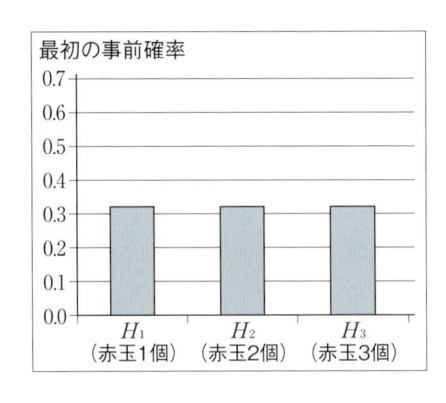

事前確率$P(H_1)$、$P(H_2)$、$P(H_3)$の情報がないので、「理由不十分の原則」(3章§10)から、すべて等確率に設定。

(イ) 事後確率の算出

事前確率(3)と、赤玉に関した尤度(2)の各値を、ベイズの展開公式(1)に代入します。まず、(1)の分母が長いので、先に求めておきます。

式(1)の分母 $= P(R|H_1)P(H_1) + P(R|H_2)P(H_2) + P(R|H_3)P(H_3)$

$$= \frac{1}{3} \times \frac{1}{3} + \frac{2}{3} \times \frac{1}{3} + 1 \times \frac{1}{3} = \frac{2}{3}$$

この式の値を(1)の分母に代入して、

$$\left. \begin{array}{l} P(H_1|R) = P(壺1|赤玉) = \dfrac{P(R|H_1)P(H_1)}{\frac{2}{3}} = \dfrac{\frac{1}{3} \times \frac{1}{3}}{\frac{2}{3}} = \dfrac{1}{6} \\[2ex] P(H_2|R) = P(壺2|赤玉) = \dfrac{P(R|H_2)P(H_2)}{\frac{2}{3}} = \dfrac{\frac{2}{3} \times \frac{1}{3}}{\frac{2}{3}} = \dfrac{1}{3} \\[2ex] P(H_3|R) = P(壺3|赤玉) = \dfrac{P(R|H_3)P(H_3)}{\frac{2}{3}} = \dfrac{1 \times \frac{1}{3}}{\frac{2}{3}} = \dfrac{1}{2} \end{array} \right\} \cdots (4)$$

こうして、1回目のデータ「赤玉」を得た後の事後確率が求められました。表にまとめておきましょう。

ベイズの計算はExcelが得意：事前確率、事後確率、尤度は表で表される。これはExcelなどの表計算ソフトが得意とする形式である。

1回目の事後確率	H_1	H_2	H_3
$P(H_i\|R)$	$\dfrac{1}{6}$	$\dfrac{1}{3}$	$\dfrac{1}{2}$

この事後確率をグラフに示しておきます。前のグラフと対比してみてください。

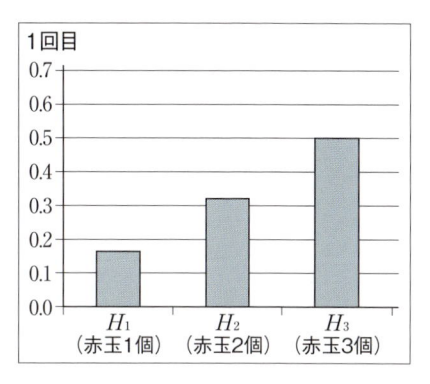

1回目のデータを得た後の事後確率のグラフ。赤玉を取り出したので、赤玉の多い壺の確率が高くなる。

●2回目のデータから事後確率を算出

(ア) 事前確率の設定

2回目も赤玉が出ました。そこで計算の流れは1回目と同様ですが、事前確率は(3)ではなく、上で求めた1回目の事後確率(4)を利用します。それがベイズ更新(3章§11)です。

2回目の事前確率	H_1	H_2	H_3
$P(H_i)$	$\dfrac{1}{6}$	$\dfrac{1}{3}$	$\dfrac{1}{2}$

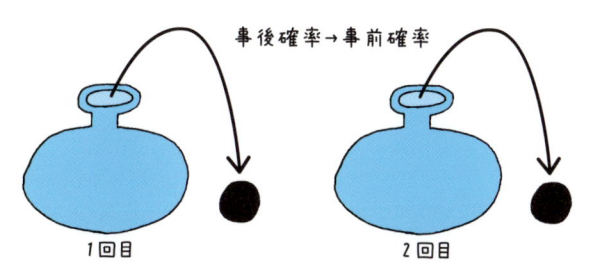

1回目に算出した事後確率を、2回目の玉の取り出しの計算の事前確率に(ベイズ更新)。

事前確率の設定を式に書き下しておきましょう。

分母は内積の形：ベクトルとしてみると、ベイズの展開公式の分母は、事前確率と尤度との内積の形をしている。

$$P(H_1) = \frac{1}{6}、P(H_2) = \frac{1}{3}、P(H_3) = \frac{1}{2} \quad \cdots(5)$$

(イ) 事後確率の算出

1回目と同じデータなので、計算法は1回目と同じです。ただし、事前確率としてこの(5)を利用します。

まず共通となる(1)の分母を計算しておきましょう。(2)、(5)より、

(1)の分母 $= P(R|H_1)P(H_1) + P(R|H_2)P(H_2) + P(R|H_3)P(H_3)$

$$= \frac{1}{3} \times \frac{1}{6} + \frac{2}{3} \times \frac{1}{3} + 1 \times \frac{1}{2} = \frac{7}{9}$$

この式の値を(1)の分母に代入して、再び(2)、(5)より、

$$P(H_1|R) = P(壺1|赤玉) = \frac{P(R|H_1)P(H_1)}{\frac{7}{9}} = \frac{\frac{1}{3} \times \frac{1}{6}}{\frac{7}{9}} = \frac{1}{14}$$

$$P(H_2|R) = P(壺2|赤玉) = \frac{P(R|H_2)P(H_2)}{\frac{7}{9}} = \frac{\frac{2}{3} \times \frac{1}{3}}{\frac{7}{9}} = \frac{2}{7} \quad \cdots(6)$$

$$P(H_3|R) = P(壺3|赤玉) = \frac{P(R|H_3)P(H_3)}{\frac{7}{9}} = \frac{1 \times \frac{1}{2}}{\frac{7}{9}} = \frac{9}{14}$$

こうして、2回目のデータ(すなわち赤玉)を得た後の事後確率が求められました。表にまとめておきましょう。これが、例題の解答です。

2回目事後確率	H_1	H_2	H_3
$P(H_1|R)$	$\frac{1}{14}$	$\frac{2}{7}$	$\frac{9}{14}$

(答)

この解答、すなわち2回目のデータを得た後の事後確率を、グラフに示しましょう。2回続けて赤玉が出たということは、確率分布は1回目よりも更に赤玉が多い方にシフトしています。

結果の視覚化にもExcelが便利：先に示したように「ベイズの計算はExcelが得意」であるが、グラフをすぐ描けるので、視覚化にも便利。

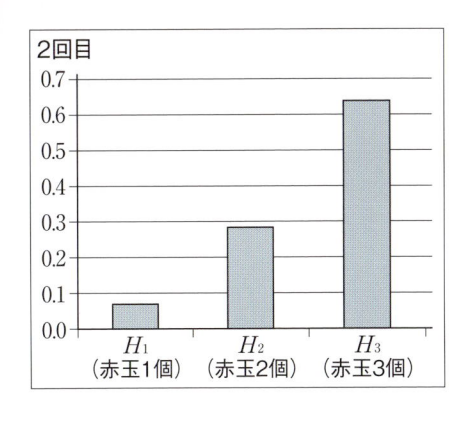

「赤」「赤」とデータを得た後の、壺の中の赤玉の個数の確率分布。

●まとめの図示

長い計算でしたが、その手順は単純です。理由不十分の原則から得られる事前確率とベイズ更新を利用して事前確率を順にベイズの展開公式(1)にセットし、計算しただけです。その様子をまとめてグラフに示してみましょう。

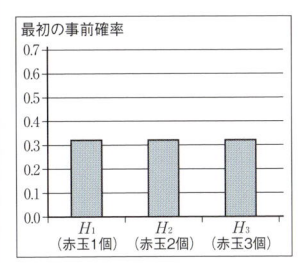

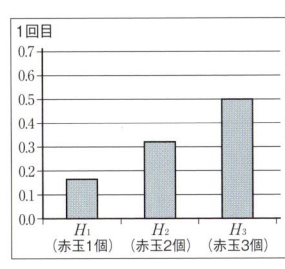

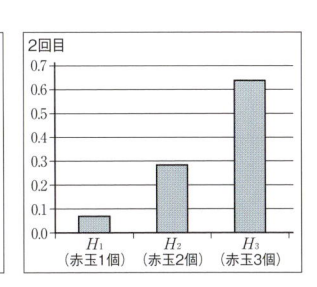

壺の中の赤玉の分布が、データを取り込むたびに変化していく様子が分かります。赤玉が2個続けて出たのですから、壺の中の赤玉の個数の予想は次第に多い方に傾いていくのです。度々言及しているように、人間の予想法をベイズ理論はよく再現してくれます。

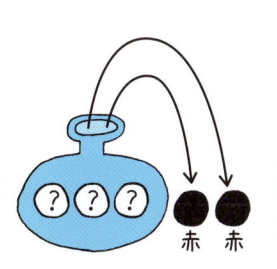

2回続けて赤玉が出たのだから、3個入っている確率は高くなるのは当然！

	1個(H_1)	2個(H_2)	3個(H_3)
壺中の赤玉の確率分布	$\dfrac{1}{14}$	$\dfrac{2}{7}$	$\dfrac{9}{14}$

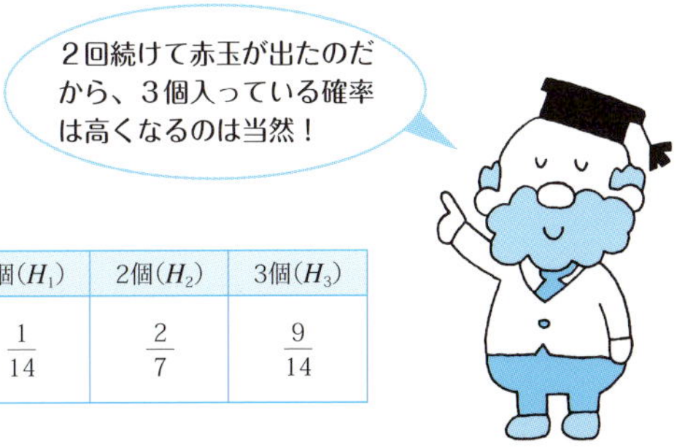

ベイズの論理のプログラム化は容易：本節でもわかるように、ベイズ理論のプログラミングは容易。計算手順は複雑ではない。

●壺の中の赤玉の個数を平均値で推定

確率分布が分かったところで、壺の中に入っている赤玉の個数の期待値(すなわち平均値、2章§7)を求めてみましょう。

$$\text{壺中の赤玉の個数の期待値} = 1 \times \frac{1}{14} + 2 \times \frac{2}{7} + 3 \times \frac{9}{14} = \frac{36}{14} = \frac{18}{7} \fallingdotseq 2.57 (\text{個}) \cdots (7)$$

これが「壺の中の赤玉の個数」の推定値となります。

くどいですが、事後確率から期待値を求めていることに留意してください。これが壺の中の赤玉の個数をベイズ理論から求めた期待推定値なのです。

ちなみに、平均値による推定は、この(7)のように非現実的な値を結果として提供します。「赤玉が2.57個入っている」と言われても、イメージが湧きません。そこで、この欠点を避けたいときに利用されるのが、次の**MAP推定**です。

「赤玉が2.57個入っている」と言われても、イメージが湧かない。平均値による推定には、つねにこのような問題が伴う。

●壺の中の赤玉の個数をMAP推定

「壺の中の赤玉の数」を整数値で推定する有名な方法にMAP推定という方法があります。事後確率が最大な原因を真の原因と推定する方法です。簡単に言えば、「事後確率が一番大きいことが一番よく起こる」と推定する方法です。

(注) MAPとはMaximum a posteriori の頭文字をとったもの。

このMAP推定は、従来から用いられている**「最尤推定法」**と呼ばれる推定法(付録B)と同一の考え方です。この最尤推定法は「尤度が一番大きいことが一番よく起こる」と推定する方法です。したがって、MAP推定は最尤推定法の一部と考えられます。MAP推定を特徴づける点は、確率計算に事後確率を用いることです。

最尤推定:尤度の最大値で母数を推定する方法を最尤推定という。

具体的に見てみましょう。(6)から、一番確率の大きいのは赤玉の個数が3個のときです。したがって、

　　壺中の赤玉の個数のMAP推定値＝3（個）

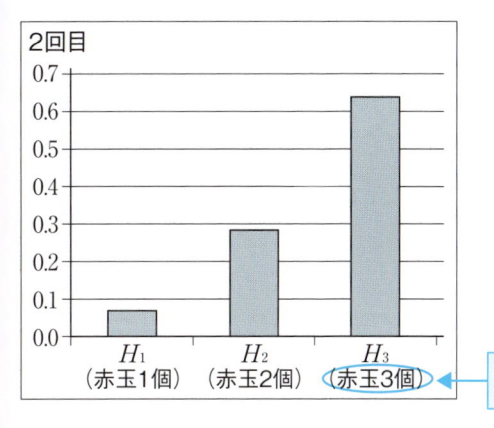

```
2回目
```
（棒グラフ： H_1（赤玉1個）, H_2（赤玉2個）, H_3（赤玉3個）—事後確率が最大）

　壺の中の個数のMAP推定値3は私たちの直感と一致します。「2回も続けて赤玉が出たのだから、これは一番赤玉の多い壺、すなわち壺3であるに違いない」と推定するのは自然です。

　ちなみに、期待値から推定した赤玉の個数2.57個(7)と比較してみてください。推定した値が異なります。一般的に、推定の論理によって推定値が異なるのは普通のことです。どの推定法を選ぶかは、その対象になる問題の特性に依存します。

メモ　ベイズ理論の平均値

確率分布が次の表のように与えられているとしましょう。

確率変数 X	x_1	x_2	x_3	⋯	x_n
確率	p_1	p_2	p_3	⋯	p_n

このとき、平均値は次の公式から求められます（2章§7）。

　　平均値＝$x_1 p_1 + x_2 p_2 + x_3 p_3 + \cdots + x_n p_n$

この平均値を**期待値**とも言います。

　ベイズの理論だからといって、他の確率や統計論と変わるところはありません。平均値もこの式で求めます。ただ、「ベイズ」と名付けるからには、平均値の計算に用いる確率が限定されます。すなわち、ベイズの定理から得られる事後確率を利用するのです。

平均値とは不思議な値：何気なく平均値という言葉が利用されているが、(7) 式のように直感的に解釈できない不思議な値である。

§4 MAP推定を利用した ベイズ推定法

前節の最後では、MAP推定について言及しました。「事後確率が一番大きいことが一番よく起こる」と推定する方法です。ここでは、この推定法を利用して、ベイズ理論の意思決定問題を調べてみます。

● MAP推定法で葡萄酒の利き酒

　ベイズ理論による推定法のメリットは、事前確率という形で、現在目の前にあるデータだけではなく、その背景にあるデータもスムーズに取り込んで、より正確な推定を行えることです。ここでは、具体的な応用例として「ワインの利き酒」の問題を取り上げましょう。また、推定法としては、前節(§3)で調べたMAP推定法を利用します。

〔例題〕　国内ワインの県別生産量は、次の順です（平成20年度）。

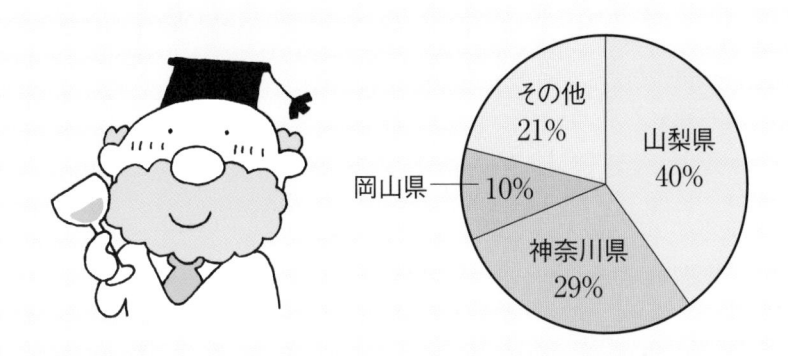

山梨県 40%
神奈川県 29%
岡山県 10%
その他 21%

　国内生産ワインの「利き酒」に自信のある太郎君に、ある県で生産されたワインを飲んでもらいました。すると、「ほんのり甘い」と思いました。太郎君はどの県で生産されたワインと推定するのが、ベイズ理論的に最良の推定法でしょうか？
　ここで、太郎君は次の確率で、各産地のワインを「ほんのり甘い」と感じることが分かっています。

	山梨県	神奈川県	岡山県	その他
確信度	0.7	0.8	0.5	0.1

意思決定：必然的なところに意思決定という言葉はない。確率が入り込む余地がある所にこの言葉が存在する。

●問題の整理

　例題の整理をしましょう。イメージとして、下図を思い描いてください。4つのワイングラスがあり、その中には4種のワインが入っています。「ある県で生産されたワインを飲んでもらいました」ということは、確率的に解釈すると、太郎君がこの4つのワイングラスのどれか1つを選択したと読み替えられます。

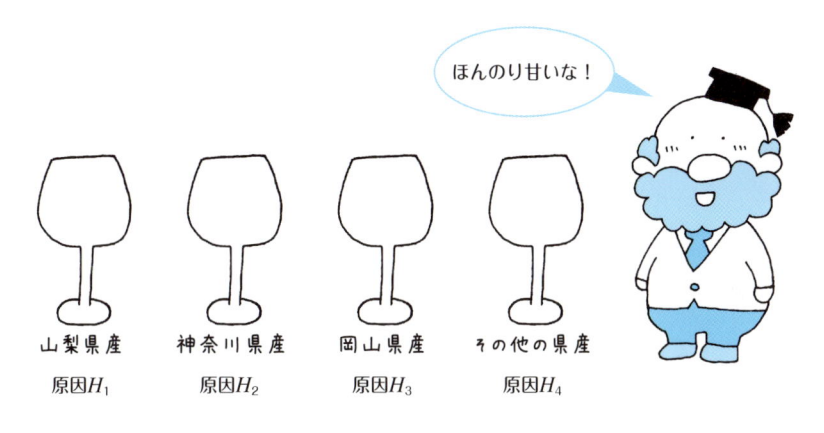

　すると、まず原因（H）として次の4つが定義できます。

原因（H）	意味
H_1	ワインが山梨県産
H_2	ワインが神奈川県産
H_3	ワインが岡山県産
H_4	ワインがその他の県産

　また、データとして、次の心証を得たことが挙げられます。

データ	意味
D	「ほんのり甘い」と感じる

　これで「ベイズの展開公式」（3章§5）を用いる準備ができました。この公式から、事後確率は次のように書き下すことができます（$i=1, 2, \cdots, 4$）。

$$P(H_i|D) = \frac{P(D|H_i)P(H_i)}{P(D|H_1)P(H_1)+P(D|H_2)P(H_2)+\cdots+P(D|H_4)P(H_4)} \quad \cdots (1)$$

事前確率に資料を取り込む：この例のように、ベイズ理論は事前確率という魔法の杖で様々な情報を取り込むことができる。

```
原因 H₁          原因 H₂           原因 H₃          原因 H₄
山梨県産        神奈川県産       岡山県産        その他の県産
```

```
         データ D
      「ほんのり甘い」
        と感じる
```

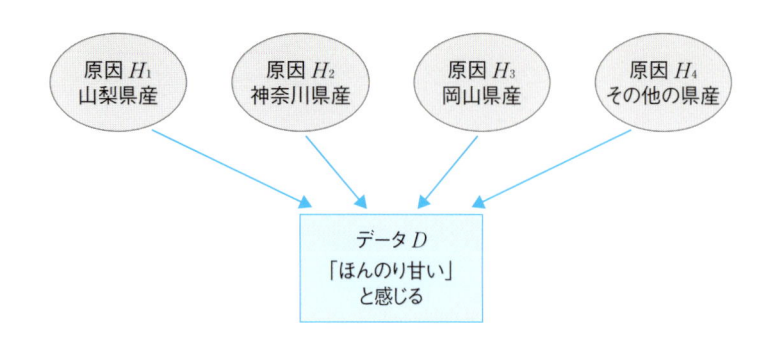

●尤度を確認

　原因に対して結果(データ)の得られる確率が尤度ですが、いまの場合、「ほんのり甘い」と感じる太郎君の感じ方がそれに対応します。

尤度	H_1(山梨県)	H_2(神奈川県)	H_3(岡山県)	H_4(その他)
$P(D\|H_i)$	0.7	0.8	0.5	0.1

　すなわち、尤度 $P(D|H_1)$、$P(D|H_2)$、…、$P(D|H_4)$ として次の値をセットします。

　　$P(D|H_1)=0.7$、$P(D|H_2)=0.8$、$P(D|H_3)=0.5$、$P(D|H_4)=0.1$　…(2)

●事前確率を設定

　事前確率としては、ワインの産出地のシェアが該当するでしょう。すなわち、題意から次の表のように与えられます。

H	H_1(山梨県)	H_2(神奈川県)	H_3(岡山県)	H_4(その他)
$P(H_i)$	0.4	0.29	0.1	0.21

　これは例題に示された円グラフ(右図)を表に置き換えただけです。この事前確率を式として書き下しておきます。

　　$P(H_1)=0.4$、$P(H_2)=0.29$、$P(H_3)=0.1$、$P(H_4)=0.21$　…(3)

●事後確率の計算

　これまで求めた尤度(2)、事前確率(3)をベイズの展開公式(1)に代入してみましょう。例えば、ワインが山梨県産と確信する事後確率 $P(H_1|D)$ は、

神奈川県がワインの産地：神奈川県がワインの産地の2位を占めているのは、そこに大工場があるため。

$$P(H_1|D) = \frac{P(D|H_1)P(H_1)}{P(D|H_1)P(H_1)+P(D|H_2)P(H_2)+\cdots+P(D|H_4)P(H_4)}$$

$$= \frac{0.7 \times 0.4}{0.7 \times 0.4 + 0.8 \times 0.29 + 0.5 \times 0.1 + 0.1 \times 0.21} = 0.48$$

他の計算も同様です。それらの計算をまとめたのが次の表です。

H	H_1(山梨県)	H_2(神奈川県)	H_3(岡山県)	H_4(その他)
$P(H|D)$	0.48	0.398	0.086	0.036

事後確率が最大

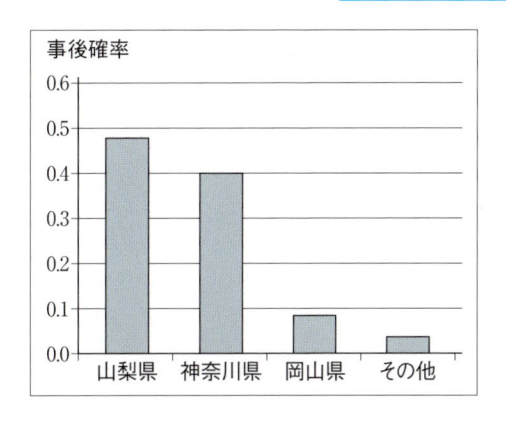

事後確率は山梨県産である確率が最大。

●ワインの生産地を決定しよう

事後確率が最大な原因を真の原因と推定する方法が**MAP推定**です(前節§3)。上の表から、事後確率が最大な値を持つ原因はH_1、すなわち「山梨県産」です。こうして、次の結論が得られます。

「飲んだワインは山梨県産である」

これがMAP推定による意思決定の答となります。

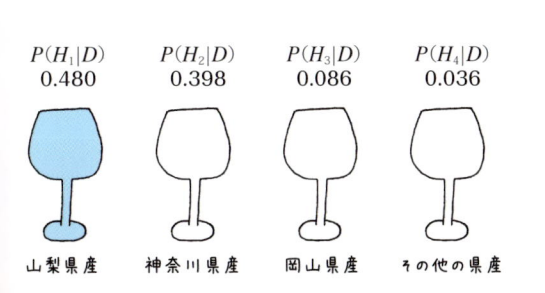

$P(H_1	D)$	$P(H_2	D)$	$P(H_3	D)$	$P(H_4	D)$
0.480	0.398	0.086	0.036
山梨県産	神奈川県産	岡山県産	その他の県産

山梨県の確率が一番高い!

MAP推定は事後確率が一番大きいものを真の値とする推定法。

推定には常識が重要：この例のように、推定の大きな要素を占めるのは事前確率、すなわち常識である。

§5 損失表が与えられたときのベイズ意思決定

本節では、前節(§3, 4)で調べたベイズ理論による推定法を更に複雑にした問題を調べることにしましょう。すなわち、「損失表」が与えられた場合を考えます。しかし、基本は不変です。事後確率から算出した損失期待値から最適なものを選択するのが、ベイズ流の意思決定理論です。

●具体例

一般論を議論するよりも具体例を見た方が分かりやすいので、次の例題を調べることにします。

〔例題〕 経済調査会社Xは、毎月の初めに1ヶ月先の経済予測を発表する。この予測の信頼性を調べたところ、過去のデータから次の確率値が得られた。

		1ヶ月先の実際の景気	
		好況	不況
調査会社の予測	「良」と発表	0.7	0.2
	「悪」と発表	0.3	0.8

例えば、左上の0.7とは、1ヶ月先の景気が実際に「好況」のときに、この調査会社が正しく「良」と発表する確率である。誤って「悪」と発表する確率はその下の値の0.3である。また、表右上の0.2とは、1ヶ月先の景気が実際に「不況」のときに、この調査会社が誤って「良」と発表する確率である。正しく「悪」と発表する確率は、その下の0.8である。

さて、投資会社Yは次のような投資プラン$A_1 \sim A_3$を用意している。

		1ヶ月先の実際の景気	
		好況	不況
投資	投資プランA_1	150	−50
	投資プランA_2	200	−100
	投資プランA_3	300	−200

(1万円につきの損益。単位は円)

例えば、投資プランA_1は、投資額1万円に対して、実際に1ヶ月先の景気が「良」

損失と利得：本文でも示しているように、損失と利得とは逆の関係。値の正負を反転すれば、損失表は利得表になる。

のときには150円の利益が付き、景気が「悪」のときには50円の損失が出るプランである。投資プランA_2、A_3も同様である。

　さて、月初めに経済調査会社Xから「1ヶ月先の景気は良」と言われた客は、どのプランに投資するのが最大の利益が得られるだろうか？　また、「1ヶ月先の景気は悪」と言われた客は、どのプランに投資するのが最大の利益が得られるであろうか？

　ここで、事前データとして、この過去10ヶ月間の景況感は、次のようであったとする。

	好況	不況
過去10ヶ月	7ヶ月	3ヶ月

　ここで、景況は「好況」「不況」の2つしか考えないことにする。

●問題を整理

　文章が長く、読むだけでも大変ですが、ベイズ理論の例題の多くはこのように長文なので御容赦ください。さて、確率理論を利用した「意思決定」と呼ばれる問題は実際上大変役立つ問題です。すなわち、自由に選べる選択肢と、それに伴う確率的な利得表や損失表が与えられているときに、最適な解を求める問題です。「一番得なのはどれか？」、「一番危険なのはどれか？」という問題に数学的な解答を提供します。

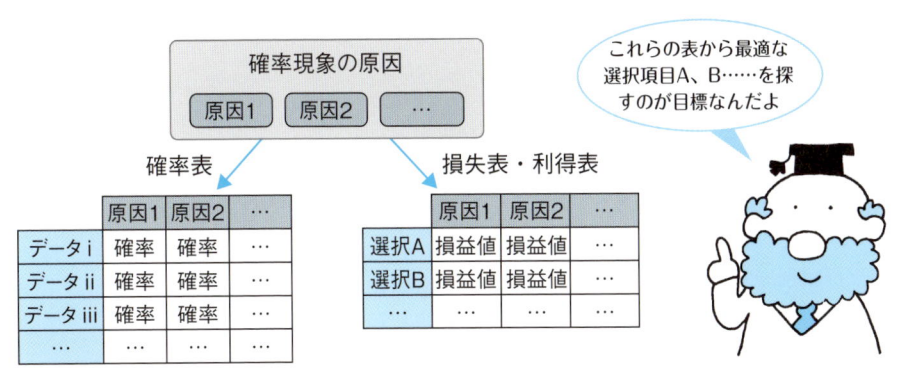

これらの表から最適な選択項目A、B……を探すのが目標なんだよ

確率現象の原因
原因1　原因2　…

確率表

	原因1	原因2	…
データ i	確率	確率	…
データ ii	確率	確率	…
データ iii	確率	確率	…
…	…	…	…

損失表・利得表

	原因1	原因2	…
選択A	損益値	損益値	…
選択B	損益値	損益値	…
…	…	…	…

　不確実性を伴う問題に対する意思決定問題。原因とデータ、原因と選択肢の関係は、例題と見比べて理解しよう。

（注）損失表と利得表は数学的に同値です。利得表の各数値を負にすれば、損失表になります。逆もしかりです。

事前確率が無ければ：本問の最後の「過去10ヶ月」のデータが無ければ、従来の確率論的な決定問題と変わる所はない。

ベイズ理論による意思決定とは、意思決定のために利用する確率に「事後確率」を用いることを意味します。その事後確率を求めるには「ベイズの展開公式」を利用しますが、その利用のための記号を導入しましょう。
　まず、投資の参考にするために発表されるデータ D を次のように約束します。

データD	意味
D_1	調査会社Xが1ヶ月先の景気を「良」と発表
D_2	調査会社Xが1ヶ月先の景気を「悪」と発表

また、これらデータ D_1、D_2 の原因(H)を次のように約束します。

記号	意味
H_1	1ヶ月先の実際の景気が「好況」
H_2	1ヶ月先の実際の景気が「不況」

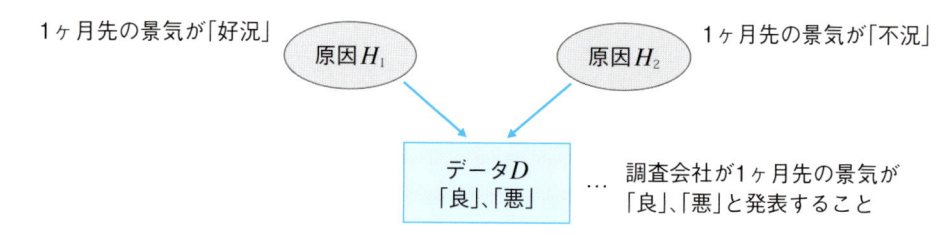

1ヶ月先の景気が「好況」　　原因 H_1　　原因 H_2　　1ヶ月先の景気が「不況」

データ D 「良」、「悪」　…　調査会社が1ヶ月先の景気が「良」、「悪」と発表すること

では、これらの記号を利用して、ベイズの展開公式(3章§5)を書き下してみましょう。

$$P(H_1|D_i) = \frac{P(D_i|H_1)P(H_1)}{P(D_i|H_1)P(H_1)+P(D_i|H_2)P(H_2)} \quad (i=1,\ 2) \quad \cdots(1)$$

$$P(H_2|D_i) = \frac{P(D_i|H_2)P(H_2)}{P(D_i|H_1)P(H_1)+P(D_i|H_2)P(H_2)} \quad (i=1,\ 2) \quad \cdots(2)$$

　記号が複雑なので、くだけた表現を用いてみましょう。例えば(1)は次の2つの式で表せます。

$$P(好況|良) = \frac{P(良|好況)P(好況)}{P(良|好況)P(好況)+P(良|不況)P(不況)}$$

$$P(好況|悪) = \frac{P(悪|好況)P(好況)}{P(悪|好況)P(好況)+P(悪|不況)P(不況)}$$

周辺確率：(1)、(2)の分母にある和を、D_1、D_2 の周辺確率という。

ここで「好況」とは「1ヶ月後好況」を、「不況」とは「1ヶ月後不況」を、「良」とは経済調査会社Xが「『良』と発表」を、「悪」とは「『悪』と発表」を、表現しています。

問題は、(1)、(2)で得られる事後確率からいかに有利な選択をするか、すなわち最適な意思決定をするか、です。

◉損得の表を見てみよう

原因(H)とそれに対する損得の値を見てみましょう。賭け事の場合には、掛け率のような表です。

		1ヶ月先の実際の景気	
		好況(H_1)	不況(H_2)
投資	投資プランA_1	150	−50
	投資プランA_2	200	−100
	投資プランA_3	300	−200

表の上の欄(表頭)を見てください。これは、データの原因となる「1ヶ月先の実際の景気」で、このカテゴリーの「好況」、「不況」はまだ観測されていない内容です。その未観測のカテゴリーについて、左端のアイテムの「投資」プランが掛け率を提供しているのです。左端のアイテムの各投資プランを適切に選択する(すなわち行動(Action)する)のがこの問題の目的です。

(注) 上記の表は利得表です。数学的な意思決定問題では、利得表よりも損失表を利用するのが一般的ですが、先にも述べたように、損失表と利得表は数学的に同値です。利得表の各数値の正負を逆転すれば、損失表になるからです。

◉尤度を調べてみよう

例題には、調査会社の発表の信頼度が確率の表として与えられています。これが尤度の表になります。

		1ヶ月先の実際の景気	
		好況(H_1)	不況(H_2)
調査会社の予測	「良」と発表(D_1)	0.7	0.2
	「悪」と発表(D_2)	0.3	0.8

尤度、すなわち確率分布の表。

表左の欄(表側)にある発表内容(「良」と「悪」)が(客の得られる)データ(D)です。表の上の欄(表頭)には、データ(D)の原因となる「1ヶ月先の実際の景気」の項目である「好況」(H_1)、「不況」(H_2)が並べられています。

金融工学:本節のような計算を、ち密に得られた情報から算出し、最大の利潤を得ようとするのが金融工学である。

●事前確率を設定する

ベイズの定理の特徴である「事前確率」を設定します。題意では、過去10ヶ月の経験データが掲載されているので、これを事前確率として利用できます。

	好況(H_1)	不況(H_2)
過去10ヶ月	7ヶ月	3ヶ月

過去10ヶ月の経験

→

	好況(H_1)	不況(H_2)
過去10ヶ月	0.7	0.3

事前確率表

●事後確率を計算

いよいよ、ベイズ理論の特徴となる事後確率を計算します。ベイズの展開公式(1)、(2)を利用して、事後確率を算出します。結果を表にして示してみましょう。

		1ヶ月先の実際の景気	
		好況(H_1)	不況(H_2)
調査会社の予測	「良」と発表(D_1)	0.891	0.109
	「悪」と発表(D_2)	0.467	0.533

事後確率

実際、この表で例えば「良と発表」(D_1)で、1ヶ月先の実際の景気が「好況」(H_1)の確率$P(H_1|D_1)=0.891$は、(1)から次のように算出されます。

$$P(H_1|D_1) = \frac{P(D_1|H_1)P(H_1)}{P(D_1|H_1)P(H_1)+P(D_1|H_2)P(H_2)} = \frac{0.7 \times 0.7}{0.7 \times 0.7 + 0.2 \times 0.3} = 0.891$$

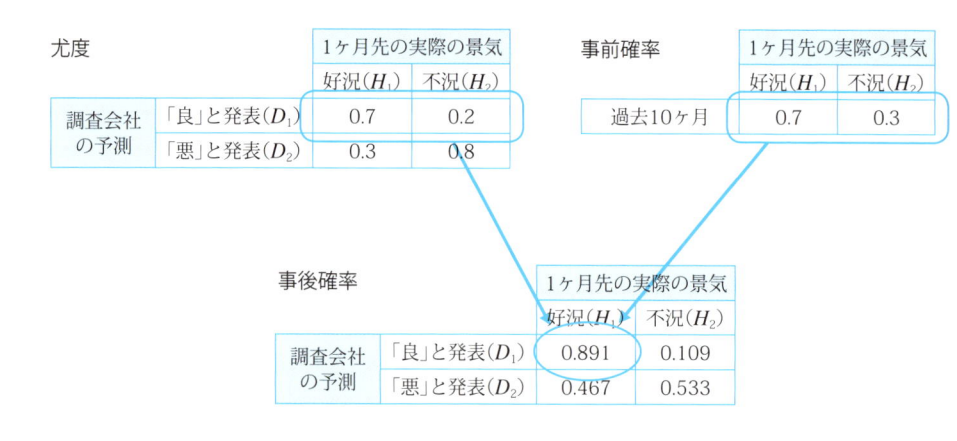

尤度

		1ヶ月先の実際の景気	
		好況(H_1)	不況(H_2)
調査会社の予測	「良」と発表(D_1)	0.7	0.2
	「悪」と発表(D_2)	0.3	0.8

事前確率

	1ヶ月先の実際の景気	
	好況(H_1)	不況(H_2)
過去10ヶ月	0.7	0.3

事後確率

		1ヶ月先の実際の景気	
		好況(H_1)	不況(H_2)
調査会社の予測	「良」と発表(D_1)	0.891	0.109
	「悪」と発表(D_2)	0.467	0.533

何を原因Hにするか:具体的な問題では、何を原因Hにとるかは迷うところである。

●選択肢ごとの事後期待値を算出

投資プランA_1を調べてみましょう。調査会社が1ヶ月後の景気を「良」と発表したときと、「悪」と発表したときとで、上で得た事後確率による期待値は次の表のように求められます。

		好況(H_1)	不況(H_2)	期待利得
調査会社の予測	「良」と発表(D_1)	150	−50	128.2
	「悪」と発表(D_2)	150	−50	43.4

実際、調査会社が1月後の景気を「良」と発表したとき、上で得た事後確率による期待値は次の表のように求められます。

	好況(H_1)	不況(H_2)	期待利得
プランA_1	150	−50	$150 \times 0.891 + (-50) \times 0.109$
事後確率	0.891	0.109	$= 128.2$

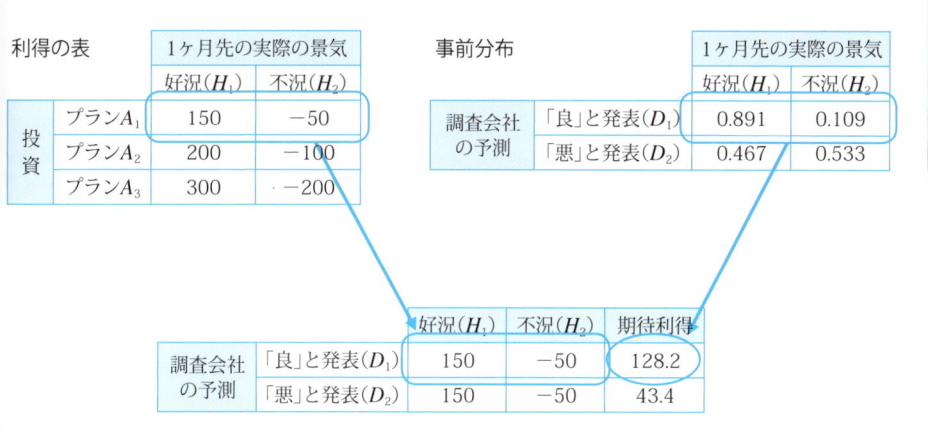

利得の表

		1ヶ月先の実際の景気	
		好況(H_1)	不況(H_2)
投資	プランA_1	150	−50
	プランA_2	200	−100
	プランA_3	300	−200

事前分布

		1ヶ月先の実際の景気	
		好況(H_1)	不況(H_2)
調査会社の予測	「良」と発表(D_1)	0.891	0.109
	「悪」と発表(D_2)	0.467	0.533

		好況(H_1)	不況(H_2)	期待利得
調査会社の予測	「良」と発表(D_1)	150	−50	128.2
	「悪」と発表(D_2)	150	−50	43.4

また、調査会社が1ヶ月後の景気を「悪」と発表したとき、上で得た事後確率による期待値(すなわち事後期待値)も、同様に次の表のように求められます。

ベイズ計算に便利なExcel関数：表のリンクを簡単にたどれるOFFSET関数がベイズの計算に便利。

	好況(H_1)	不況(H_2)	期待利得
プランA_1	150	-50	$150 \times 0.467 + (-50) \times 0.533$
事後確率	0.467	0.533	$= 43.4$

　実際、調査会社が1ヶ月後の景気を「悪」と発表したとき、上で得た事後確率による期待値43.4は次の表のように求められます。

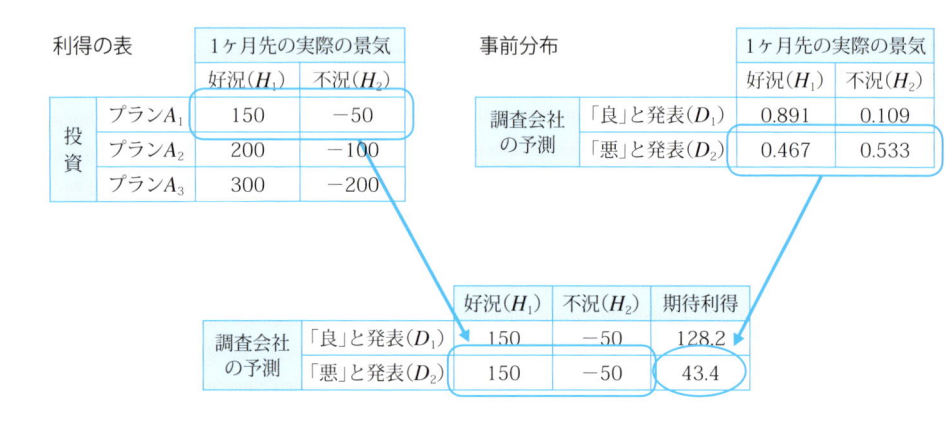

利得の表

投資		1ヶ月先の実際の景気	
		好況(H_1)	不況(H_2)
	プランA_1	150	-50
	プランA_2	200	-100
	プランA_3	300	-200

事前分布

調査会社の予測		1ヶ月先の実際の景気	
		好況(H_1)	不況(H_2)
	「良」と発表(D_1)	0.891	0.109
	「悪」と発表(D_2)	0.467	0.533

調査会社の予測		好況(H_1)	不況(H_2)	期待利得
	「良」と発表(D_1)	150	-50	128.2
	「悪」と発表(D_2)	150	-50	43.4

プランA_2、プランA_3についても同様の計算をすると、下表が得られます。

調査会社Xの予測		プランA_1	プランA_2	プランA_3
	「良」と発表(D_1)	128.2	167.3	**245.5**
	「悪」と発表(D_2)	**43.4**	40.0	33.3

「『良』と発表」されたときに最大の利得を得るのはプランA_3であり、「『悪』と発表」されたときに最大の利得を得るのはプランA_1です。こうして、次のように例題の解答が得られます。

調査会社Xの予測		1ヶ月先に最大の利益を期待できるプラン
	「良」と発表(D_1)	プランA_3
	「悪」と発表(D_2)	プランA_1

(答)

　以上が、ベイズ流の意思決定の仕組みです。事後確率を利用して利得表(または損失表)から期待値を求め判断するのです。

ベイズとパソコン：ベイズ理論が200年のときを過ぎて花開いたのは、パソコンの普及が大きく影響している。

> **メモ** ベイズ理論による意思決定の計算とExcel

Excelで代表される表計算ソフトは、ベイズ理論の計算に大変相性が良い性質があります。これまで調べてきたように、事前確率や尤度、損失表(利得表)が表の形で提示できるからです。

> **メモ** 数学による決定

不確かな未来の意思決定においては、複数の選択肢がある場合、人間は一番得をする選択をするのが普通です。逆の言い方をすれば、人間はできるだけ損失が少ないものを選択するのが一般的です。そこで、どの選択肢が最も損失が少ないかを推定し、その情報を人に供するのが数学的な意思決定理論です。

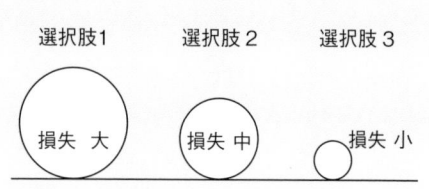

(注) 数学的な意思決定において、損得は日常的な意味よりも広く利用されます。

ところで、不確かな未来、確率的にしか先が読めない未来において、「最も得をする」「損失が最も少ない」とはどういう意味でしょうか？ 留意しなければならないことは、人の性格や場面によって様々な考え方があることです。一発勝負が好きな人、安全志向の人、など考え方によって、選択の仕方も変わります。

くじA	くじB	くじC
1千万円	百万円	1万円
当選確率	当選確率	当選確率
$\frac{1}{1,000,000}$	$\frac{1}{10,000}$	$\frac{1}{100}$

どれに賭けようかな

どれが損か得かは、考え方による。

さて、数学的に一つの代表的な解釈があります。それが「損失の期待値が最小になる」という解釈です。

期待値は平均値とも呼ばれますが、確率論では代表的な数値です(2章§7)。将来「期待される」値を提供する数値です。ところで、その期待値がベイズ理論から求められるとき、それはベイズ理論による期待値からの意思決定となります。ベイズ理論は事後確率を用いて結論を出す理論ですから、ベイズ理論による期待値による意思決定とは、「事後期待損失最小化」と縮約して表現できます。

推定結果は色々：数学的な推定解は1つではない。何を基準にするかで、当然解答は異なる。

§6 ベイジアンネットワーク入門

ベイズの定理の応用として近年脚光を浴びているのがベイジアンネットワーク。ベイズネットワーク、信念ネットワーク、ビリーフネットワークなどとも呼ばれます。原因と結果の関係を簡単な図で表現し、確率的な現象の推移をグラフィカルに表現する理論です。

●世の中の現象の多くは確率の連鎖

「風が吹けば桶屋が儲かる」という話があります。風が吹くと埃がたち、それが人の目に入って盲人が増える。盲人は三味線の演奏で生活をたてようとするので三味線の素材の猫の皮が必要になり、ネズミを捕える猫が殺されて減る。すると、ネズミが増えて桶をかじるから桶屋が儲かり喜ぶ、という**原因と結果の連鎖**です。意外なところに影響が出ることの諺として、よく用いられる話です。

ところで、この諺は確率の連鎖を表していることに注意してください。風が吹くと必ず埃がたつわけではありませんし、埃がたったからといって、必ず人の目に入るわけでもありません。すなわち、**確率的な連鎖**で話がつながっているのです。

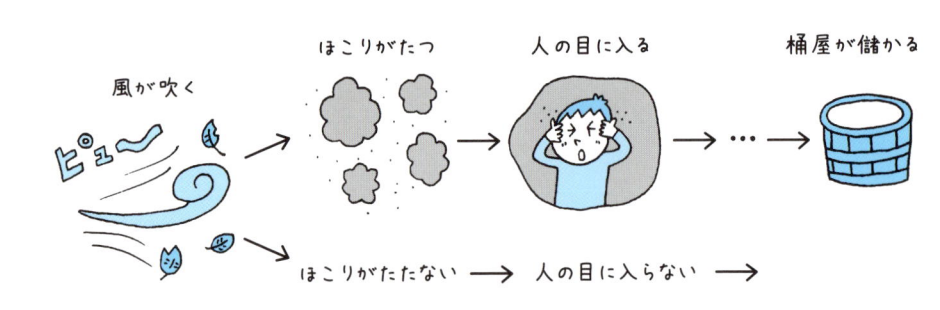

風が吹く → ほこりがたつ → 人の目に入る → … → 桶屋が儲かる

ほこりがたたない → 人の目に入らない →

世の中の多くの現象はこのような確率現象の連鎖から説明されます。そこで、確率現象の連鎖を表現し、定量的に確率を算出できる手段が欲しくなります。この必要性に応えるものがベイジアンネットワークです。ベイジアンネットワークは確率現象の連鎖を図で表現し、具体的な確率値を算出できるようにする手段なのです。

(注) 諺がすべて確率的現象を表しているわけではありません。「犬が西向きゃ尾は東」などは、必然的な事象を表しています。

信念ネットワーク：すでに調べたように、事後確率を「信念」と解釈できる。その伝播を表すので、ベイジアンネットワークを信念ネットワークと呼ぶ。

●ベイジアンネットワークはノードと矢印で構成される

　ベイジアンネットワークがどのようなものかを理解するために、「泥棒と警報機」の例題を取り上げることにします。この例題は、多くのベイジアンネットワークの解説書に載せられている大変有名な問題です。

> 〔例題1〕　振動で作動する警報機（Alarm）の確率現象を説明するベイジアンネットワークを図示してみよう。ここで、警報機を動作させる振動の原因としては泥棒（Burglar）と地震（Earthquake）を考える。また、警報機（Alarm）が作動すると、警察（Police）か警備会社（Security）かのどちらか（または両方）に、ある確率で通報されるとする。

　では、さっそく答となる図を示してみましょう。それが下図です（答）。

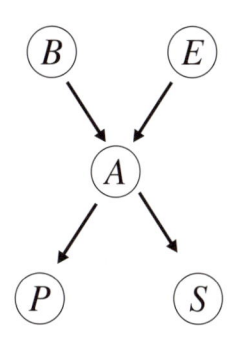

警報機が作動する際のベイジアンネットワークの例。警報機（Alarm）の作動原因としては泥棒（Burglar）と地震（Earthquake）を考える。警報機が作動すると、警察（Police）か警備会社（Security）かのどちらか（または両方）に通報される。

　この図は典型的なベイジアンネットワークの基本構造を示しています。実際、これが幾つも繋がって、確率の連鎖を表現することができます。

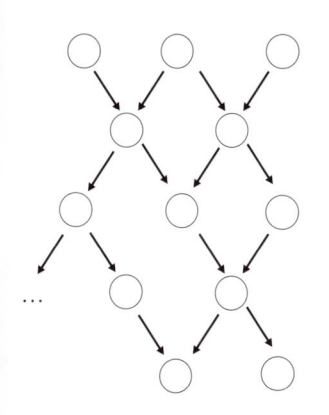

上に示した基本となるベイジアンネットワークを組み合わせると、複雑な確率連鎖を表現できる。

　では、解答の図の解説を始めます。

ビリーフ：信念の英語表現がbelief。ベイジアンネットワークでよく利用される言葉である。

●ノードの文字は確率変数

　図の中の○は**ノード**（node）と呼ばれます。○の中の文字は確率変数を表します。例えば、この図の中のⒷにある変数名Bは、泥棒が侵入したときに値1をとり、そうでないときに値0をとる確率変数です。

　　　　　　　Ⓑ　　　　ノード。ノードの中の文字Bは1または0を表す確率変数。

　Ⓔ、Ⓐ、Ⓢ、Ⓟについても同様です。Eは地震（Earthquake）の有無で1と0、Aは警報機（Alarm）が「鳴る」・「鳴らない」で1と0を、Sは警備会社（Security）に通報「する」・「しない」で1と0を、Pは警察（Police）に通報「する」・「しない」で1と0を、各々の値としてとる確率変数です。

　図の中の矢印は原因と結果、すなわち因果関係を表します。原因から結果に矢印が向けられます。このとき、原因になるノードを**親ノード**、結果になるノードを**子ノード**といいます。

Ⓑが親ノード、Ⓐが子ノード。
Ⓑ、Ⓐの因果関係を表すよ。

●矢印には条件付き確率が付与

　下図に示すように、矢印には「条件付き確率」が付与されます。すなわち、子のノードには親ノードとの関係を表す「条件付き確率」が与えられるのです。ベイズの定理を応用するときには、尤度の役割を担います。

A	$P(S\|A)$	
	0	1
0	0.9	0.1
1	0.3	0.7

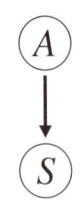

B	E	$P(A\|B,E)$	
		0	1
0	0	0.92	0.08
0	1	0.74	0.26
1	0	0.06	0.94
1	1	0.05	0.95

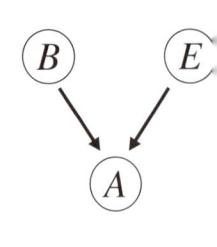

（注）表中の$P(A|B,E)$は、確率変数B、Eが0か1かの値をとったときの確率を表します。例えば、B、Eが$B=1$、$E=1$の値をとったとしましょう。このとき、Aが0または1を取るときの確率を$P(A|B,E)$と表すのです。$P(S|A)$も同様です。

マルコフ：ロシアの数学者（1856-1922年）の名。確率過程の研究で有名。

この図で、Ⓑ、Ⓔに向けられた矢印はありません。このような親ノードには予め確率の分布が与えられます。ベイズの定理を応用するときには、事前確率の役割を担います。

B	P(B)
0	0.99
1	0.01

矢印が向けられていない親ノードには確率分布が与えられる。

●ベイジアンネットワークを使ってみよう

ベイジアンネットワークを利用して、簡単な問題を解いてみましょう。

〔例題2〕 〔例題1〕で調べた下図のベイジアンネットワークにおいて、泥棒（Burglar）が入って警報機（Alarm）が鳴り、警備会社（Security）に通報が行く確率を求めてみよう。ただし、地震は同時に起こっていないと仮定する。

B	P(B)
0	0.99
1	0.01

E	P(E)
0	0.98
1	0.02

B	E	P(A|B,E) 0	P(A|B,E) 1
0	0	0.92	0.08
0	1	0.74	0.26
1	0	0.06	0.94
1	1	0.05	0.95

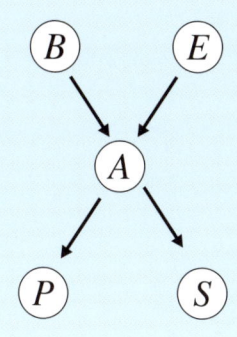

A	P(S|A) 0	P(S|A) 1
0	0.9	0.1
1	0.3	0.7

与えられたベイジアンネットワークの図と、それに付随した確率表をたどって計算すると、次のように確率が得られます。

$$0.98 \times 0.01 \times 0.94 \times 0.7 = 0.0645 \quad \text{(答)}$$

確率の式で書くと、これは次のように記述できます。

$$P(E=0, B=1, A=1, S=1) = P(E=0)\,P(B=1)\,P(A=1|B=1, E=0)\,P(S=1|A=1)$$

条件と事象の混用：集合論で、条件はその真理集合を定義する。確率でも同じで、条件は事象を定義する。

図とこれらの記号を対照させて、ベイジアンネットワークに付加された確率表の意味を確認してください。なお、$P(\ )$ の括弧中の例えば $B=1$、$A=1$、$S=1$ の記号は、各確率変数が該当する値を取るときの確率を表します。

(注) いまはベイズの定理をどこにも利用していません。ベイズの定理の応用は次節で調べます。

B	$P(B)$
0	0.99
1	0.01

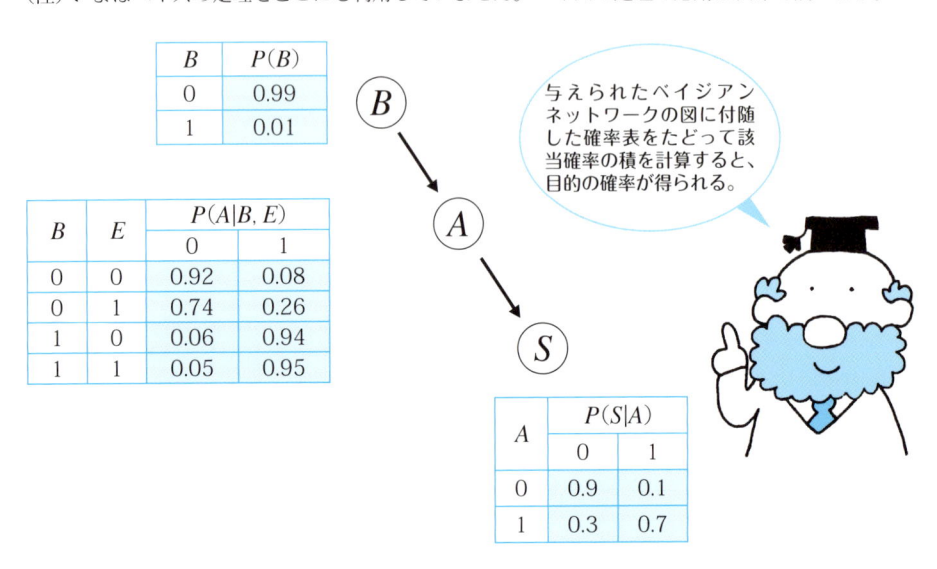

B	E	$P(A\|B,E)$	
		0	1
0	0	0.92	0.08
0	1	0.74	0.26
1	0	0.06	0.94
1	1	0.05	0.95

A	$P(S\|A)$	
	0	1
0	0.9	0.1
1	0.3	0.7

> 与えられたベイジアンネットワークの図に付随した確率表をたどって該当確率の積を計算すると、目的の確率が得られる。

●ベイジアンネットワークの基本仮定はマルコフ条件

上の例の使い方から分かるように、ベイジアンネットワークには重要な性質を仮定します。**マルコフ条件**です。各ノードの確率変数は、そのノードの親ノードの条件付き確率のみで表されるという条件です。

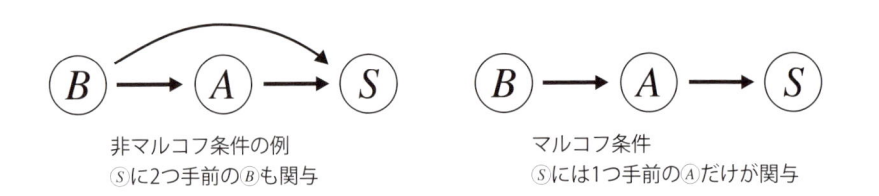

非マルコフ条件の例
Ⓢに2つ手前のⒷも関与

マルコフ条件
Ⓢには1つ手前のⒶだけが関与

このマルコフ条件があるおかげで、ベイジアンネットワークの確率計算は容易になります。上の例に示したように、計算の際、単純に経路をたどって順に確率を掛け合わせれば、その経路に従って起こった現象の確率値が得られるからです。

$P(B=1, A=1)$：確率変数 B が1で、なおかつ A も1である事象の同時確率。後に $P(B,A)$ と略記する。

■ベイジアンネットワークの応用

ベイジアンネットワークを利用すると、あるノードの値が確定したとき、それに結びついたノードの確率値が計算できます。すなわち、確率的な因果関係の連鎖の中で、ある事象が起こったときに、その前後の事象の確率値が計算できるのです。

例えば、ある工場での事故原因の分析を考えてみましょう。工場で事故が起こるのには、たくさんの要因が考えられます。それらは複雑な確率的な関係で結ばれていると考えられます。それをモデル化しベイジアンネットワークで表したとしましょう。すると、事故が起こった際の原因の確率が実際の数値として表現でき、具体的な事故対応が可能になるのです。

次節で、この実際の計算を行ってみましょう。

メモ　ベイズの理論でコトワザを見ると

本節の最初に、ベイジアンネットワークの発想として「風が吹けば桶屋が儲かる」という諺を利用しました。さて、諺などには、ベイズ的な観点からすると、疑問を生じるものが少なくありません。例えば、次の3つの有名な例を調べてみましょう。

■犬も歩けば棒に当たる

「才能や運が無くても、行動しているうちに、思いもよらない幸運に出会うこともある」などという意味ですが、歩かない犬が幸運に出会う確率と対比しない限り、この格言の真実性は保証されません。すなわち、棒に当たったときにその犬が歩いていた「逆の確率」を調べない限り、この格言の正しさは不明なのです。

■石の上にも3年

「たとえ辛くても我慢して3年ほど頑張ればやがて報われる」などの意味ですが、我慢しないで飛び出した人との確率的な比較が無ければ、この格言の真実性は保証されません。すなわち、「報われた」ときに、その人が「3年ほど頑張っていた」という「逆の確率」を調べない限り、この格言の正しさは不明なのです。

■情けは人のためならず

「人に情けをかけておけば、その報いは巡り巡って自分に返ってくる」の意味ですが、情けをかけなかった場合にはどうかという比較が無ければ、この格言の真実性は保証されません。すなわち、報いが返ってきたときに、人に情けをかけていた「逆の確率」を調べない限り、この格言の正しさは不明なのです。

少し斜に構えた論議ですが、ベイズの定理やベイジアンネットワークの応用を考えるとき、このような「逆の確率」の発想は大変大切になるでしょう。

マルコフ過程：確率の連鎖において、マルコフ条件を満たすものをマルコフ過程と言う。マルコフチェインともいう。

§7 ベイジアンネットワークの計算

前節ではベイジアンネットワークの基本を調べました。本節では、それを用いた実際の計算法を調べることにしましょう。ベイジアンネットワークの1つのノードが現象として現れたとき、他のノードの生起確率を計算してみるのです。

　前節で調べたように、社会や自然の多くの現象は確率現象の連鎖と考えられます。ベイジアンネットワークはその連鎖をモデル化するものです。このモデルにベイズの定理を組み合わせることで、あるノードが現象として起こったときに、そのノードに関連した他のノードの確率の値を調べることができます。

◉1つのノードを観測すると他のノードの確率が算出できる

　ベイジアンネットワークが役立つのは、そのネットワーク中のあるノードの値が確定したとき、他のすべてのノードの確率が計算できるからです。確率的な因果関係の連鎖の中で、ある事象が起こったときに、その前後の事象の確率が計算できるのです。

　例えば、事故原因の分析を考えてみましょう。複雑な現代社会で事故が起こるためには、たくさんの要因が考えられます。それらは複雑な確率的な関係で結ばれていると考えられます。

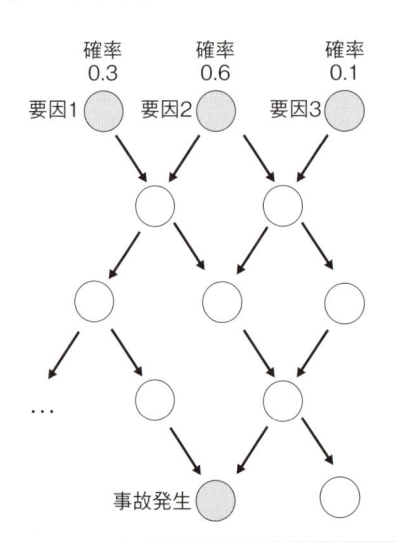

事故原因を調べるために、確率的な因果関係を調べ、ベイジアンネットワークにモデル化する。こうすることで、いくつもの事故原因の重みが、確率的な数値として得られることになる。

確率過程：時間的、または因果的に関係する確率が連鎖的に変化する過程をいう。

その事故から原因となる要因を調べるときに、その要因の確率が具体的な数値として得られることは、大変ありがたいことです。ベイジアンネットワークでモデル化すると、このようなことが可能になるのです。

●簡単な例題を解いてみよう

では、このようなベイジアンネットワークの醍醐味を味わうために、その基礎となる次の問題を調べることにします。これは、先に示した「泥棒と警報機」の一部を取り出したものです。

〔例題1〕 前節（§6）〔例題1〕で調べた下図のベイジアンネットワークを考える。すなわち、警報機（A）が泥棒（B）か地震（E）の振動で動作する確率現象を表している。このとき、警報機（A）が鳴ったときに、泥棒（B）が原因であった確率を求めてみよう。

B	$P(B)$
0	0.99
1	0.01

E	$P(E)$
0	0.98
1	0.02

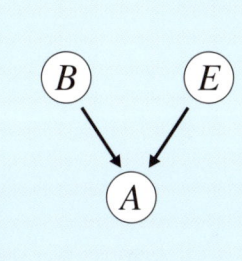

B	E	$P(A\|B,E)$ 0	1
0	0	0.92	0.08
0	1	0.74	0.26
1	0	0.06	0.94
1	1	0.05	0.95

題意から、「警報機が鳴った」ので、確率変数Aは1です。このとき、泥棒が入った（$B=1$）確率は$P(B=1|A=1)$と示せます。

$P(B=1|A=1)$
逆確率を求める

「アラームが鳴った」とき、泥棒が入った確率は$P(B=1|A=1)$なのね

今後は表記を簡単にするために、$A=1$に対応する事象をAで、$A=0$に対応する事象を簡単に$\overline{A}$で、表すことにします。他の確率変数についても同様とします。たとえば、

ブラウン運動：マルコフ過程で必ずと言ってよいほど例示されるのがブラウン運動。液体中の微粒子の動きを確率的にとらえる。

$E=1$ に対応する事象は簡単に E で、$E=0$ に対応する事象は簡単に $\overline{E}$ で表すことにします。この記号を利用した、いくつかの確率記号を確認しましょう。

略号	意味	正式な表記
$P(B\|A)$	警報機が鳴ったときに泥棒が入った確率	$P(B=1\|A=1)$
$P(A\|B)$	泥棒が入ったときに警報機が鳴る確率	$P(A=1\|B=1)$
$P(B)$	泥棒が入る確率	$P(B=1)$
$P(\overline{B})$	泥棒が入らない確率	$P(B=0)$

では、目的の確率 $P(B|A)$ ($=P(B=1|A=1)$) をベイズの定理(3章§1)

$$P(B|A) = \frac{P(A|B)P(B)}{P(A)} \quad \cdots (1)$$

を用いて、実際に計算してみましょう。

まず、この式(1)分子の $P(B)$ の値を調べてみましょう。

例題に示された表の中の数値を用いて、

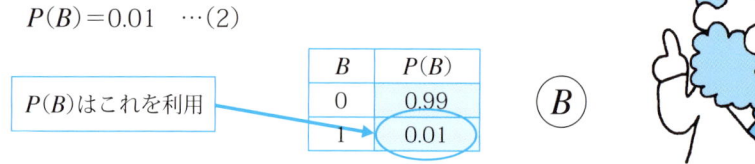

$$P(B) = 0.01 \quad \cdots (2)$$

$P(B)$ はこれを利用

B	$P(B)$
0	0.99
1	0.01

次に、式(1)分子の $P(A|B)$ の値を調べてみましょう。泥棒が入る(B)ときには、地震が起こるとき(E)と起こらないとき($\overline{E}$)が考えられます。B、E は独立と考えられますが、節末<メモ>に示した公式から、

$$P(A|B) = P(A|B,E)P(E) + P(A|B,\overline{E})P(\overline{E}) \quad \cdots (3)$$

ここで( )の中の「,」は同時確率($\cap$)の意味です。例題に示された表の中の数値を代入して、

$$P(A|B) = 0.95 \times 0.02 + 0.94 \times 0.98 = 0.9402 \quad \cdots (4)$$

B	E	$P(A\|B,E)$ 0	1
0	0	0.92	0.08
0	1	0.74	0.26
1	0	0.06	0.94
1	1	0.05	0.95

$P(A|B,\overline{E})$、$P(A|B,E)$ の値はこれを利用

E	$P(E)$
0	0.98
1	0.02

$P(E)$、$P(\overline{E})$ の値はこれを利用

ランダムウォーク:ブラウン運動を一般化したもの。今いる位置と、次の位置が全くランダムな確率関係にある運動。

次に、式(1)分母の $P(A)$ の値を調べます。前に確認したように、例えば「A」は確率変数 A が1を満たす事象を表しているので、$P(A)$ は下図に示す4つの部分の和に分解できます。

$$P(A) = P(A \cap B \cap E) + P(A \cap B \cap \overline{E}) + P(A \cap \overline{B} \cap E) + P(A \cap \overline{B} \cap \overline{E}) \quad \cdots(5)$$

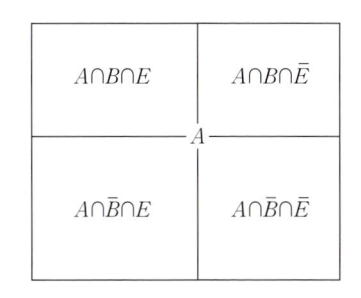

A は図に示す4つの部分に分けられる。これは全確率の定理(3章§5)の応用。ここで、例えば図の中の A は、確率変数 A が1を満たす事象を表しています。他も同様です。

この(5)に「確率の乗法定理」(2章§4)を適用すると、

$$P(A) = P(A|B \cap E)P(B \cap E) + P(A|B \cap \overline{E})P(B \cap \overline{E})$$
$$+ P(A|\overline{B} \cap E)P(\overline{B} \cap E) + P(A|\overline{B} \cap \overline{E})P(\overline{B} \cap \overline{E}) \quad \cdots(6)$$

先に導入した簡易記法を用いて表現してみましょう。

$$P(A|B \cap E) = P(A|B, E)、P(A|B \cap \overline{E}) = P(A|B, \overline{E})、P(A|\overline{B} \cap \overline{E}) = P(A|\overline{B}, \overline{E})$$

また、B と E とは独立(2章§5)なので、例えば次のような式が成立します。

$$P(B \cap E) = P(B)P(E)、P(B \cap \overline{E}) = P(B)P(\overline{E})、P(\overline{B} \cap \overline{E}) = P(\overline{B})P(\overline{E})$$

これらを式(6)に代入して、

$$P(A) = P(A|B, E)P(B)P(E) + P(A|B, \overline{E})P(B)P(\overline{E})$$
$$+ P(A|\overline{B}, E)P(\overline{B})P(E) + P(A|\overline{B}, \overline{E})P(\overline{B})P(\overline{E})$$

この各項に問題に示された表の値を代入してみます。

$$P(A) = 0.95 \times 0.01 \times 0.02 + 0.94 \times 0.01 \times 0.98$$
$$+ 0.26 \times 0.99 \times 0.02 + 0.08 \times 0.99 \times 0.98 = 0.092166 \quad \cdots(7)$$

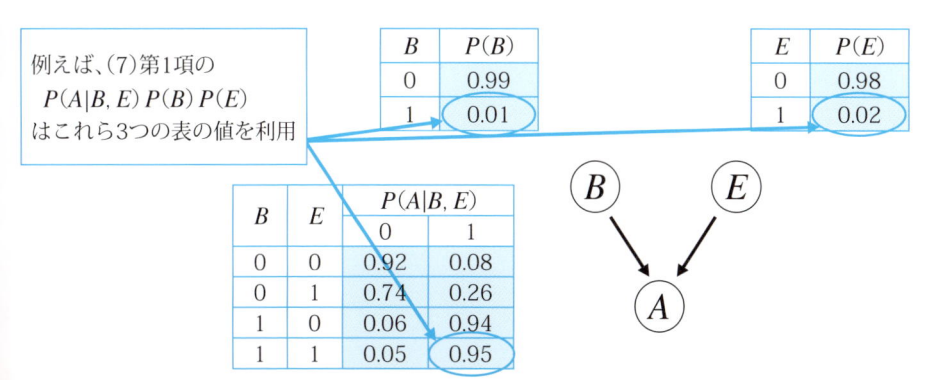

例えば、(7)第1項の $P(A|B, E)P(B)P(E)$ はこれら3つの表の値を利用

B	$P(B)$
0	0.99
1	0.01

E	$P(E)$
0	0.98
1	0.02

B	E	$P(A\|B, E)$	
		0	1
0	0	0.92	0.08
0	1	0.74	0.26
1	0	0.06	0.94
1	1	0.05	0.95

酔歩運動：ランダムウォークと同義。酔っぱらいが次の位置をランダムに決める様子をいう。

式(2)、(4)、(7)を式(1)に代入して、例題の解答が得られます。

$$P(B|A) = \frac{P(A|B)P(B)}{P(A)} = \frac{0.9402 \times 0.01}{0.092166} \fallingdotseq 0.10201 = 10.2\% \quad \text{(答)} \quad \cdots (8)$$

警報機が鳴ったとき、実際に泥棒が侵入した割合が約10%です。泥棒対策としてはあまり良い警報装置とはいえないようです。

●少し複雑な例を解いてみよう

前節(§6)に示したベイジアンネットワークを利用して、もう少し複雑な場合を考えてみます。ここまで分かれば、ベイジアンネットワークの計算はお手の物になります。というのは、マルコフ条件から、複雑なベイジアンネットワークの計算も、分解すれば先の〔例題1〕とこの例題に帰着するからです。

〔例題2〕 前節(§6)〔例題1〕で調べた下図のベイジアンネットワークを考える。警備会社(S)に通報が来たとき、それが泥棒(B)による場合の確率$P(B|S)$を求めてみよう。

B	$P(B)$
0	0.99
1	0.01

E	$P(E)$
0	0.98
1	0.02

B	E	$P(A|B,E)$ 0	1
0	0	0.92	0.08
0	1	0.74	0.26
1	0	0.06	0.94
1	1	0.05	0.95

A	$P(S|A)$ 0	1
0	0.9	0.1
1	0.3	0.7

全確率の公式の一般化:(5)、(6)式は「全確率の公式」を一般化したもの。

例題の意図を図に示してみましょう。目標の確率 $P(B|S)$ は「泥棒が入った (B) ときに警備会社 (S) に通報が来る」ときの確率 $P(S|B)$ の「逆確率」になっていることに留意してください。

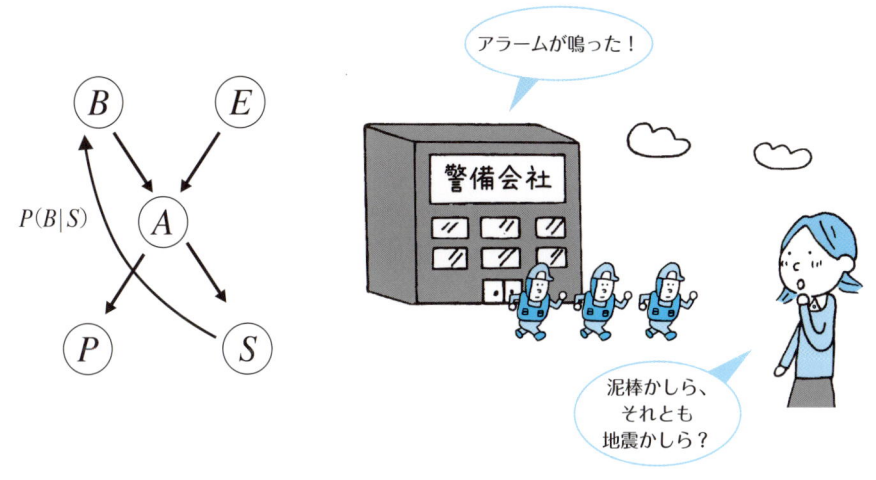

では、目標の確率 $P(B|S)$ を求めてみましょう。

条件付き確率の公式 (2章§3) から、$P(B|S)$ は次のように変形できます。

$$P(B|S) = \frac{P(B \cap S)}{P(S)} \quad \cdots (9)$$

この (9) の分母 $P(S)$ を調べましょう。下図から、次の関係が分かります。

$$P(S) = P(S \cap A) + P(S \cap \overline{A})$$

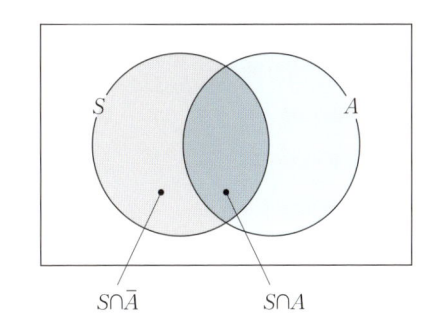

確率の乗法定理を利用して、

$$P(S) = P(S|A)P(A) + P(S|\overline{A})P(\overline{A}) \quad \cdots (10)$$

式 (7) から、

$$P(A) = 0.092166, \quad P(\overline{A}) = 1 - P(A) = 0.907834 \quad \cdots (11)$$

逆の伝播：本問で分かるように、ベイズの定理を利用すると、確率の連鎖を逆にたどれる。これが役に立つ。

例題の仮定として与えられた右の表から、

$P(S|A)=0.7$、$P(S|\bar{A})=0.1$　…(12)

(11)、(12)を(10)に代入して、

$P(S)=0.7\times 0.092166+0.1\times 0.907834=0.1552996$　…(13)

次に、(9)の分子を調べてみましょう。まず、$B\cap S$を2つに分けて、

$P(B\cap S)=P(B\cap A\cap S)+P(B\cap \bar{A}\cap S)$

ⓢ	A	P(S|A)	
		0	1
	0	0.9	0.1
	1	0.3	0.7

確率の乗法定理から、

$P(B\cap S)=P(B\cap S|A)P(A)+P(B\cap S|\bar{A})P(\bar{A})$

マルコフ条件からBとSは独立なので、確率の乗法定理を利用して、

$P(B\cap S)=P(B|A)P(S|A)P(A)+P(B|\bar{A})P(S|\bar{A})P(\bar{A})$

ベイズの定理を利用して、

$P(B\cap S)=\dfrac{P(A|B)P(B)}{P(A)}P(S|A)P(A)+\dfrac{P(\bar{A}|B)P(B)}{P(\bar{A})}P(S|\bar{A})P(\bar{A})$

$=P(A|B)P(B)P(S|A)+P(\bar{A}|B)P(B)P(S|\bar{A})$　…(14)

例題に示された表の中の数値から、次の確率は与えられています。

$P(B)=0.01$、$P(S|A)=0.7$、$P(S|\bar{A})=0.1$　…(15)

Ⓑ	B	P(B)
	0	0.99
	1	0.01

ⓢ	A	P(S|A)	
		0	1
	0	0.9	0.1
	1	0.3	0.7

(4)から

$P(A|B)=0.9402$、$P(\bar{A}|B)=1-P(A|B)=1-0.9402=0.0598$　…(16)

(14)に(15)〜(16)を代入して、

$P(B\cap S)=0.9402\times 0.01\times 0.7+0.0598\times 0.01\times 0.1=0.0066412$　…(17)

(13)、(17)を(9)に代入して、

$P(B|S)=\dfrac{P(B\cap S)}{P(S)}=\dfrac{0.0066412}{0.1552996}\fallingdotseq 0.0427638\fallingdotseq 4.3\%$　(答)

こうして、例題の答が得られました。警備会社の警報機が鳴ったとき、実際に泥棒が入った確率はたった4.3%です。警備会社の苦労がわかる数値結果になっています。

ネットワークの基本要素：本節ではベイジアンネットワークの基本要素の計算法を調べた。複雑なネットワークも、これらの組み合わせである。

●ベイジアンネットワークはますます発展

　本節で調べた2つの例題は、単純なベイジアンネットワークです。通常は、前節（§6）でも例示したような複雑な形をしています。しかし、本節で調べた例題は、この複雑な場合の基本構成要素になっています。したがって、これらの例題をマスターすることで、複雑なベイジアンネットワークに対しても、対応することができます。

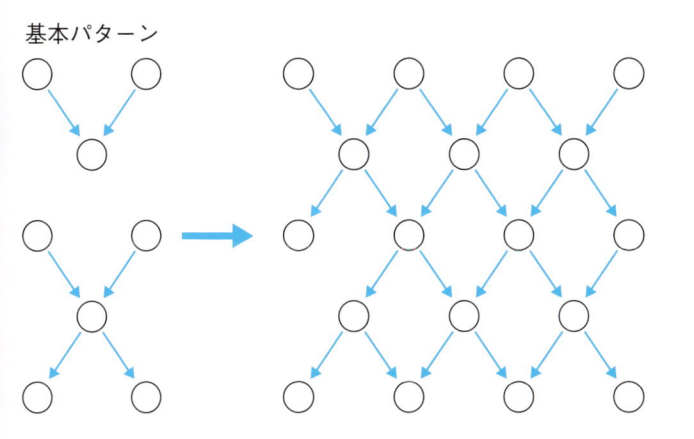

基本パターン

ベイジアンネットワークを構成する基本部分さえマスターすれば、複雑なものに対応できる。あたかも、レゴのブロックをつなぎ合わせて複雑な形を作れるのに似ている。

　さて、ベイジアンネットワークの計算ができれば、例えば次のようなことが可能になります。推理小説作家の気持ちで、この図を見てください。

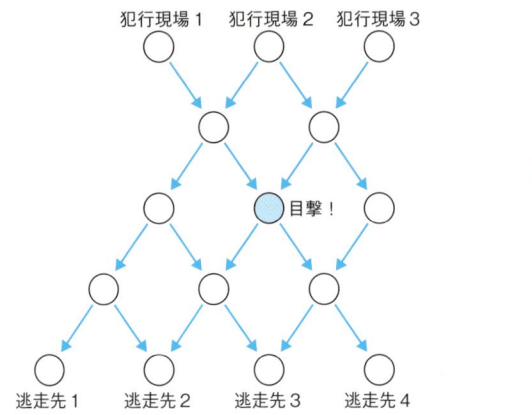

　犯人は犯行現場から逃走先に逃げているとしましょう。犯行現場として考えられる場所は3か所、逃走先は4か所とします。逃げ方は確率的に分析されています。このとき、目撃情報が1件寄せられたとしましょう（図に記入）。ベイジアンネットワークの計算法を知っていれば、この目撃情報から、犯行現場がどこかの確率と逃走先の確

人間とベイジアンネットワーク：人間の心理はベイジアンネットワークでは表現しづらい。古い過去にこだわるからである。

率が、具体的な数値として算出されます。一番確率の高いところが推定できるのです。

世の中の現象の多くは確率的な連鎖です。そして、「実験」「観測」「経験」などという形で、その連鎖する現象の一部についての情報が得られます。これは、まさにこのベイジアンネットワークが使える局面です。こうしてベイジアンネットワークは様々な確率現象の解明に利用されるのです。

≪4章のまとめ≫

本章では典型的な例題を解き明かしました。利用した武器はベイズの公式と基本的な確率公式だけです。本章で調べた内容を理解すれば、ベイズ確率論をいろいろな分野に応用できるでしょう。

> **メモ** 公式 $P(A|B) = P(A|B, E) P(E) + P(A|B, \bar{E}) P(\bar{E})$ の証明

本節本文の(3)
$$P(A|B) = P(A|B, E) P(E) + P(A|B, \bar{E}) P(\bar{E})$$
を証明してみましょう。まず、条件付き確率の公式(2章§3)から、
$$P(A|B) = \frac{P(A \cap B)}{P(B)}$$
また、$P(A \cap B) = P(A \cap B \cap E) + P(A \cap B \cap \bar{E})$ を用いて、
$$P(A|B) = \frac{P(A \cap B \cap E)}{P(B)} + \frac{P(A \cap B \cap \bar{E})}{P(B)}$$
確率の乗法定理(2章§4)から、
$$P(A|B) = \frac{P(A|B \cap E) P(B \cap E)}{P(B)} + \frac{P(A|B \cap \bar{E}) P(B \cap \bar{E})}{P(B)}$$
ここで、BとEとは独立(2章§5)と考えられるので、
$$P(B \cap E) = P(B) P(E), \quad P(B \cap \bar{E}) = P(B) P(\bar{E})$$
これらを上の式に代入し約分して、
$$P(A|B) = P(A|B \cap E) P(E) + P(A|B \cap \bar{E}) P(\bar{E})$$
本文で利用した記法に合わせると、
$$P(A|B \cap E) = P(A|B, E), \quad P(A|B \cap \bar{E}) = P(A|B, \bar{E})$$
よって、
$$P(A|B) = P(A|B, E) P(E) + P(A|B, \bar{E}) P(\bar{E})$$

確率の証明：確率の証明はそれほど困難ではない。乗法定理、全確率の定理、などの組み合わせでしかないから。

第5章
ベイズ統計学のための準備

ベイズ理論を統計学に応用するための準備として、ベイズ統計学で多用される確率分布を調べます。また、ベイズ統計学で多用される「母数」という言葉についても調べることにします。

---

1. ベイズ理論では有名な確率分布を多用するよ / どれだろう？

2. 一様分布　ベルヌーイ分布　正規分布　ベータ分布

3. 統計学のときに学んだものだよ / ほんとね！

4. これらが統計モデルの柱になるんだ / なるほど！ / そっかー

§1 確率変数と確率分布は統計モデルの柱

統計資料を前にその解析を行うには、最初に統計モデルを作らなくてはなりません。その際にどうしても必要な知識が確率変数と確率分布というアイデアです。2章でも調べましたが、その意味について再度確認してみましょう。

●確率変数と確率分布の復習

2章で調べた確率変数と確率分布について「おさらい」しましょう（2章§6）。

確率変数とは確率的に値の決まる変数のことをいいます。また、確率変数の各値に確率値を対応させたものを**確率分布**といいます。この確率分布を表にしたものが**確率分布表**です。

（例1）ジョーカーと絵札を除いた1組のトランプから1枚のカードを抜いたとき、カードの番号Xは確率変数になります。

トランプのカード番号Xは確率変数です。その確率分布表は次のようになります。

番号	1	2	3	4	5	6	7	8	9	10
確率	$\frac{1}{10}$	$\frac{1}{10}$	$\frac{1}{10}$	$\frac{1}{10}$	$\frac{1}{10}$	$\frac{1}{10}$	$\frac{1}{10}$	$\frac{1}{10}$	$\frac{1}{10}$	$\frac{1}{10}$

トランプのカード番号Xの確率分布表

トランプのカードの数Xは、カードを抜くまで値が確定しない。このような変数が確率変数。この分布は上記の確率分布表に従う。

●平均値、分散、標準偏差

2章で調べた確率変数の**平均値**と**分散**、**標準偏差**について復習しましょう。平均値とは、その確率変数における「並みの値」を、分散とは平均値からの「散らばり具合」を表現する値です。

（注）平均値は**平均**とか**期待値**とも呼ばれます。

連続変数と離散変数：変数の分類。学校の成績は離散変数。身長や体重は連続変数。

確率変数Xの確率分布表が次のように与えられているとしましょう。このとき、確率変数Xの平均値μと分散σ^2、標準偏差σの公式を示します。

確率変数X	x_1	x_2	x_3	$\cdots$	x_n	計
確率	p_1	p_2	p_3	$\cdots$	p_n	1

変数Xの確率分布表

平均値： $\mu = x_1 p_1 + x_2 p_2 + \cdots + x_n p_n$ $\cdots(1)$

分散： $\sigma^2 = (x_1 - \mu)^2 p_1 + (x_2 - \mu)^2 p_2 + \cdots + (x_n - \mu)^2 p_n$ $\cdots(2)$

標準偏差： $\sigma = \sqrt{\sigma^2}$ $\cdots(3)$

(例2) ジョーカーと絵札を除いた1組のトランプから1枚のカードを抜いたとき、その平均値μと分散σ^2、標準偏差σを求めてみましょう。

トランプのカード番号Xの確率分布表は左のページに与えられています。これを公式(1)〜(3)に当てはめて、次のように各値が得られます。

平均値　$\mu = 1 \times \dfrac{1}{10} + 2 \times \dfrac{1}{10} + \cdots + 10 \times \dfrac{1}{10} = 5.5$

分散　$\sigma^2 = (1-5.5)^2 \times \dfrac{1}{10} + (2-5.5)^2 \times \dfrac{1}{10} + \cdots + (10-5.5)^2 \times \dfrac{1}{10} = \dfrac{33}{4} = 8.25$

標準偏差　$\sigma = \sqrt{\dfrac{33}{4}} \fallingdotseq 2.87$

●連続的な確率変数と確率密度関数

確率変数がサイコロの目やトランプのカード番号のように離散的な値をとるならば、表形式で確率分布を示すことができます。しかし、人の身長や製品の重さ、各種の経済指数などを表す確率変数は、連続的な値をとります。このような場合、その分布を表の形式で示すことはできません。

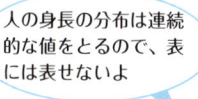

人の身長の分布は連続的な値をとるので、表には表せないよ

身長Xは連続的な値を取る。これを表にするには、階級幅を設けて度数分布表を作成する必要がある。それは数学的に厳密ではない。

連続型確率変数と離散型確率変数：確率変数が連続的か離散的かの分類。

そこで登場するアイデアが**確率密度関数**です。連続的な確率変数の分布を表現するのに利用されます。

この確率密度関数を$f(x)$と置いてみましょう。そして、そのグラフが下図のように描けたとしましょう。このとき、確率変数Xが$a \leq X \leq b$の範囲の値をとる確率$P(a \leq X \leq b)$は網掛け部分の面積で表されます。

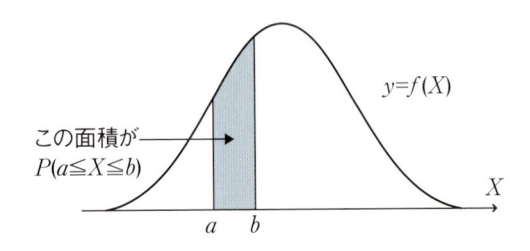

確率密度関数では、グラフとx軸とで囲まれた面積が確率を与える。

この面積が
$P(a \leq X \leq b)$

(注) この性質から、連続的な確率変数が「ある値」をとる確率は0になります。連続的な確率変数の場合に確率を議論するときには、常に幅を持って議論しなければならないのです。

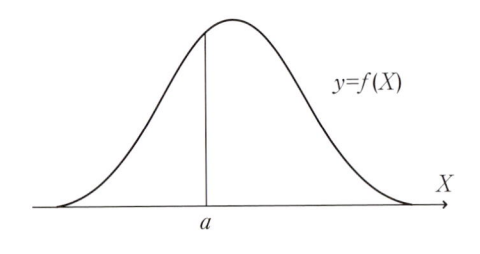

連続的な確率変数Xの場合、$X = a$をとる確率は無意味。0になってしまう。

(例3) 男子大学生から抽出された学生の身長Xの確率密度関数

大学生から抽出された男子学生の身長Xは連続的な値をとり、その確率分布は確率密度関数で表されます。多くの場合、「正規分布」と呼ばれる山形の分布で近似されます。

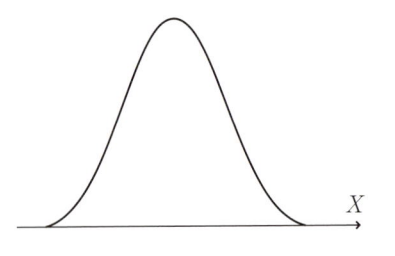

男子学生の身長Xの分布は正規分布で近似される。正規分布については、§4で調べる。

(例4) 工場で生産される規格品から抽出された製品の重さXの確率密度関数

工場のラインで生産される規格品から抽出された1つの製品の重さXは連続的な値をとり、その確率分布は確率密度関数で表されます。上の身長の例に示したように、

probability density function：確率密度関数の英語表現。

それは「正規分布」と呼ばれる山形の分布となるのが普通です。次図は平均値が100gの製品分布のイメージを表しています。

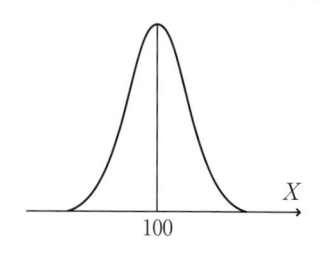

工場ラインで生産される平均値100gの製品の重さXの分布。普通は正規分布で近似される。正規分布については§4で調べる。

●連続的な確率変数のときの平均値と分散

連続的な確率変数の場合、先の式(1)、(2)のように平均値や分散を和の形で表現できません。確率密度関数$f(x)$を利用して、次のように積分で表現することになります。

平均値： $\mu = \int_a^b x f(x) dx$

分散： $\sigma^2 = \int_a^b (x-\mu)^2 f(x) dx$

標準偏差： $\sigma = \sqrt{\sigma^2}$

積分範囲a、$b(a<b)$は、確率密度関数が定義されているすべての範囲とします。
(注) 積分記号を用いましたが、本書の理解には積分の知識は不要です。

メモ 積分とベイズ統計学

ベイズ統計学の文献には積分の式がよく見られますが、基本的には次の性質だけを理解していれば困りません。

関数$y=f(x)$ (≥ 0)のグラフにおいて、区間$a \leq x \leq b$のx軸とグラフで囲まれた部分の面積Sは次の式で表せる。

$S = \int_a^b f(x) dx$

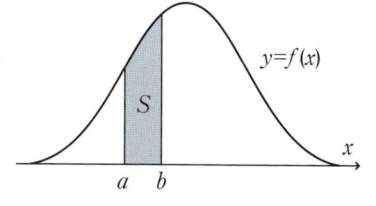

もちろん、実際の応用はもっと複雑ですが、上の公式のイメージを抱いていれば、理解に困ることはないでしょう。実際の積分計算は、パソコンが実行してくれます。

モーメント（積率）：「確率変数と平均値の差」のk乗の平均値をモーメント（または積率）という。平均値や分散などが統一的に扱える。

§2 ベイズ理論で多用される有名な確率分布（I）〜 一様分布

前節では確率分布について調べました。その例として、ベイズ統計学で多用される「一様分布」について調べましょう。「理由不十分の原則」を利用する際に、しばしば利用される確率分布です。

(注) 多くの文献がそうしているように、本節以降は確率変数に小文字のローマ字を利用します。

●一様分布

確率変数xのどんな値に対しても、それが起こる確率値が同じである確率分布を**一様分布**といいます。最も簡単な確率分布の一つです。

一様分布には、連続型と離散型があります。

●離散型の一様分布

下図のように、確率変数xがaからbまでトビトビの値をとり、その確率値が一定である分布を**離散型の一様分布**といいます。

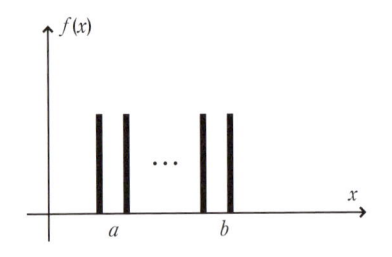

(例1) 1個のサイコロを投げたときに出る目xの分布

たびたび調べてきたように、理想的なサイコロの確率分布表は下図のようになります。典型的な「離散型の一様分布」です。

目	1	2	3	4	5	6
確率	$\frac{1}{6}$	$\frac{1}{6}$	$\frac{1}{6}$	$\frac{1}{6}$	$\frac{1}{6}$	$\frac{1}{6}$

●連続型の一様分布

連続的な確率変数が一定の確率値をとるときの分布です。公式を示しましょう。

---

uniform distribution：一様分布の英語表現。

区間 $a \leqq x \leqq b$ で一定な確率をとる確率変数を**一様分布**という。このとき、次の公式が成立する。

確率密度関数　$f(x) = \dfrac{1}{b-a} \ (a \leqq x \leqq b)$

平均値　$\mu = \dfrac{a+b}{2}$

分散　$\sigma^2 = \dfrac{(a-b)^2}{12}$

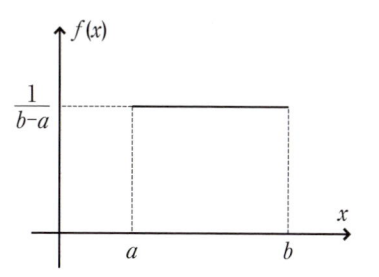

(注) 後述するように、この一様分布はベータ分布の特別な場合となります。

(例2)　円盤上で針を回すとき、その針先の止まる角度の分布

円盤の中心に回転軸を置き、それに針の一端を取り付けます。針を始点Oから自由に回転させ、その針の止まる位置と始点とのつくる角度を x とします(下図左)。

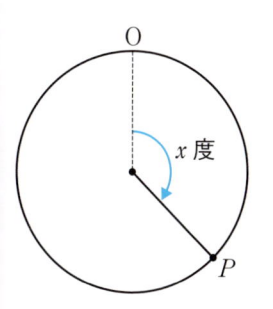

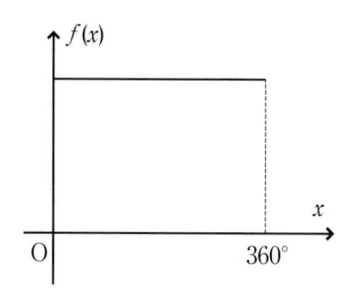

時計やルーレットを抽象化した装置。点Pは円周上の任意の点に等確率で止まる。角度 x の確率密度関数は右の図のようになる。

針が角度 $x \ (0° \leqq x < 360°)$ に止まる確率は、x の値に寄らず一定です。このような確率変数 x の分布が一様分布です。グラフは水平な直線状となります(上図右)。

(注) この例では右端が<となっていて公式とは異なりますが、端の面積は0なので問題は起こらないでしょう。

このとき、確率密度関数 $f(x)$、平均値、分散は次の値になります。

確率密度関数　$f(x) = \dfrac{1}{360}$

平均値　$\mu = \dfrac{0+360}{2} = 180°$

分散　$\sigma^2 = \dfrac{(360-0)^2}{12} = 10800$（標準偏差 $\sigma \fallingdotseq 103.9$）

discrete uniform distribution：離散型一様分布。連続型の場合は continuous uniform distribution。

§3 ベイズ理論で多用される有名な確率分布(Ⅱ) 〜 ベルヌーイ分布

コインの表裏のように、事象が2種しかない試行をベルヌーイ試行といいます。そのベルヌーイ試行を記述する確率変数の分布がベルヌーイ分布です。単純ですが、ベイズ理論でしばしば利用される大切な確率分布です。

●ベルヌーイ分布

コインの表裏のように、事象が2種しかない試行を**ベルヌーイ試行**といいます。薬が効く・効かない、試験に合格する・しない、好き・嫌い、など、ベルヌーイ試行に分類される現象はたくさんあります。

このベルヌーイ試行の結果を数学的にモデル化したものが**ベルヌーイ分布**です。0と1のみを値としてとる確率変数の確率分布をいいます。一般的に、次のような確率分布表で示せます。

X	0	1
確率	$1-p$	p

ベルヌーイ分布の確率分布表

ベルヌーイ分布のグラフは次のように単純です。

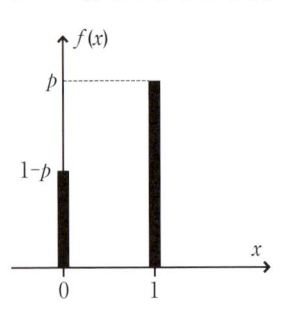

ベルヌーイ分布のグラフ。

(例1) サイコロを1個投げ、出た目が1ならば1の値を、それ以外なら0の値をとる確率変数Xの分布を調べてみます。

この確率分布は次の表のように表されます。

X	0	1
確率	$\dfrac{5}{6}$	$\dfrac{1}{6}$

サイコロは理想的に作られていると仮定します。1の目が出る確率は$\dfrac{1}{6}$、それ以外の目の出る確率は$\dfrac{5}{6}$。

ベルヌーイ分布の母数：ベルヌーイ分布を規定する母数は確率変数が1に対応する事象の起こる確率p。

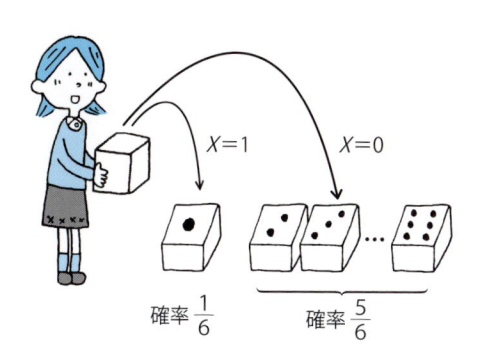

目が1ならば1、それ以外なら0をとる確率変数Xを考えるとき、

$$P(X=1)=\frac{1}{6}、P(X=0)=\frac{5}{6}$$

●ベルヌーイ分布の公式

ベルヌーイ分布の平均値、分散について、次の公式が成立します。

> 右のような確率分布表で与えられたベルヌーイ分布の平均値と分散は、次のように与えられる。
>
> 平均値　$\mu = p$
>
> 分散　　$\sigma^2 = p(1-p)$

X	確率
0	$1-p$
1	p

(例2) サイコロを1個投げ、出た目が1ならば1の値を、それ以外なら0の値をとる確率変数Xの平均値と分散を求めてみましょう。

左記の(例1)の確率分布表から、$p=\frac{1}{6}$ なので

$$平均値 \mu = \frac{1}{6}、分散 \sigma^2 = \frac{1}{6}\left(1-\frac{1}{6}\right) = \frac{5}{36} \quad (答)$$

メモ　ベルヌーイは学者の名

　ベルヌーイ分布(Bernoulli distribution)のベルヌーイは17世紀後半に活躍したスイスの科学者の名前です。ところで、数学や物理学の世界では、他にもベルヌーイの名を冠した定理や法則、数があります。例えば、流体力学で有名な「ベルヌーイの定理」や、数論の世界で有名な「ベルヌーイ数」などが挙げられます。これらベルヌーイは一家の名であり、1人ではありません。例えば、「ベルヌーイ分布」のベルヌーイはヤコブ・ベルヌーイ(1654-1705)であり、流体力学で有名な「ベルヌーイの定理」を発見したベルヌーイはダニエル・ベルヌーイ(1700-1782)で、叔父甥の関係になります。

現実的なコイン：現実的なコインは表裏の出る確率は半々ではない。表裏のデザインが異なるのも理由の一つ。

§4 ベイズ理論で多用される有名な確率分布(Ⅲ) ～ 正規分布

統計学というと正規分布が連想されるくらい、正規分布は統計学の代表的な確率分布です。別名「誤差分布」ともいわれ、誤差が介在する様々な統計資料の分析に利用されます。

●正規分布

統計学でもっとも多用される確率分布が正規分布です。それはベイズ統計学の場合も同様です。一般的に、次のように公式としてまとめられます。

> 確率密度関数 $f(x)$ が次の関数で表される確率分布を正規分布という。
>
> 確率密度関数 $\quad f(x) = \dfrac{1}{\sqrt{2\pi}\sigma} e^{-\frac{(x-\mu)^2}{2\sigma^2}}$
>
> このとき、平均値は μ、分散は σ^2 となる。

(注) 式中で用いられている円周率 π、ネイピアの数 e は次の値です。
　　円周率 $\pi = 3.14159\cdots$、　ネイピアの数 $e = 2.71828\cdots$

平均値 μ、分散 σ^2 の正規分布は記号で $N(\mu, \sigma^2)$ と表されます。この正規分布のグラフは、次の図のように山型の美しいグラフになります。

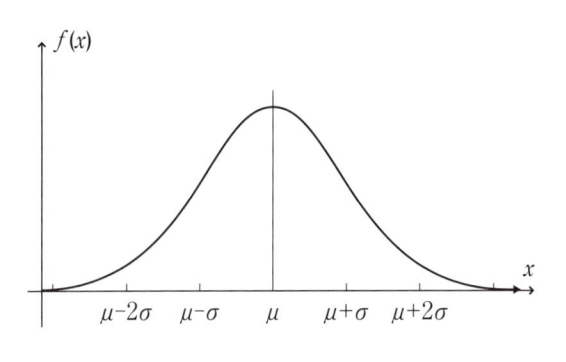

平均値 μ、分散 σ^2 の正規分布のグラフ。これを $N(\mu, \sigma^2)$ と表す。

(例1) ある飲料水メーカーの工場ラインから出荷される500mlペットボトル飲料の内容量 X の分布

---
normal distribution：正規分布の英語表現。

「内容量500ml」と書かれていても、厳密に500mlが入っているわけではありません。多少の散らばりがあるのです。その分布は正規分布になるのが普通です。

500.1 ml　499.3 ml　500.2 ml　500.3 ml

内容量の分布は正規分布になるんだね

一般的に、製品誤差の分布は正規分布で近似されます。

(例2) 1個のサイコロを100回投げ、出た目の値を順にX_1、X_2、…、X_{100}としましょう。このとき、それらの平均値

$$\bar{X} = \frac{X_1 + X_2 + \cdots + X_{100}}{100}$$

は正規分布で近似される分布に従います。

この例2は<u>中心極限定理</u>と呼ばれる性質で、従来の統計学で大変重要な役割を演じます。

$\bar{X}$が正規分布に従うのね

これらの平均値が$\bar{X}$

X_1　X_2　X_3　…　X_{100}

ある程度大きな個数について平均値を求めると、その分布が正規分布になる。

> **メモ　ガウス分布**
>
> 正規分布を別名ガウス分布とも呼びます。19世紀に活躍したドイツの天才数学者ガウスにちなんだ命名です。実際、正規分布はガウスによってまとめられ、広く知られるようになりました。彼は正規分布の関数を誤差の研究で活用しましたが、このことから正規分布を表す関数を誤差関数とも呼ぶのです。

central limit theorem：中心極限定理の英語表現。

§5 ベイズ理論で多用される有名な確率分布(Ⅳ)〜ベータ分布

本節ではベータ分布について調べます。ベータ分布は従来の統計学では目立つ存在ではありませんでした。しかし、ベイズ統計学では大変よく利用される分布です。それは、後に調べる「自然な共役分布」として使われるからです。

● ベータ分布

ベータ分布はベイズ統計学で大活躍します。実際にその分布の形と性質を見てみましょう。

> 確率密度関数 $f(x)$ が次の式で与えられる分布をベータ分布という。
> $$f(x) = kx^{p-1}(1-x)^{q-1} \quad (k は定数、p、q は正の定数。0<x<1)$$
> このとき、平均値 μ と分散 σ^2、モード(すなわち最頻値)M は次のように与えられる。
> $$\mu = \frac{p}{p+q}、\quad \sigma^2 = \frac{pq}{(p+q)^2(p+q+1)}、\quad M = \frac{p-1}{p+q-2}$$

(注) 関数 $f(x)$ の定数 k は確率の総和が1になる条件(規格化の条件)から決められます(次ページ参照)。

このベータ分布を $Be(p, q)$ と表現します。

以下に、ベータ分布のグラフの代表的な形を示してみましょう。

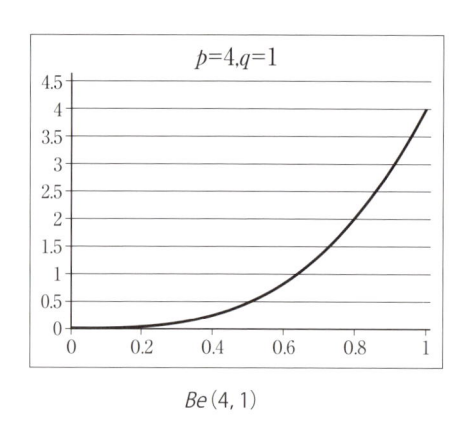

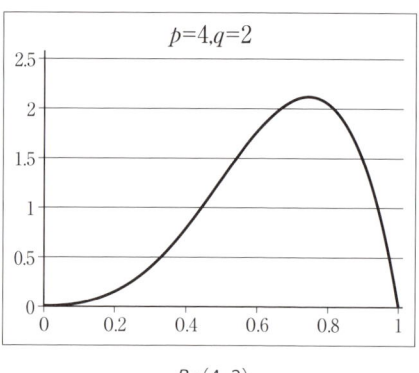

$Be(4, 1)$

$Be(4, 2)$

ベータ：ギリシャ文字βの読み。因みに、アルファベットの語源はα β。

●一様分布はベータ分布の特別な場合

先に調べた「一様分布」はベータ分布の特別な場合と考えられます。実際、$p=q=1$ のとき、$x^0=1$ を利用して、

$$f(x)=kx^{1-1}(1-x)^{1-1}=kx^0(1-x)^0=k \quad (=一定)$$

すなわち、ベータ分布の記号を利用すると、一様分布は$Be(1,1)$と表すことができるのです。

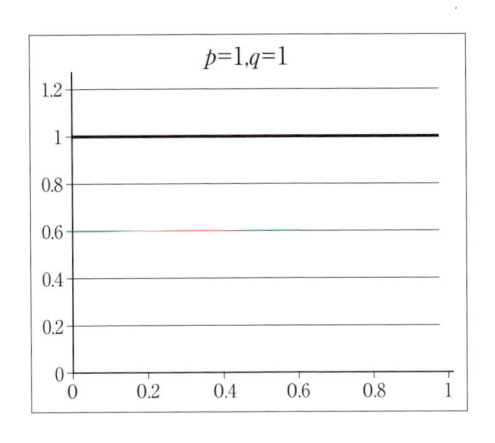

$Be(1,1)$これは一様分布。

●ベータ分布の比例定数

ベータ分布の確率密度関数

$$f(x)=kx^{p-1}(1-x)^{q-1}$$

において、比例定数kは全確率が1という条件（規格化の条件）から次のように与えられます。

$$k=\frac{1}{B(p,q)}$$

ここで$B(p,q)$はベータ関数といわれる数学の特殊関数です。これが「ベータ分布」の名の由来になっています（節末＜メモ＞参照）。

ベイズ統計学では、ベータ関数$B(p,q)$の知識は不要です。ただ留意すべきことは、このように公式で比例定数の値が定まっているということです。この知識さえあれば、必要なときに、Excel等のソフトウェアで算出できるからです。

特殊関数：ベータ関数、ガンマ関数は数学で特殊関数と呼ばれる。多方面に活躍する関数である。

§6 確率分布の母数

ベイズ統計学は、確率分布の母数を確率変数として扱います。これが従来の統計学との大きな相違点です。ここでは、この母数という意味について確認します。

●母数(パラメータ)

確率分布はいくつかの定数によって規定されます。例えば正規分布を見てみましょう(§4)。平均値μ、分散σ^2の正規分布の確率密度関数は次のように規定されます。

$$f(x) = \frac{1}{\sqrt{2\pi}\sigma} e^{-\frac{(x-\mu)^2}{2\sigma^2}}$$

留意すべきことは、この正規分布が平均値μ、分散σ^2の値で確定することです。このように、確率分布を規定する定数のことを**母数**と呼びます。また、パラメータ(parameter)と呼ぶこともあります。後述しますが、ベイズ統計学では、この**母数を確率変数として扱う**ところに特徴があります。

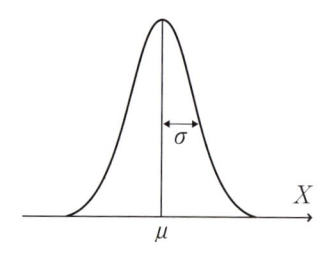

正規分布の母数は平均値μ、分散σ^2(またはその平方根の分散σ)

(例) ベルヌーイ分布の母数

ベルヌーイ分布は次の確率分布表で規定される確率分布です。

X	確率
0	$1-p$
1	p

ベルヌーイ分布。定数pで規定されるので、母数はこのp。

したがって、この分布はこの定数pで規定されます。そこで、ベルヌーイ分布の母数(またはパラメータ)はこの表の定数pということになります。

母数:もとになるものに母を付けるのは世の習わし。母平均、母分散などは、確率分布のもとを作るので母数という。

≪5章のまとめ≫

【離散的な確率変数の平均値と分散】

次の確率分布表で与えられる確率変数 X に対して、平均値、分散、標準偏差は以下の式で与えられる。

確率変数 X	x_1	x_2	x_3	$\cdots$	x_n	計
確率	p_1	p_2	p_3	$\cdots$	p_n	1

平均値： $\mu = x_1 p_1 + x_2 p_2 + \cdots + x_n p_n$

分散： $\sigma^2 = (x_1 - \mu)^2 p_1 + (x_2 - \mu)^2 p_2 + \cdots + (x_n - \mu)^2 p_n$

標準偏差： $\sigma = \sqrt{\sigma^2}$

【連続的な確率変数と確率密度関数】

連続的な確率変数の確率分布を表現するには、確率密度関数を利用する。確率密度関数 $f(x)$ のグラフが下図のように描けたとき、確率変数 x が $a \leqq x \leqq b$ の値をとる確率 $P(a \leqq x \leqq b)$ は網掛け部分の面積で表される。

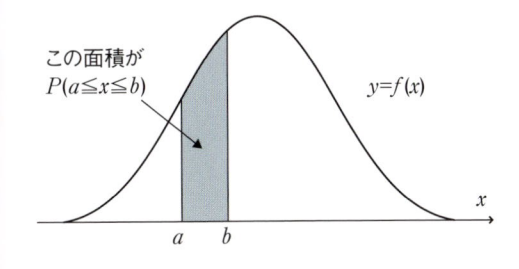

確率密度関数では、グラフと x 軸とで囲まれた面積が確率を与える。

【連続的な確率変数の平均値と分散】

連続的な確率変数 x の確率密度関数 $f(x)$ を利用して表現される。なお、公式の中の積分範囲 a、b は、確率密度関数が定義されているすべての範囲を表す。

平均値： $\mu = \int_a^b x f(x) dx$

分散： $\sigma^2 = \int_a^b (x - \mu)^2 f(x) dx$

標準偏差： $\sigma = \sqrt{\sigma^2}$

母数の英語：mother numberとはいわない。population parameter、または単にparameterという。

【離散型の一様分布】

下図のように、確率変数xがaからbまでトビトビの値をとり、その確率値が一定である分布を離散型の一様分布という。

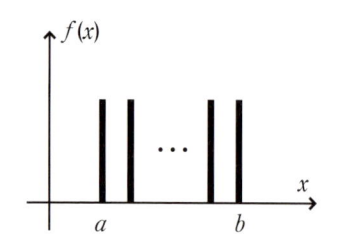

【連続型の一様分布】

確率密度関数が区間$a \leqq x \leqq b$で一定な値をとる確率変数の分布を一様分布という。このとき、次の公式が成立する。

確率密度関数　　$f(x) = \dfrac{1}{b-a} \ (a \leqq x \leqq b)$

平均値　　　　　$\mu = \dfrac{a+b}{2}$

分散　　　　　　$\sigma^2 = \dfrac{(a-b)^2}{12}$

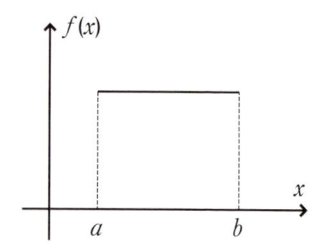

【ベルヌーイ分布】

0と1のみを値としてとる確率変数の確率分布をベルヌーイ分布といい、次のような確率分布表で示せる。

X	0	1
確率	$1-p$	p

ベルヌーイ分布の確率分布表　　　　ベルヌーイ分布のグラフ

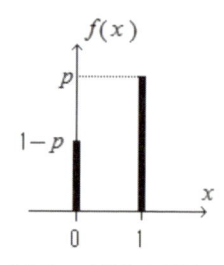

二項分布：統計学で重要な分布に二項分布がある。この分布の性質は、多くの場合ベルヌーイ分布の公式から得られる。

ベルヌーイ分布の平均値、分散について、次の公式が成立する。

平均値　$\mu = p$
分散　　$\sigma^2 = p(1-p)$

【正規分布】

確率密度関数$f(x)$が次の関数で表される確率分布を正規分布という。

$$f(x) = \frac{1}{\sqrt{2\pi}\sigma} e^{-\frac{(x-\mu)^2}{2\sigma^2}}$$

このとき、平均値はμ、分散はσ^2となる。これを記号で$N(\mu, \sigma^2)$と表す。

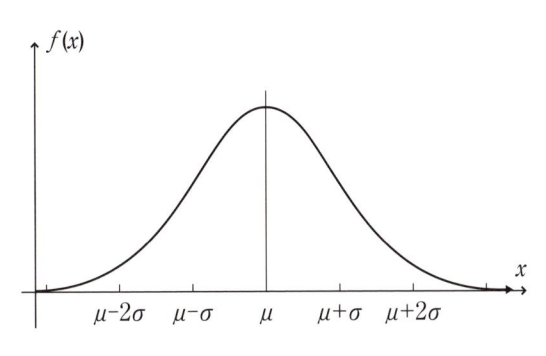

平均値μ、分散σ^2の正規分布のグラフ。これを$N(\mu,\sigma^2)$と表す。

【ベータ分布】

確率密度関数$f(x)$が次の式で与えられる分布をベータ分布という。

$$f(x) = kx^{p-1}(1-x)^{q-1} \quad (k、p、qは定数。 0 < x < 1)$$

このベータ分布を$Be(p, q)$と表現する。平均値μと分散σ^2、モード(すなわち最頻値)Mについて、次の公式が成立する。

$$\mu = \frac{p}{p+q}, \quad \sigma^2 = \frac{pq}{(p+q)^2(p+q+1)}, \quad M = \frac{p-1}{p+q-2}$$

アルファ関数：数学や統計学ではベータ関数、ガンマ関数がよく利用される。ベータ、ガンマと来れば、当然アルファに思い至るが、アルファ関数はほとんど利用されない。

（注）定数kは確率の総和が1になる条件から決められる。特に、p、qが1以上の整数のとき、

$$k = \frac{(p+q-1)!}{(p-1)!(q-1)!}$$

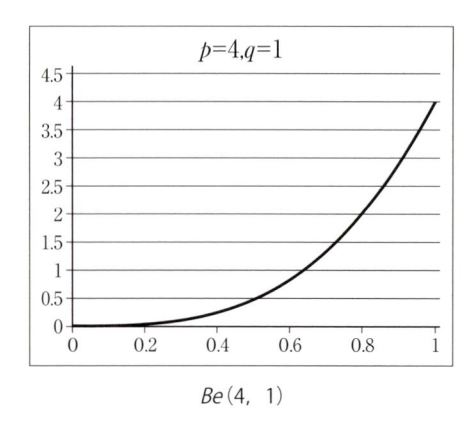

Be(4, 1)

Be(4, 2)

> **メモ** ベータ関数の値を求める

本文で示したように、ベータ分布$f(x) = kx^{p-1}(1-x)^{q-1}$の定数$k$は次のように与えられます。

$$k = \frac{1}{B(p,q)}$$

$B(p,q)$は**「ベータ関数」**といわれる特殊関数ですが、次のように表されます。

$$B(p,q) = \frac{\Gamma(p)\Gamma(q)}{\Gamma(p+q)}$$

$\Gamma(x)$はガンマ関数と呼ばれる特殊関数です。xが0以上の整数のとき

$$\Gamma(x) = (x-1)!$$

となります。したがって、p, qが自然数なら、

$$B(p,q) = \frac{(p-1)!(q-1)!}{(p+q-1)!}$$

普通はp, qに自然数が当てはまりますが、事前分布に半整数を用いることがあります。その際には、ガンマ関数を直接計算する必要があります。そのときには、例えばExcelで簡単に値を算出できます。次の関数はその一例です。

$$\Gamma(z) = \text{EXP}(\text{GAMMALN}(z)) \quad (\text{ただし、} z > 0)$$

GAMMALNはガンマ関数の対数関数を、EXPはその逆関数である指数関数を表しています。

階乗：自然数に対して、1からその数までの整数値を掛け合わせた数。例えば、$5! = 1 \times 2 \times 3 \times 4 \times 5 = 120$

第6章
ベイズ統計学入門

　ベイズ理論を従来の統計学の世界に応用するとき、その理論を「ベイズ統計学」と呼びます。従来の統計学では母数（パラメータ）が重要な働きをしますが、それはベイズ統計学でも同じです。本章では、その母数をどのようにベイズの定理に取り込むかを詳しく調べます。結論として、母数が確率変数の形で扱われることに留意してください。それがベイズ統計学の特徴なのです。

1. 従来の統計学では、母数が出発点だったね
そうそう

2. だから母数が主役だったのよね
ふむふむ

3. じゃあ、ベイズ統計ではどうなんだろうね？
うーん

4. ベイズ統計ではデータが出発点。データが主役になるよ
そっかー！！

§1 ベイズ統計学のための基本知識のまとめ

従来の統計学は、平均値や分散などを、すなわち確率分布の母数を、定数として扱ってきました。ベイズ統計学はそれらを確率変数として扱います。その考え方を見る前に、2章及び前章で確認した基礎知識の復習をします。

●母数の復習

統計解析を行う際には、確率分布を仮定してデータを分析するのが普通ですが、その確率分布を規定するのが母数です（パラメータともいいます）（5章§6）。

（例1） ベルヌーイ分布の「母数」は「1」の出る確率

次のような確率分布表で与えられた確率変数Xの分布を「ベルヌーイ分布」ということを、前章で調べました（5章§3）。この分布は下の表に示すように確率pで規定されます。よって、このpが母数になります。

X	確率
0	$1-p$
1	p

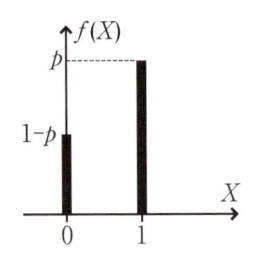

ベルヌーイ分布は1の出る確率pが母数。

（例2） 正規分布の「母数」は平均値と分散

正規分布は次の形で定義されます（5章§4）。

$$f(x) = \frac{1}{\sqrt{2\pi}\sigma} e^{-\frac{(x-\mu)^2}{2\sigma^2}}$$

この式から分かるように、正規分布は平均値μと分散σ^2で規定されます。そこで、これらμ、σ^2が母数となります。

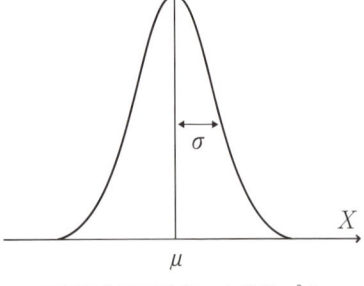

正規分布は平均値μと分散σ^2の2つが母数。

ガウス分布：正規分布のことを、その発見者にちなんでガウス分布とも呼ぶ。

●ベイズの展開公式の復習

「ベイズの展開公式」は次の式で表されます（3章§5）。

$$P(H_i|D) = \frac{P(D|H_i)P(H_i)}{P(D|H_1)P(H_1)+P(D|H_2)P(H_2)+\cdots+P(D|H_n)P(H_n)} \quad (i=1, 2, \cdots, n)$$

ここで、データ D は原因 H_1、H_2、…、H_i、…、H_n から確率的に得られると仮定しています。

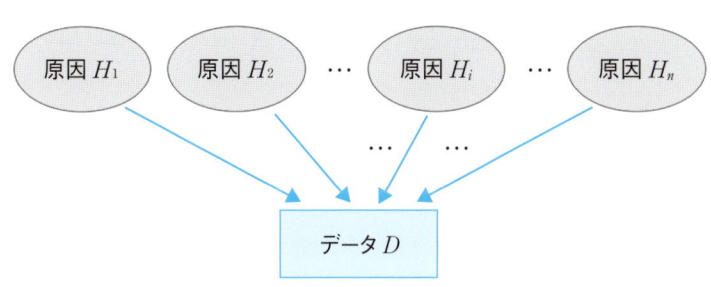

この公式がベイズの応用理論の出発点になることを確認してください。

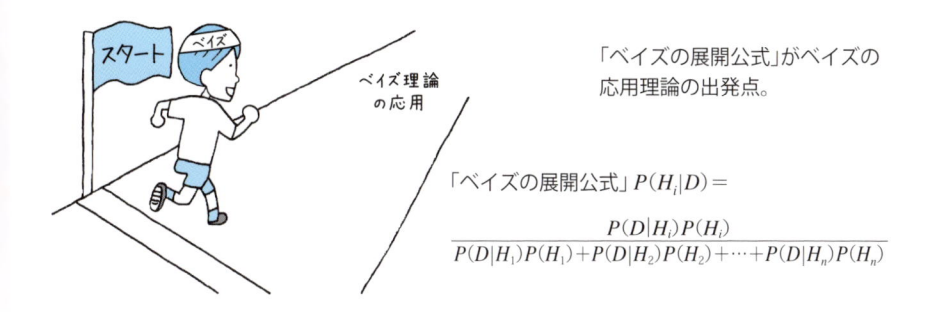

「ベイズの展開公式」がベイズの応用理論の出発点。

「ベイズの展開公式」 $P(H_i|D) =$

$$\frac{P(D|H_i)P(H_i)}{P(D|H_1)P(H_1)+P(D|H_2)P(H_2)+\cdots+P(D|H_n)P(H_n)}$$

　左辺の確率 $P(H_i|D)$ は事後確率と呼ばれ、「データ D が得られたときに、その原因が H_i である」確率を表します。右辺の $P(D|H_i)$ は原因 H_i の尤度と呼ばれ、「原因 H_i でデータ D が生起する」確率です。右辺分子にある $P(H_i)$ は事前確率と呼ばれ、データ D を得る前の原因 H_i の確率です。

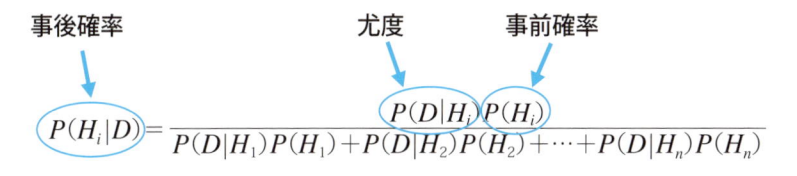

事後確率　　　　　　　　尤度　　事前確率

$$P(H_i|D) = \frac{P(D|H_i)P(H_i)}{P(D|H_1)P(H_1)+P(D|H_2)P(H_2)+\cdots+P(D|H_n)P(H_n)}$$

以上で準備完了です。次節からベイズ統計学の世界に入ることにします。

複数の母数：正規分布には2つの母数があるが、それらの母数の扱いは単独のときと同様。

§2 ベイズ統計学における母数の扱い

ある確率分布に従うデータを、ベイズ理論がどのように料理するかを調べます。確率分布は母数で規定されるのが普通ですが、ベイズ理論はその母数の扱い方が従来の統計学とは異なります。

● 母数を確率変数と考える

データが従う確率分布を規定する母数の扱い方が、ベイズ統計学と従来の統計学とでは大きく異なります。

(注) 確率分布を規定する母数については、前節(§1)及び5章§6をご覧ください。

従来の統計学では、母数は定数として扱われます。その定数で規定された確率分布からデータの生起確率を算出し、その母数の妥当性を調べます。

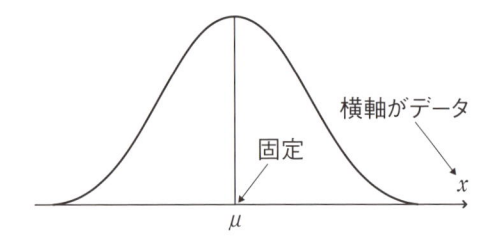

従来の統計学は母数を固定して考える。この前提のもとで、得られたデータの生起確率を算出し、その固定された母数の正当性を調べる。なお、左図は平均値を母数と考える場合をイメージ。

ところが、ベイズ統計学は母数を確率変数として扱うのです。そして、データからその母数の分布を調べます。これがベイズ統計学の基本スタンスとなります。

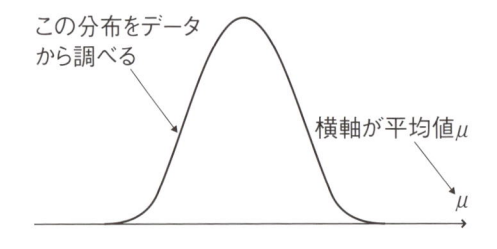

ベイズ統計学は母数を確率変数として扱う。その母数の分布をデータから調べるのである。左図は平均値を母数と考える場合をイメージ。

ベイズの定理の予備知識：ベイズ理論は、驚くほど前提知識が不要。§1の復習でほぼ十分。

従来の統計学が母数を出発点とするのに対して、ベイズ統計学はデータを出発点とします。この意味で、従来の統計学では「母数が主役」なのに対して、**ベイズ統計学では「データが主役」**になります。

　以上の抽象的な説明だけでは何を言っているのか不明でしょうが、次第にその意味は明らかになるのでご安心ください。

従来の統計学ではデータが母数の海に浮かびますが、ベイズ統計学では、母数がデータの海に浮かぶと考えられます。

●ベイズの展開公式に母数を取り込む

　ベイズ理論の基本は下記の「ベイズの展開公式」です（§1）。

$$P(H_i|D) = \frac{P(D|H_i)P(H_i)}{P(D|H_1)P(H_1)+P(D|H_2)P(H_2)+\cdots+P(D|H_n)P(H_n)} \quad \cdots(1)$$

　先に、ベイズ統計学は「母数を確率変数と考え、その確率分布をデータから調べる」と述べました。では、どうやってデータから「母数の確率分布」を調べるのでしょうか？その解決のキーとなるアイデアが次の原理です。

　母数をベイズの展開公式(1)の原因 H と考える

分母にはこだわらない：前にも述べたように、ベイズ理論においては、分子、すなわち事前確率と尤度の積にまずは着目。

ベイズの展開公式(1)は、「データがDのときに原因がH_iである」確率を与える公式です。ベイズ統計学では、このH_iを母数の値θ_iと読み替えます。そして、ベイズの展開公式(1)を「データがDのときに母数の値がθ_iである確率を与える公式」と解釈し直すのです。

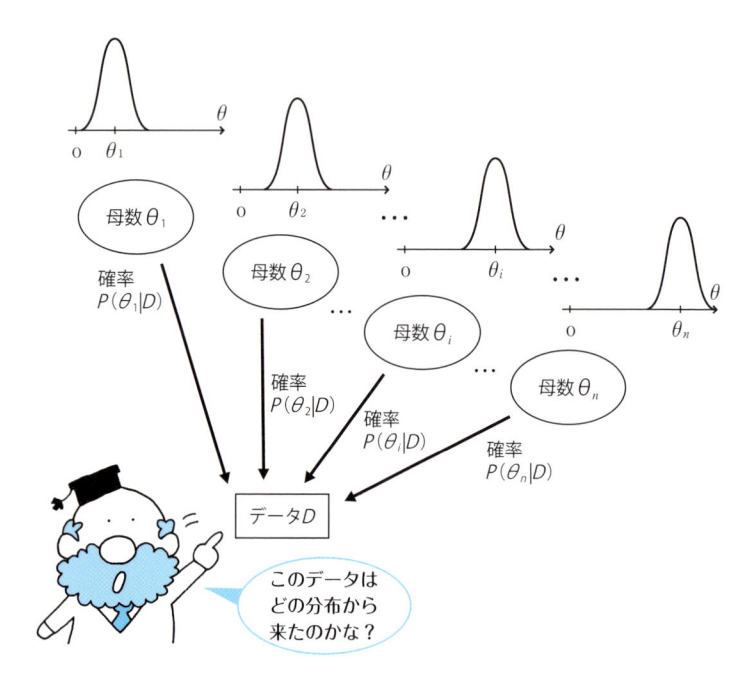

母数が平均値の場合をイメージ。母数が変わると、当然それで規定される確率分布は変化。母数θを原因Hと考えるということは、データDの値は、その中のある確率分布から得られたと考えることである。その確率が事後分布$P(H_i|D)$で与えられる。このイメージは3章§6の「ホテルのアナロジー」と全く同じになる。

早速(1)の原因H_iを母数の値θ_iで書き直してみましょう。

$$P(\theta_i|D) = \frac{P(D|\theta_i)P(\theta_i)}{P(D|\theta_1)P(\theta_1)+P(D|\theta_2)P(\theta_2)+\cdots+P(D|\theta_n)P(\theta_n)}$$
$$(i=1, 2, \cdots, n) \quad \cdots(2)$$

「単に原因H_iを母数の値θ_iで置き換えただけ」と思われるかもしれません。しかし、この式が飛躍の式になります。

ベイズ統計学の難所：確率変数の確率分布を規定する母数を確率変数と捉える、という2重構造をマスターすることが肝要。

この(2)の各項の意味を表にして確認します。

記号	名称	意味
$P(\theta_i|D)$	事後確率	データDが得られたとき、それが母数θ_iの確率分布から得られた確率
$P(D|\theta_i)$	尤度	母数θ_iの確率分布のもとで、データDが得られる確率
$P(\theta_i)$	事前確率	データDを得る前の母数θ_iの生起確率

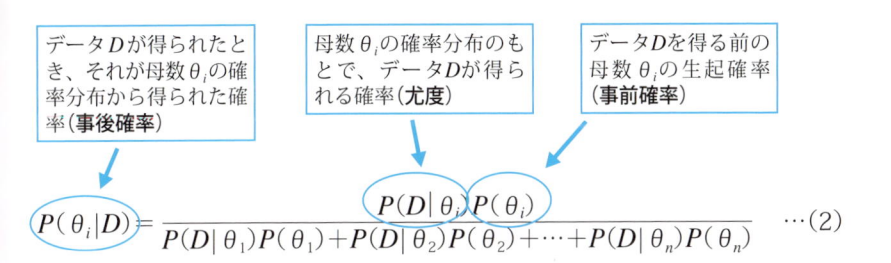

データDが得られたとき、それが母数θ_iの確率分布から得られた確率(**事後確率**)

母数θ_iの確率分布のもとで、データDが得られる確率(**尤度**)

データDを得る前の母数θ_iの生起確率(**事前確率**)

$$P(\theta_i|D) = \frac{P(D|\theta_i)P(\theta_i)}{P(D|\theta_1)P(\theta_1)+P(D|\theta_2)P(\theta_2)+\cdots+P(D|\theta_n)P(\theta_n)} \quad \cdots(2)$$

● **確率密度関数の場合へ飛躍**

「平均値」や「分散」など、代表的な母数は連続的な値をとるのが普通です。ところで、(2)の母数はトビトビの値をとることを前提としています。そこで、「平均値」や「分散」などの連続的な値をとる母数を扱う際には、(2)に修正が必要になります。すなわち、「母数の確率密度関数」が登場することになるのです。この続きは次節で詳しく調べましょう。

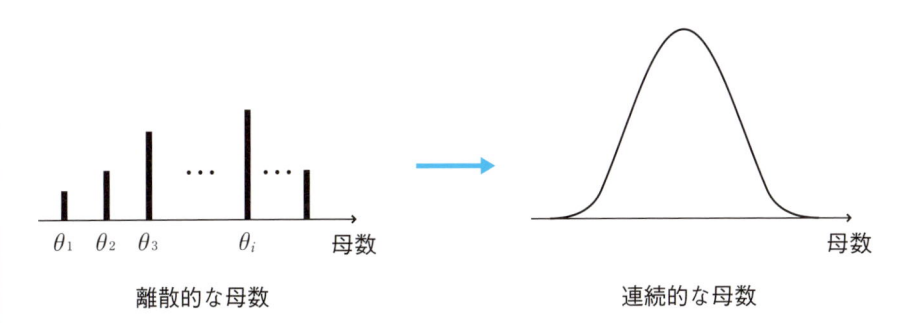

離散的な母数 → 連続的な母数

損失関数：母数が確率変数として扱われるのに伴って、ベイズ統計が従来の統計学を内包するために利用する関数。

メモ 従来の統計学の母数の扱い

高校や大学で教わる従来の統計学では、母数が「定数」として扱われます。その意味を確認してみましょう。

例えば、後の§4で調べる次の例題を考えてみましょう。

〔例題〕 ある工場から作られるチョコレート菓子の内容量 x は正規分布に従い、分散は 1^2 であることが分かっている。製品の一つを抽出して調べたところ、その内容量 x は101グラムであった。

従来の統計学では、このような問題に対して、まず母数である平均値 μ を仮定します。すると、「分散 1^2 の正規分布」という題意から、データ x の確率密度関数は次のように置くことができます。

$$f(x) = \frac{1}{\sqrt{2\pi}} e^{-\frac{(x-\mu)^2}{2}}$$

ここで大切なことは、平均値 μ は「分からないけれども、ある定まった数」と考えていることです。すなわち、神のみぞ知る不可思議な数を仮定するのです。そして、得られたデータが、その不可思議な数に確率的に整合しているかを調べて推定や検定を行います。これはかなり技巧的です。

ベイズ理論では、本節で調べたように母数は確率変数となります。そこで、従来の統計学で仮定する「不可思議な数」を仮定しません。この意味で、ベイズ理論は確率的に大変素直な論理といえます。「ベイズ統計はむずかしい」という声が聞かれますが、論理的にはシンプルなのです。なお、具体的なことについては、§5以降で確かめることにしましょう。

定数と変数：数学を学ぶうえで最初にマスターすべき概念。変数は英語でvariable。

§3 連続的な値を取る母数のためのベイズ統計学

前節では、確率分布を規定する平均値や分散などの「母数」が、ベイズ統計学では確率変数として扱われることを調べました。ここでは、その母数が連続的に変化する場合を調べます。そして、ベイズ統計学の基本公式を導出します。この公式が今後のベイズ統計学の出発点になります。

●前節の復習

ベイズ統計学では、データの確率分布を規定する「母数」が確率変数として扱われることを、前節で調べました。その考え方から、次の式を導出しました。

$$P(\theta_i|D) = \frac{P(D|\theta_i)P(\theta_i)}{P(D|\theta_1)P(\theta_1)+P(D|\theta_2)P(\theta_2)+\cdots+P(D|\theta_n)P(\theta_n)}$$
$$(i = 1, 2, \cdots, n) \quad \cdots(1)$$

ここで、θ_1、θ_2、…、θ_n は母数の値です。

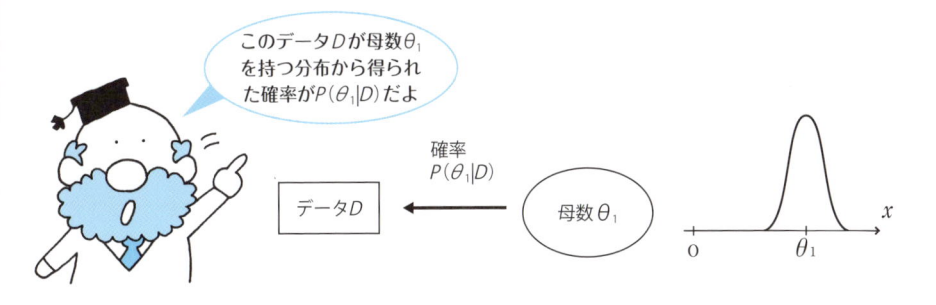

> このデータ D が母数 θ_1 を持つ分布から得られた確率が $P(\theta_1|D)$ だよ

データ D ← 確率 $P(\theta_1|D)$ ― 母数 θ_1

●よりシンプルに

(1)右辺の分母を見てください。3章§5で調べたように、この分母はデータ D を得るときの確率です(3章§5)。

$$P(D|\theta_1)P(\theta_1)+P(D|\theta_2)P(\theta_2)+\cdots+P(D|\theta_n)P(\theta_n) = P(D) \quad \cdots(2)$$

(2)式の意味：前にも調べたように、(2)は「データ D が母数 θ_1〜θ_n のどれかで規定される分布から生起した」ということを表す。

実際、(1)の生みの親は「ベイズの基本公式」(3章§3)

$$P(H|D) = \frac{P(D|H)P(H)}{P(D)}$$

です。(2)の関係は当然なのです。

(注) (2)は「全確率の定理」とも呼ばれます(3章§5)。

さて、データが得られた段階では、具体的な値はともかくとして、(2)の$P(D)$は定数になるはずです。すでにデータは得られ確定しているからです。そこで、この$P(D)$を定数と考えれば、(1)は次のようにシンプルに表現されます。

$$P(\theta_i|D) = k\,P(D|\theta_i)\,P(\theta_i) \quad (i=1,\ 2,\ \cdots,\ n) \quad \cdots(3)$$

ここでkは定数であり、データを取得する確率$P(D)$の逆数です。

$$k = \frac{1}{P(D)}$$

$$P(\theta_i|D) = \frac{P(D|\theta_i)P(\theta_i)}{P(D|\theta_1)P(\theta_1)+P(D|\theta_2)P(\theta_2)+\cdots+P(D|\theta_n)P(\theta_n)}$$

↓

$$P(\theta_i|D) = k\,P(D|\theta_i)\,P(\theta_i) \quad \cdots(3)$$

ずいぶんシンプルになるな

●母数が連続変数の場合

さて、これからが本節の主題です。これまでは母数θがトビトビの値θ_1、θ_2、$\cdots$、θ_nをとる場合を調べてきました。しかし、通常、母数は連続的な値をとります。例えば、母数として平均値を考えるとき、平均値は連続的に変化できるのが普通です。そこで、連続的な母数に対応できるように、(2)を変形しておかなければなりません。

母数が連続的な値をとるときでも、考え方は変わりません。しかし、(3)の$P(\theta_i)$、$P(D|\theta_i)$、$P(\theta_i|D)$の解釈を形式的に変更しなければなりません。というのは、これらは「確率」を意味しているからです。

連続的な確率変数のときには、確率密度関数というアイデアの導入が必要です。このことは母数についても当てはまります。母数が連続的な値をとるときには、その確率は「確率密度」と解釈し直す必要があるのです。

全確率の定理：既述だが、(2)は全確率の定理と呼ばれる。「データDは原因θ_iのどれかから生まれる」という公式。

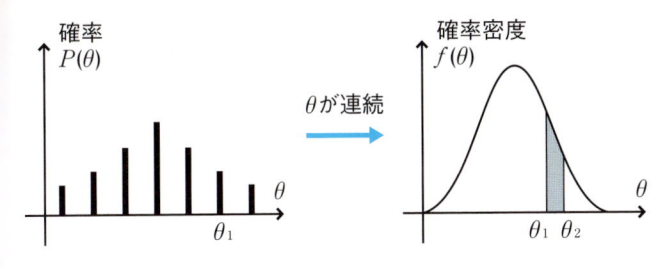

確率$P(\theta)$において、$\theta = \theta_1$のときの確率は$P(\theta_1)$。確率密度関数$f(\theta)$において、$\theta_1 \leq \theta \leq \theta_2$のときの確率は$f(\theta_1 \leq \theta \leq \theta_2)$。この違いに留意しよう（4章§1）。

そこで、母数が連続的な値をとるときには、確率記号Pを確率密度の記号に書き換えます。すなわち、次の置き換えをします。

(事前確率)$P(\theta_i)$ →(事前分布)$\pi(\theta)$
(尤度)$P(D|\theta_i)$ →(尤度)$f(D|\theta)$
(事後確率)$P(\theta_i|D)$ →(事後分布)$\pi(\theta|D)$

(注) 通常、尤度は母数に対しては連続的な関数ですが、データに対しては連続な関数にもトビトビの値をとる関数にもなります。例えば、ベルヌーイ分布を尤度に利用する場合は後者になります。

ちなみに、事前確率は**事前分布**に、事後確率は**事後分布**に名称が変更されていることに注意してください。

これらの置き換えを施すと、式(3)は次のように書き換えられます。これが目標の式です。

$$\pi(\theta|D) = k f(D|\theta) \pi(\theta) \quad (kは定数) \quad \cdots(4)$$

言葉で表現すると、次のように表せます。

事後分布は尤度と事前分布の積に比例する。

今後は、この(4)を**ベイズ統計学の基本公式**と呼ぶことにします。ベイズ統計学の出発点となる大切な公式だからです。

確率と確率密度関数：2者は、イメージは似ているが、意味が異なる。確率密度関数を幅で考えると、確率になる。

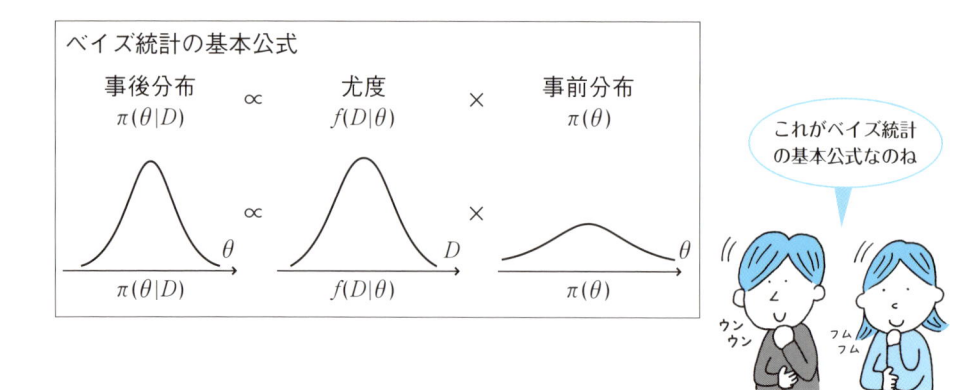

ベイズ統計の基本公式

事後分布 $\pi(\theta|D)$ ∝ 尤度 $f(D|\theta)$ × 事前分布 $\pi(\theta)$

> これがベイズ統計の基本公式なのね

ここで再度、公式(4)の中で利用されている記号の名称と意味を確認しておきましょう。

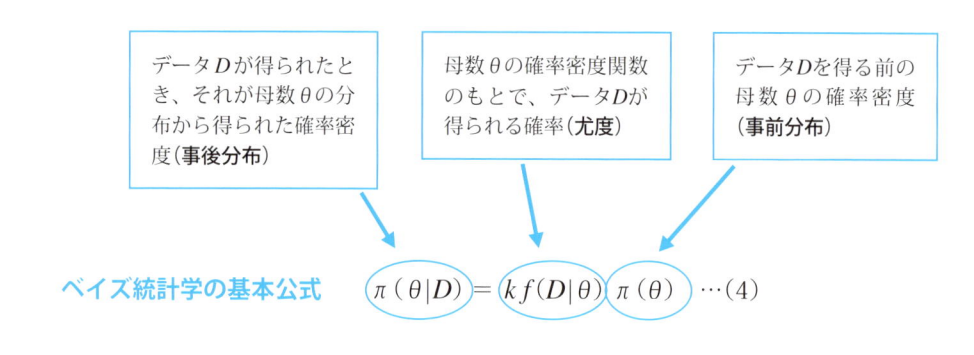

- データDが得られたとき、それが母数θの分布から得られた確率密度（**事後分布**）
- 母数θの確率密度関数のもとで、データDが得られる確率（**尤度**）
- データDを得る前の母数θの確率密度（**事前分布**）

ベイズ統計学の基本公式

$$\pi(\theta|D) = k f(D|\theta) \pi(\theta) \quad \cdots (4)$$

●データの確率分布が尤度

　ここで尤度に着目してみましょう。尤度は母数θが与えられたときのデータDの生起確率です。これは、まさに母数θを持つ確率分布のデータDの確率値（または確率密度関数の値）を表しています。このような一般的な説明では分かりにくいかもしれませんが、次節以降、具体的な例でこのことを確かめていきましょう。

(4)式の覚え方：事前分布に尤度を掛けたものが事後分布に比例する、と言葉で覚えておくと便利。

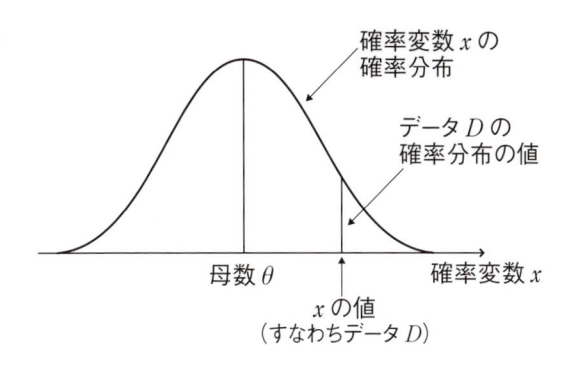

図中ラベル：
- 確率変数 x の確率分布
- データ D の確率分布の値
- 母数 θ
- x の値（すなわちデータ D）
- 確率変数 x

尤度とは確率分布におけるデータの確率値（または確率密度関数値）である。

●古典的な統計学との違い

以上で、ベイズ統計学の基本は終了です。これからは、この(4)で表された「ベイズ統計学の基本公式」の応用がテーマになります。

さて、以上の説明の中で、従来の統計学とベイズ統計学の決定的な違いが浮かび上がってきました。それを表にまとめてみましょう。

従来の統計学	母数は定数で、その値が問題になる。
ベイズ統計学	母数が確率変数で、その分布が問題になる。

2節にわたって一般論を展開したので、話が抽象的に思われたかもしれません。次節では具体例で同じ議論を繰り返します。「抽象的で分かりにくい」と思われた読者は、そこでベイズ統計学を理解してください。

次からは具体例！

(4)の定数kの意味：(2)式から、kは1/P(D)。しかし、あまりこの意味を詮索する必要はない。

§4 ベイズ統計学の基本公式の意味と使い方

前節(§3)では、「ベイズ統計学の基本公式」を導出しました。本節では、その意味のおさらいをしながら、この公式の使い方を調べてみましょう。

● 正規分布

ベイズの展開公式(3章§5)の原因 H を母数 θ と読み替えることで、「ベイズ統計学の基本公式」が得られました。しかし、「原因 H を母数 θ と読み替える」の意味がいまひとつピンとこないところがあります。また、平均値や分散などの「母数」が確率変数として扱われることにも「?」と思われるかもしれません。本節では、例題を通して、具体的に調べることにしましょう。

● 例題を見てみよう

〔例題〕 ある工場から作られるチョコレート菓子の内容量 x は正規分布に従い、分散は 1^2 であることが分かっている。製品の1つを抽出して調べたところ、その内容量 x は101グラムであった。このとき、この工場から作られる製品内容量の「平均値 μ の確率分布」を求めてみよう。

この問の目標は「平均値 μ の分布」、すなわち μ の確率密度関数を求めることです。

● 問題の整理

準備として、前節で調べた「ベイズ統計学の基本公式」を確認します。

$$\pi(\theta|D) \doteq k f(D|\theta) \pi(\theta) \quad (k \text{ は定数})$$

1個のデータ処理:本節では1個のデータしか扱わず統計学的にさびしいが、ベイズ理論は一事が万事。これが分かれば十分。

いまの場合、母数 θ には「平均値」μ が、データ D には「内容量 $x=101$」が対応します。したがって、この公式は次のように表されます。

$$\pi(\mu|x=101) = kf(x=101|\mu)\pi(\mu) \quad \cdots(1)$$

これが本節の出発点となる式です。この式の各項の意味を確認しながら、問題を具体的に解いてみましょう。

●事後分布の意味

まず、(1)の左辺の「事後分布」$\pi(\mu|x=101)$ を見てみましょう。これは、様々な平均値を持つ正規分布（分散は 1^2）がある中で、データ「$x=101$」が平均値 μ の正規分布から生起されたときの確率密度を表します。これが目標となる事後分布です。下図で、この意味を確認してください。

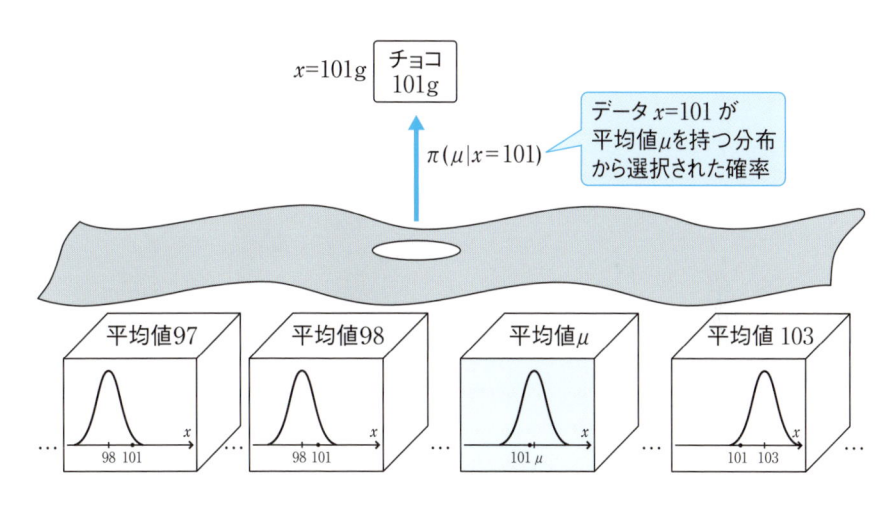

●尤度の意味

次に、(1)の右辺の「尤度」$f(x=101|\mu)$ を見てみましょう。これは、平均値 μ の正規分布（分散は 1^2）に従うデータから、$x=101$ というデータが取り出される確率密度を表します。すなわち、母数 μ を持つ確率密度関数の値と一致します。

$$f(x=101|\mu) = \frac{1}{\sqrt{2\pi}} e^{-\frac{(101-\mu)^2}{2}} \quad \cdots(2)$$

製造誤差の分布：前章でも調べたように、誤差の分布には通常正規分布が利用できる。

平均値 μ

$f(x=101|\mu)$

101 μ

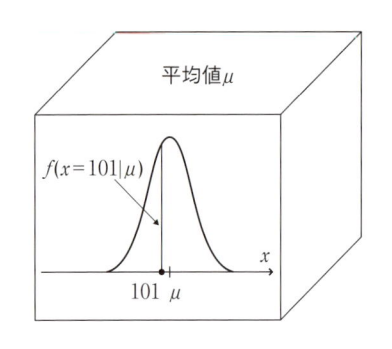

尤度は母数 μ を持つ確率密度関数の値と一致。

●事前分布の意味

事前分布 $\pi(\mu)$ は、データを得る前に、どの母数を持つ分布が起こりやすいか(または選ばれやすいか)を表現するものです。今の例題では、平均値 μ について何も情報がありません。そこで、どれが特段選ばれやすいということも不明なので、次の一様分布を仮定します(理由不十分の原則)。

$\pi(\mu) = 1$ …(3)

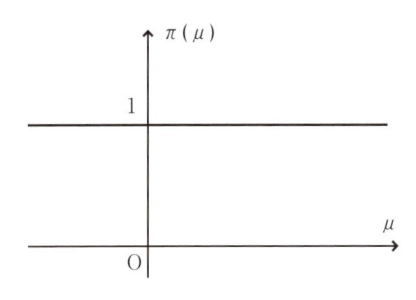

事前分布 $\pi(\mu)=1$ のグラフ。

(注) 厳密には、(3)は確率密度関数になっていません。規格化の条件(付録A)を満たしていないからです。しかし、(1)から分かるように、比が問題なので、事前分布をこのように置いても不都合は生じません。

●ベイズ統計学の基本公式に代入

以上の結果(2)、(3)をベイズ統計学の基本公式(1)に代入してみましょう。

$$\pi(\mu|x=101) = k\frac{1}{\sqrt{2\pi}}e^{-\frac{(101-\mu)^2}{2}} \times 1 \quad (k は定数) \quad …(4)$$

これがデータ「$x=101$」を得た後の、平均値 μ の確率分布です。

この(4)ではまだ比例定数 k が決定されていませんが、μ について全確率が1となる条件を利用すると、この k は1になります。結果として次のように事後分布が確定します。

事前分布を一様分布にとると:事前分布に一様分布を充てると、従来の統計学と同一の結論が導き出される。

$$\pi(\mu|x=101) = \frac{1}{\sqrt{2\pi}} e^{-\frac{(101-\mu)^2}{2}} \quad \text{（答）} \quad \cdots (5)$$

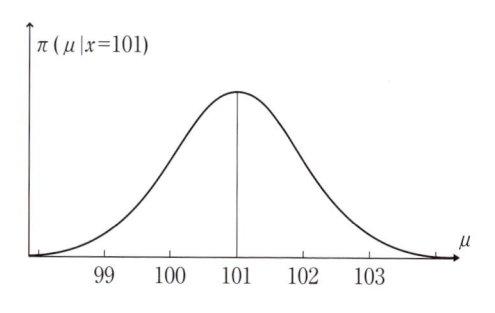

事後分布(5)のグラフ。事前分布が一様分布(3)なので、結果的に尤度(2)と同じ形になる。

（注）比例定数kが1になることは、正規分布の公式(5章§4)からも明らかです。

これが例題の結論です。従来の統計学に慣れ親しんでいると、この(5)が答であることに違和感を持たれるかもしれません。

●ベイズの理論の計算法は同一

さて、これまでの結論を得る流れを確認してみましょう。

母数が連続的になったからといって、ベイズ流の計算法は変わりません。3章§9で調べた計算の流れと全く同じです。下図で確認しておきましょう。

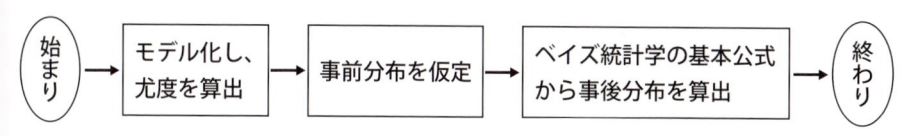

始まり → モデル化し、尤度を算出 → 事前分布を仮定 → ベイズ統計学の基本公式から事後分布を算出 → 終わり

●従来の統計学との比較

「母平均の推定」という操作を通して、ベイズ統計学と従来の統計学との推定法の違いを調べてみましょう。

（Ⅰ）従来の統計学

従来の統計学では、まず母数である平均値μを仮定します。「分散1^2の正規分布」という題意から、データxの確率密度関数は次のように置くことができます。

$$f(x) = \frac{1}{\sqrt{2\pi}} e^{-\frac{(x-\mu)^2}{2}}$$

ここで、従来の統計学は「信頼度」を設定します。いま、推定結果がどれくらい信頼できるかをパーセントで示したものです。ここでは、95%と設定しましょう。

尤度は確率密度関数の値：尤度は従来の母数を仮定した確率密度関数の値になる。

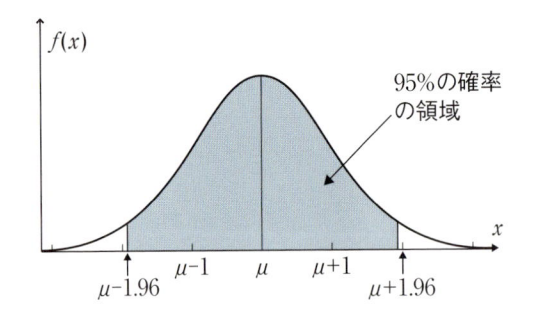

横軸はx。分散が1^2の正規分布の場合、データxが
$$\mu - 1.96 \leq x \leq \mu + 1.96$$
に入る確率は95%となる。

この図から、データ「$x = 101$」が仮定した平均値μの95%の確率範囲に入るのは、

$$\mu - 1.96 \leq 101 \leq \mu + 1.96$$

変形して、

$$101 - 1.96 \leq \mu \leq 101 + 1.96 \quad \cdots (6)$$

これから

$$99.04 \leq \mu \leq 102.96 \quad \cdots (7)$$

これが従来の統計学による母平均μの推定区間です。確認してほしいのは、μは定数として扱われていることです。

(Ⅱ) ベイズ統計学

ベイズ統計学は同じ結論をシンプルに導出します。(5)から、平均値μが95%の確率で入る区間は、(6)と同じ、すなわち結果として(7)と同じ次の結論が得られます。

$$99.04 \leq \mu \leq 102.96 \quad \cdots (8)$$

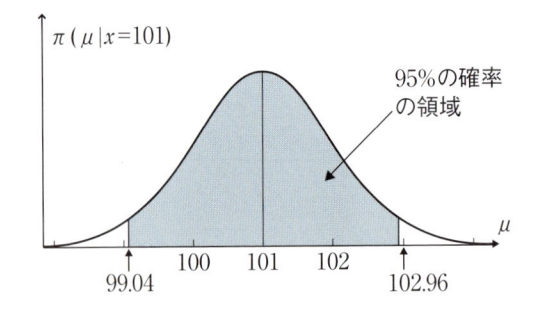

横軸はμ。(6)の分布の場合、μが
$$99.04 \leq \mu \leq 102.96$$
に入る確率は95%。

事後分布から攻めることで、簡単に(7)と同じ結論(8)が得られるのです。

一様分布は正規分布の一種：一様分布は正規分布の一つと捉えられる。すなわち、山の幅を与える分散を無限大にしたと考えられる。

●経験を活かせるベイズ統計学

事前分布を(3)のように一様分布に仮定すると、従来の統計学の結論(7)とベイズ統計学の結論(8)とは同一の結論を得ました。これは一般的に言えることです。通常、事前分布を一様分布に仮定すると、従来の統計学とベイズ統計学とは同一の結論を導出するのです。

ここに、ベイズ統計学の素晴らしさが隠れています。一様分布はデータを得る前に何も情報を得ていないとき採用した事前分布です。もし、経験や勘があれば、この事前分布に取り込めるのです。この意味で、ベイズ統計学は従来の統計学よりも自由度が高く、応用範囲の広い統計分析を可能にしてくれる「力」を秘めています。

メモ MCMC法

(4)式に含まれる比例定数kについては、「μについての全確率が1になる条件から」ということで1と決定しました。これは正規分布の公式を利用して決定されています。

この例題のように、有名な確率分布を利用している限りにおいては、公式が用意されています。そこで、ベイズ統計学の基本公式

$$\pi(\theta|D) = kf(D|\theta)\pi(\theta) \quad (k は定数)$$

に含まれる定数kは容易に求められます。しかし、実際の応用の場合には、有名でない確率分布を扱うこともあります。その際には、この定数kを求めるのは容易ではありません。公式が無いからです。

このように、公式に無い複雑な確率分布を利用してベイズ統計の計算をする際には、大変有効な手段があります。MCMC法です。

MCMC法は積分計算の技法です。上に記した「ベイズ統計学の基本公式」の定数kを具体的に数式で表現すると次のように積分で表されます。

$$k = \frac{1}{\int_{\theta} f(D|\theta)\pi(\theta)d\theta}$$

ここで積分範囲はθの全範囲です。MCMC法はこの積分を、乱数を利用して、近似的に計算します。

このMCMC法とベイズの定理とを組み合わせることで、ベイズ統計学は従来の統計学よりも広い世界で活躍できるようになりました。ベイズ統計の入門である本書はMCMC法については多少触れるにとどまりますが、ベイズ統計の面白さに共感された読者はMCMC法によるベイズ統計学の発展形態の世界にも目を向けてください。

MCMC：Markov chain Monte Carlo methodsの略。マルコフチェイン・モンテカルロ法と呼ばれる。

§5 ベイズ統計学の有名な問題(I)〜データがベルヌーイ分布に従うとき

前節に続いて、「ベイズ統計学の基本定理」の使い方を調べることにしましょう。ここでは、コインの表裏のデータから、コインの表の出る確率の確率分布を求めることにします。

●複数のデータをベイズ理論に取り込む

〔例題〕 表の出る確率が θ である1枚のコインがある。このコインを4回投げたとき、1回目は表、2回目も表、3回目も表、しかし4回目は裏が出たとする。このとき、「表の出る」確率 θ の確率分布を調べよう。

この例題では、ベルヌーイ試行によって得られた4つのデータが与えられています。3章§11で調べたように、複数のデータに対しては一つ一つ料理するのがベイズ流です。本節でも、その流れに従います。

●問題の整理

ベイズ統計学は「確率分布の母数」を確率変数と考えます。この例題の母数に当たるものは「表の出る」確率 θ です(5章§6)。題意の4つのデータから、この θ の分布を求めるのが本例題の趣旨です。

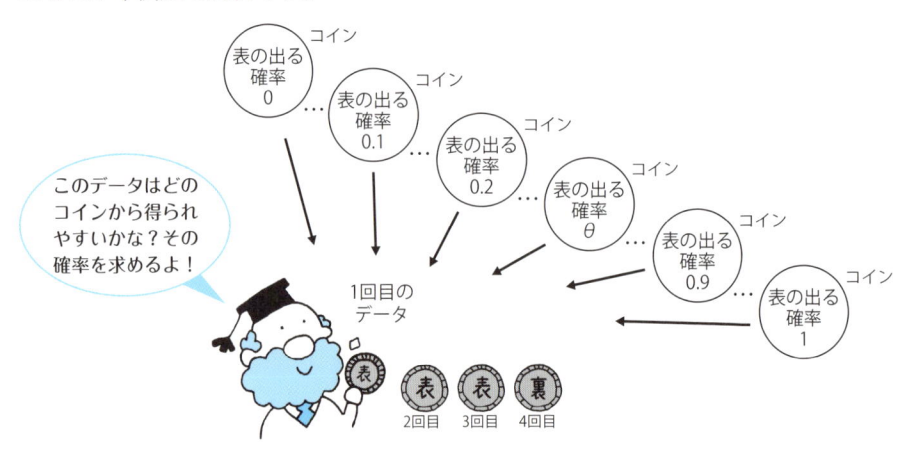

尤度は θ に関して連続:(3)、(4)式で、尤度は θ と D の2つの関数。D は「表」、「裏」の離散値を許すが、θ は連続な値をとる。

データを料理する包丁は「ベイズ統計学の基本公式」(§3)です。
$$\pi(\theta|D) = kf(D|\theta)\pi(\theta) \quad (k は定数)$$
先に述べたように、データは1つ1つ料理します。そこで、この公式の中のデータ(D)としては1枚のコインの「表」か「裏」のどちらかが入ることになります。したがって、この基本公式は次の2セットで記述できます。

$$\pi(\theta|表) = kf(表|\theta)\pi(\theta) \quad \cdots(1)$$
$$\pi(\theta|裏) = kf(裏|\theta)\pi(\theta) \quad \cdots(2)$$

● 尤度を調べてみよう

「表の出る」確率θを持つコインを1個投げたとき、その尤度$f(D|\theta)$を求めてみましょう。「表」の出る確率を$f(表|\theta)$、「裏」の出る確率を$f(裏|\theta)$と表すとすると、母数θの定義から明らかに次のように書き表せます。

$$f(表|\theta) = \theta \quad \cdots(3)$$
$$f(裏|\theta) = 1-\theta \quad \cdots(4)$$

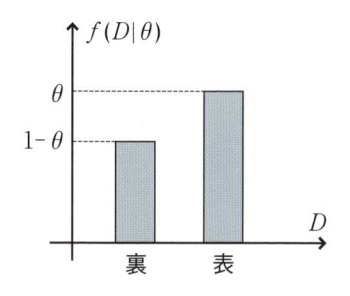

尤度はデータの従う確率分布の値になる。この例では、データに関しては確率密度関数ではないので、$P(D|\theta)$と書くべきかもしれない。しかし、θに関しては確率密度関数なので、この(3)、(4)の表記の方がよい。

ちなみに、(3)、(4)はベルヌーイ分布の確率分布と一致しています。前節でも調べているように、母数θを持つ確率分布の確率値が尤度になるのです。

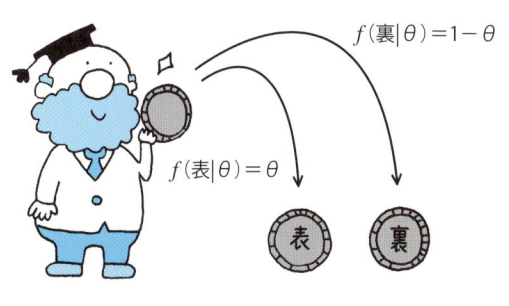

母数θを持つ確率分布におけるデータDの確率値が尤度$f(D|\theta)$になる。

$f(裏|\theta) = 1-\theta$
$f(表|\theta) = \theta$

(注) 題意から、「表」「表」「表」「裏」と出たので、尤度はまとめて
$$f(表表表裏|\theta) = \theta^3(1-\theta) \quad \cdots(5)$$
と記述することもできます。本節末でこの考え方についても調べます。

1.96倍：正規分布の場合、平均値から標準偏差の±1.96倍の範囲に95%の確率値が入る。

●事前分布の設定

　コインを投げる前を考えましょう。このときの事前分布を $\pi_0(\theta)$ と表すことにします。さて、この事前分布 $\pi_0(\theta)$ をどう設定すべきでしょうか？　現段階では、コインについて何の情報も得ていません。そこで、「表の出る」確率 θ のどんな値に対しても、その値が現れる確率は同じになるはずです。すなわち、コインの表の出る確率は、次のような一様分布になるはずです。

　　$\pi_0(\theta) = 1$ 　　$(0 \leqq \theta \leqq 1)$ 　$\cdots(6)$

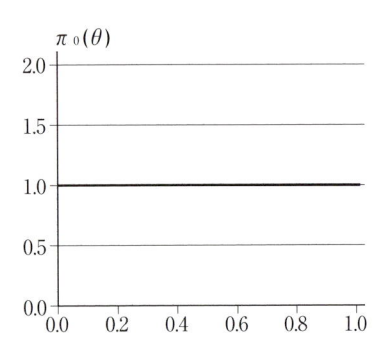

コインを投げる前の事前分布 $\pi_0(\theta)$。何も情報がないので、「確率は一様」と考える(理由不十分の原則)。

　(6)のこの設定原理を、「理由がないときにはすべての可能性は均等である」という「理由不十分の原則」と呼ぶことは、すでに見てきました(本章§4、3章§10)。

●「1回目は表」というデータを取り込んだ事後分布を計算

　「1回目に表が出た」というデータを取り込んだ事後分布 $\pi_1(\theta|表)$ を求めてみましょう。(添え字の1は、「1回目」を表します。)

　まず、尤度を調べます。「1回目に表が出る」というデータに対して、尤度 $f(表|\theta)$ は「表」を得るときの(3)です。

　　尤度：$f(表|\theta) = \theta$ 　$\cdots(3)(再掲)$

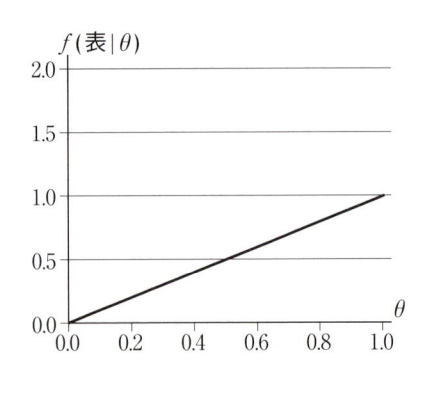

データ「表」に対する尤度(3)を、母数 θ を横軸にして見たグラフ。

コインの表の出る確率：ある時は $\frac{1}{2}$ にとり、ある時は変数に置くのは矛盾しているが、ケースバイケースで見極めよう。

ベイズ統計学の基本公式(1)に、この尤度(3)と事前分布(6)を代入し、事後分布 $\pi_1(\theta|表)$ を算出しましょう。

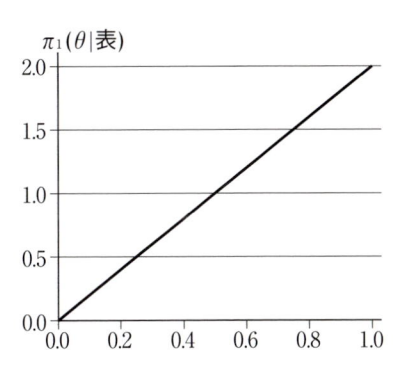

$$\pi_1(\theta|表) = k_1 \times \theta \times 1 = k_1 \theta \quad (k_1 は定数) \quad \cdots(7)$$

確率の総和が1という条件から比例定数を決定すると(下記<メモ>参照)、次のように事後分布 $\pi_1(\theta|表)$ が得られます。

$$\pi_1(\theta|表) = 2\theta \quad \cdots(8)$$

コインを1回投げた後の事後分布 $\pi_1(\theta|表)$。「1回目に表が出た」というデータを取り込むことで、このように表が出やすい分布に更新される。

コインを投げる前の事前分布では、何も分からないので表の出る確率は一様な分布(6)でしたが、「1回目に表が出た」という情報(経験)を取り込むことで、表が出やすい分布(8)に更新されたのです！

●「2回目に表が出た」というデータを取り込む

「2回目は表」というデータを取り込んだ事後分布を求めてみましょう。

まず、2回目のデータのための尤度を調べます。利用する尤度は、データが「表」なので、1回目と同様、式(3)を利用します。

> **メモ** 比例定数 k_1 の決定
>
> 確率の総和が1という条件(規格化条件)から、(7)より
>
> $$\int_0^1 \pi_1(\theta|表) d\theta = \int_0^1 k_1 \theta d\theta = k_1 \left[\frac{\theta^2}{2}\right]_0^1 = \frac{1}{2} k_1 = 1$$
>
> これから、$k_1 = 2$ が得られます。ちなみに、いま調べている分布はベータ分布の形をしているので、そのベータ分布の公式を利用しても、この値が得られます(5章§5)。

規格化条件：全確率の値が1になるという条件。

次に、事前分布を調べます。1回目の結果を踏まえて現れる事柄なので、「ベイズ更新」のアイデアから、事前分布は(8)を採用します(3章§11)。

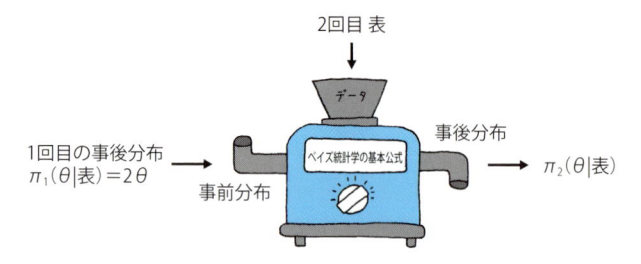

したがって、ベイズ統計学の基本公式(1)に、尤度として(3)を、事前分布として(8)を代入して、2回目のデータを得たときの事後分布 $\pi_2(\theta|表)$ が得られます。

$$\pi_2(\theta|表) = k_2 \times \theta \times 2\theta = 2k_2\theta^2 \quad (k_2は定数) \quad \cdots(9)$$

確率の総和が1という条件から比例定数 k_2 を決定すると(下記<メモ>参照)、次のように事後分布 $\pi_2(\theta|表)$ が得られます。

$$\pi_2(\theta|表) = 3\theta^2 \quad \cdots(10)$$

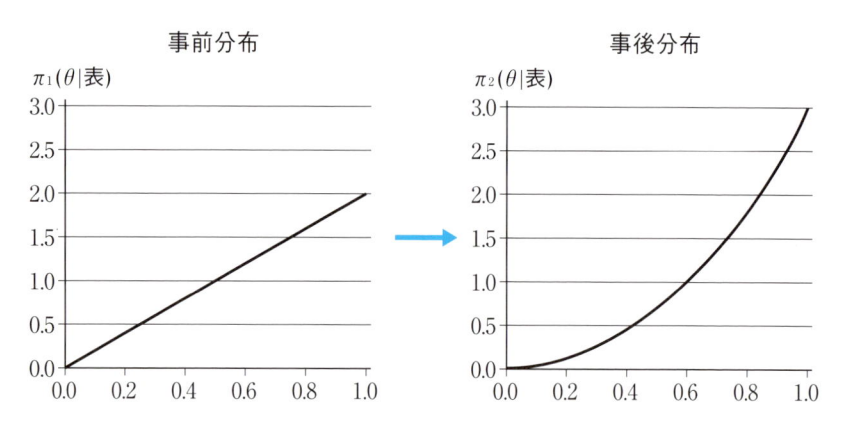

2回目の「表」のデータを得た後の事後分布 $\pi_2(\theta|表)$。「2回目に表が出た」というデータを取り込むことで、1回目よりも更に表が出やすい分布に更新されている。

> **メモ** 比例定数 k_2 の決定
>
> 確率の総和が1という条件(規格化条件)から、(9)より
>
> $$\int_0^1 \pi_1(\theta|表)d\theta = \int_0^1 2k\theta^2 d\theta = 2k_2\left[\frac{\theta^3}{3}\right]_0^1 = \frac{2}{3}k_2 = 1 \text{ より、} k_2 = \frac{3}{2}$$
>
> k_1 のときと同様、ベータ分布の公式を利用しても、この値は簡単に得られます。

(10)は放物線を表す：(8)式は有名な放物線 $y=3x^2$ のグラフと一致。

●「3回目に表が出た」というデータを取り込む

「3回目は表」というデータを取り込んだ事後分布を求めてみましょう。

尤度は、これまで通り式(3)を利用します。

また、事前分布は、再び「ベイズ更新」のアイデアから、2回目の事後分布(10)を採用します。

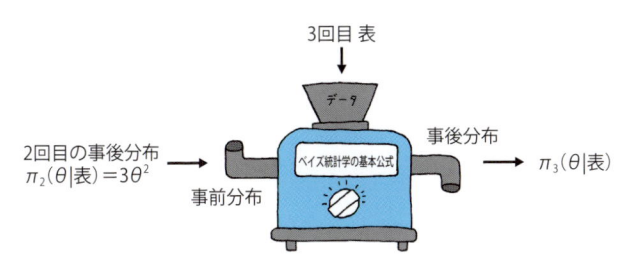

ベイズ統計学の基本公式(1)に、尤度として(3)を、事前分布として(10)を代入して、3回目のデータを得たときの事後分布 $\pi_3(\theta|表)$ が得られます。

$$\pi_3(\theta|表) = k_3 \times \theta \times 3\theta^2 = 3k_3\theta^3 \quad (k_3 は定数)$$

確率の総和が1という条件(規格化条件)から比例定数 k_3 を決定すると、次のように事後分布 $\pi_3(\theta|表)$ が得られます。

$$\pi_3(\theta|表) = 4\theta^3 \quad \cdots(11)$$

(注) 比例定数 k_3 の求め方は比例定数 k_1、k_2 のときと同様です。

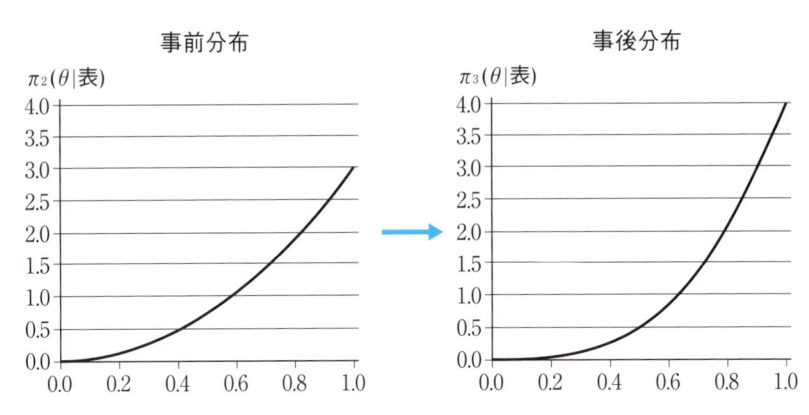

3回目にコインを投げた後の事後分布 $\pi_3(\theta|表)$。「3回目に表が出た」というデータを取り込むことで、2回目よりも更に表が出やすい分布に更新されている。

●「4回目に裏が出た」というデータを取り込む

「4回目は裏」というデータを取り込んだ事後分布を求めてみましょう。

まず、尤度を調べます。データが「裏」なので、これまでとは異なり、式(4)を利用

(10)(11)の比例定数の求め方：(8)式同様、これらはベータ分布になっているので、5章で示したベータ分布の公式からも値が得られる。

します。

尤度：$f(裏|\theta) = 1 - \theta$　…(4)(再掲)

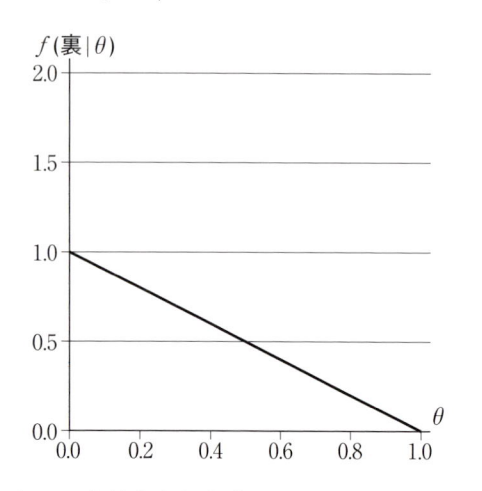

データ「裏」に対する尤度(4)を、母数 θ を横軸にして見たグラフ。

次に、事前分布を設定します。3回目の結果を踏まえて現れる事象なので、事前分布は3回目の事後分布の(11)を採用します。

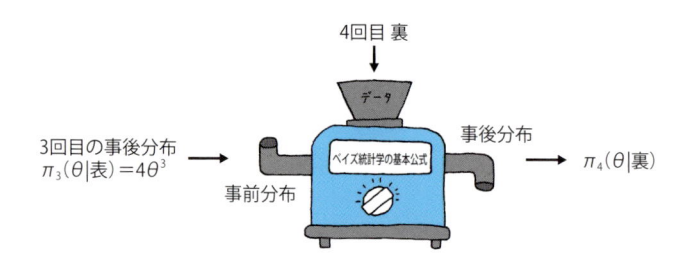

3回目の事後分布　$\pi_3(\theta|表) = 4\theta^3$　事前分布

4回目 裏

事後分布　$\pi_4(\theta|裏)$

ベイズ統計学の基本公式(1)に、尤度として(4)を、事前分布として3回目の事後分布(11)を代入して、4回目のデータを得たときの事後分布 $\pi_4(\theta|表)$ が得られます。

$$\pi_4(\theta|裏) = k_4 \times (1-\theta) \times 4\theta^3 = 4k_4 \theta^3 (1-\theta) \quad (k_4は定数) \quad …(12)$$

確率の総和が1という条件(規格化条件)から比例定数 k_4 を決定すると、次のように事後分布 $\pi_4(\theta|裏)$ が得られます。これが求めたい答です。

$$\pi_4(\theta|裏) = 20\theta^3(1-\theta) \quad \text{(答)} \quad …(13)$$

(注) 比例定数 k_4 の求め方は比例定数 k_1、k_2 のときと同様の積分なので省略します。

　長い計算でしたが、以上のステップを追うことで、ベイズ統計学の計算法が十分堪能できたと思います。ここまで理解できれば、更に発展的な応用の世界に進むことができます。

(4)は直線を表す：(4)式は、傾きが -1、切片が1の直線を表す。

事前分布 $\pi_3(\theta|表)$　　　事後分布 $\pi_4(\theta|裏)$

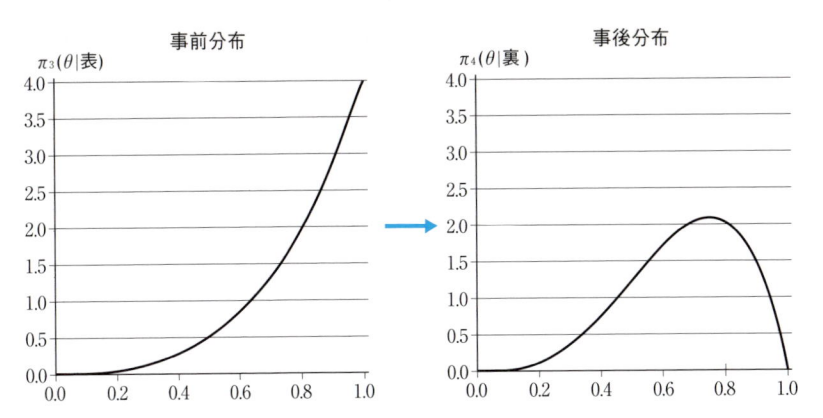

4回目にコインを投げた後の事後分布 $\pi_4(\theta|裏)$。「4回目に裏が出た」というデータを取り込むことで、3回目よりもグラフが左に戻されています。

●まとめると

「表」と「裏」の2つのデータのみをとる事象に対して、尤度を(3)、(4)とモデル化しました。そして、ベイズ更新を利用することで、結論として(13)を得ることができました。

この結論の式の最大値を実現する θ に着目してみましょう。次の図から分かるように、表の出る確率 θ は次の値のときに最大値をとっています。

事後分布を最大にする $\theta = \dfrac{3}{4} = 0.75$ 　…(14)

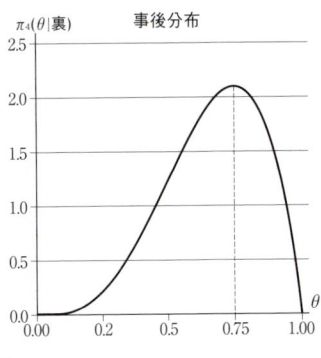

事後分布 $\pi_4(\theta|裏)$

(注) $\theta = \dfrac{3}{4}$ は微分を利用して求めます。また、ベータ分布の最頻値の公式を利用しても得られます(5章§5)。

この値をコインの表の出る確率の真の値(推定値)と考えることができます。このように、事後確率の分布の最大値で母数の値を推定する方法を**MAP推定**といいます(4章§3、4)。

(13)式のグラフ：掲載の(13)式のグラフはExcelで描く。微分法を利用してもよい。

ところで、題意から表が3回、裏が1回出たわけですから、このコインの表の出た割合は $\frac{3}{4}$ です。これは(14)と一致します。このように、ベイズ理論から得られる多くの結論は、我々の直感に一致します。

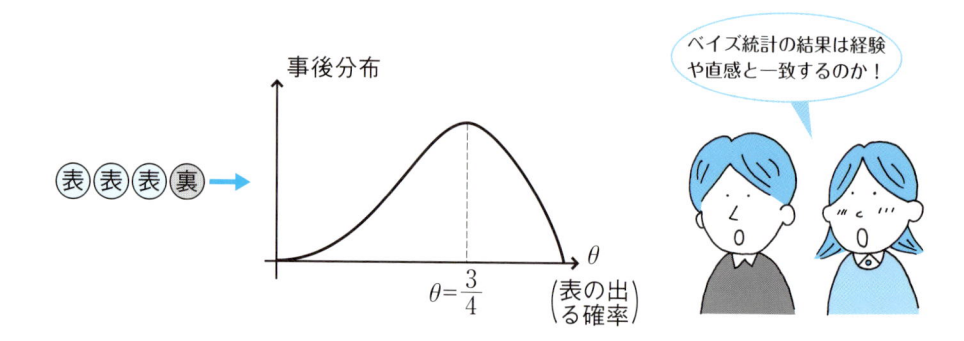

●データをまとめた尤度を採用すると

本節の最初の方に注記した次の(5)のように、4回コイン投げたことを一つにまとめて、尤度を次のよう設定することもできます。

$$f(表表表裏|\theta) = \theta^3(1-\theta) \quad \cdots(5)(再掲)$$

実際、表、表、表、裏と出たので、確率の乗法定理から、各確率の値を掛け合わせて、この尤度が得られます。

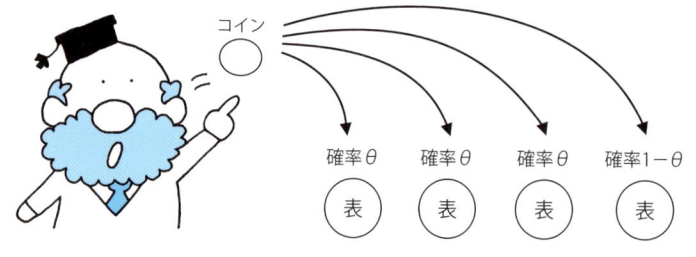

この(5)の尤度 $f(表表表裏|\theta)$ と、最初の事前確率(6)とを、ベイズ統計学の基本公式(1)に代入すれば、次のように事後確率が得られます。

$$\pi(\theta|表表表裏) = k f(表表表裏|\theta) \pi(\theta) = k \times \theta^3(1-\theta) \times 1$$

ここで、k は定数です。全体の確率が1となる条件(規格化の条件)から定数 k の値が定まり、事後分布は次のように定まります。

$$\pi(\theta|表表表裏) = 20\theta^3(1-\theta) \quad \cdots(15)$$

これは、本節の結論である(13)と一致します。

(14)の値の求め方:Excelで、MAX関数やソルバーを利用しても簡単に得られる。数学を忘れていても大丈夫。

同じ結論を与えるのは当然です。本節の結論となる(13)を出したときの考え方と、同じモデルを採用しているからです。データを個別ではなく一括して利用している、という点だけが異なるのです。

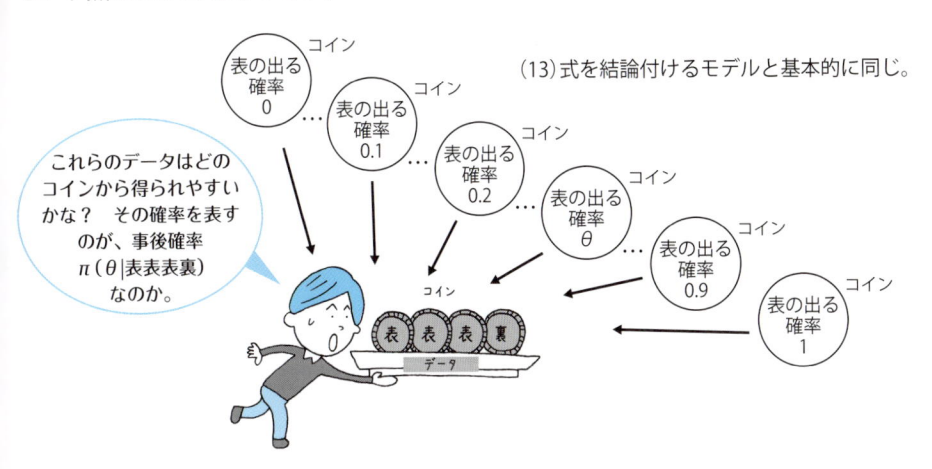

(13)式を結論付けるモデルと基本的に同じ。

これらのデータはどのコインから得られやすいかな？ その確率を表すのが、事後確率 $\pi(\theta|表表表裏)$ なのか。

コイン 表の出る確率 0
コイン 表の出る確率 0.1
コイン 表の出る確率 0.2
コイン 表の出る確率 θ
コイン 表の出る確率 0.9
コイン 表の出る確率 1

●自然な共役分布

本節で得られた事後分布(6)〜(13)には特徴があります。すべてベータ分布(5章§5)の形をしているのです。

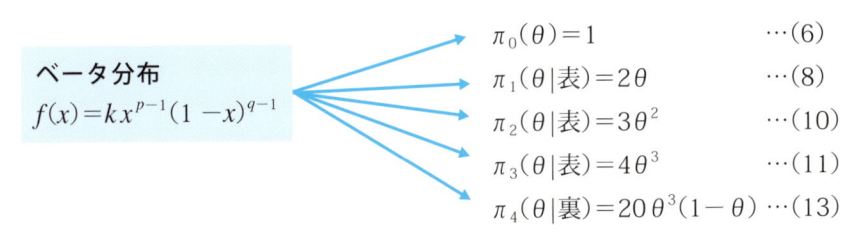

ベータ分布
$f(x) = kx^{p-1}(1-x)^{q-1}$

$\pi_0(\theta) = 1$ …(6)
$\pi_1(\theta|表) = 2\theta$ …(8)
$\pi_2(\theta|表) = 3\theta^2$ …(10)
$\pi_3(\theta|表) = 4\theta^3$ …(11)
$\pi_4(\theta|裏) = 20\theta^3(1-\theta)$ …(13)

ベータ分布 $f(x)$ の p, q に適当な数値を代入すれば、右の分布が得られる。

一般的に、ベルヌーイ分布に従うデータに対して、事前分布をベータ分布にとると、得られた事後分布は再びベータ分布に収まります。

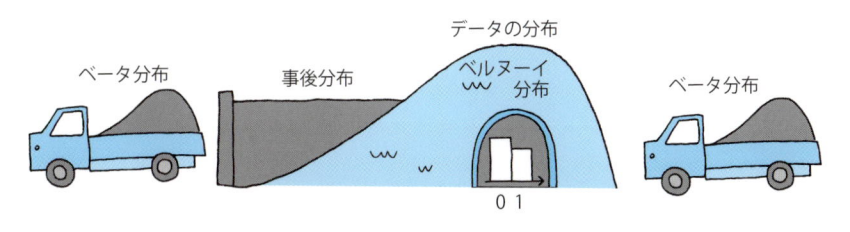

ベータ分布　事後分布　データの分布 ベルヌーイ分布　ベータ分布

ベルヌーイ分布に従うデータに対して、事前分布をベータ分布にとると、事後分布もベータ分布。

(5)式の出し方：独立な試行で得られる事象に関する乗法公式を利用している(2章§5)。

このように計算結果が常にベータ分布に収まっていれば、事後分布の計算はもちろんのこと、それから得られる平均値や分散などの重要な統計量も、ベータ分布の公式(5章§5)から簡単に求めることができます。これは大変ありがたい性質です。

以上のように、ある分布に従うデータに対して、事前分布に特定の分布を指定すると、事後分布がその特定の分布と同じパターンに収まる関係を、**自然な共役分布**の関係といいます。有名な自然な共役分布の関係を表にまとめておきます。

データの分布	事前分布	事後分布
ベルヌーイ分布	ベータ分布	ベータ分布
正規分布	正規分布	正規分布
正規分布	逆ガンマ分布	逆ガンマ分布
ポアソン分布	ガンマ分布	ガンマ分布

ガンマ分布、逆ガンマ分布、ポアソン分布については、本書では触れません。

自然な共役分布を利用するメリットを確かめましょう。

本節では事後分布の計算に、1回ごとに積分を実行しました。すなわち、ベイズ統計学の基本公式の比例定数 k_i ($i=1\sim4$) の値を手計算したのです。しかし、せっかく「自然な共役分布」のベータ分布を利用しているのですから、公式を利用するにこしたことはありません。

5章§5で調べたように、ベータ分布の確率密度関数が

$$f(x) = kx^{p-1}(1-x)^{q-1} \quad \cdots(16)$$

の場合、p, q が自然数なら、次のように比例定数 k が得られます。

$$k = \frac{(p+q-1)!}{(p-1)!(p-1)!} \quad (\text{ここで!は階乗記号}) \quad \cdots(17)$$

これを利用して、例えば(12)の $\pi_4(\theta|裏)$ の係数を公式から求めてみましょう。

(12)の $\pi_4(\theta|裏)$ は次のように表されました。

$$\pi_4(\theta|裏) = 4k_4\theta^3(1-\theta) \quad \cdots(12)(再掲)$$

natural conjugate distribution：自然な共役分布の英語表現。

(16)と比較すると、$p=4$、$q=2$が得られます。よって、(17)から、

$$k = \frac{(4+2-1)!}{(4-1)!(2-1)!} = \frac{5!}{3!1!} = \frac{5\times4\times3\times2\times1}{3\times2\times1\times1} = 20$$

こうして、(13)の結論が得られることになります。

(注)!(階乗記号)は、例えば次の意味を表します：$5! = 1\times2\times3\times4\times5 = 120$

メモ　ベータ分布

　ベイズ統計で利用されるいくつかの分布については、その確率論的な意味をあまり問われません。計算のしやすさから、その形だけが問題になるからです。

　本節で調べたベータ分布も例外ではありません。

　実際、ベータ分布は次のような意味を持ちます。すなわち、0から1までの間の値をとる一様分布に従う確率変数$p+q-1$個を大きさの順に並べ替えたとき、小さい方からp番目の確率変数Xの分布がベータ分布$B(p, q)$となる、というのです。しかし、ベイズ統計ではこの確率的な性質が使われていません。使われているのは、単純に関数の形だけです。「計算がしやすい」という性質がベルヌーイ分布の相棒として利用されているのです。

　左のページの表に挙げたガンマ分布、逆ガンマ分布もそうです。例えばガンマ分布は次のような形の分布です。

> 確率密度関数$f(x)$が次の関数で与えられる分布を**ガンマ分布**という。
> $f(x) = kx^{a-3}e^{-\lambda x}$　（$0<x$, $0<\lambda$, kは定数）

$a=1$、$\lambda=2$、及び$a=3$、$\lambda=2$の場合について、分布のグラフを示しましょう。

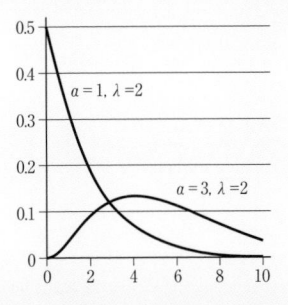

$a=1$、$\lambda=2$、及び$a=3$、$\lambda=2$の場合についてのガンマ分布のグラフ。

事前分布として採用するにはいいグラフの形をしていますが、この分布自体がどのような意味を持つかについては議論されません。

事前分布の選び方：自分の経験や知識に適応する関数形を選ぶ。しかし、複雑なものを採用すると計算は面倒になる。

§6 ベイズ統計学の有名な問題（Ⅱ）〜データが正規分布に従うとき

前節（§4）では、正規分布に従う1個のデータについて、ベイズ統計学の対応法を調べました。本節では、正規分布に従う複数のデータについて、ベイズ統計学がどのように対応するかを調べてみます。このテーマは大変重要です。多くのデータは正規分布に従うことを仮定されるからです。

● 正規分布をベイズ理論に取り込む

工場のラインからつくられる製品誤差の問題を取り上げてみましょう。これは前節（§4）で取り上げた問題の応用です。

〔例〕 ある工場から作られる内容量100gと表示されたチョコレート菓子の実際の内容量xは正規分布に従い、分散は1^2であることが分かっている。製品を3つ抽出し調べたところ、その内容量x（グラム）は

　　99、101、103

であった。このとき、この工場から作られる製品内容量xの「平均値μの確率分布」を求めてみよう。

題意から製品の内容量xは正規分布に従います。その分散は1なので、この製品の内容量の分布は次のように表されます（5章§4）。

$$f(x) = \frac{1}{\sqrt{2\pi}} e^{-\frac{(x-\mu)^2}{2}} \quad \cdots (1)$$

*e*の覚え方：ネイピア数*e*の覚え方として「鮒一鉢二鉢」(2.71828)が有名。

ここで、平均値は μ であり、この統計モデルを支える母数です。

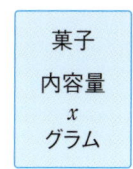

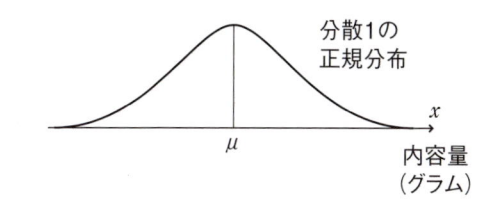

> 菓子
> 内容量
> x
> グラム

（分散1の正規分布のグラフ）

題意から、内容量 x は分散 1^2 の正規分布に従う。

　前節（§5）で調べたように、独立したデータはまとめて扱っても、1つずつ扱っても、結果は同じになります。ここでは、3つのデータをまとめて扱うことにします。後に、新たな定理(6)を紹介したいからです。

　では、解答に取り掛かりましょう。

　基本となる公式は次の「ベイズ統計学の基本定理」(2)です。母数が平均値 μ になっていることに留意してください。データ D は99、101、103という3データです。

$$\pi(\mu|D) = k f(D|\mu)\pi(\mu) \quad (kは定数) \quad \cdots(2)$$

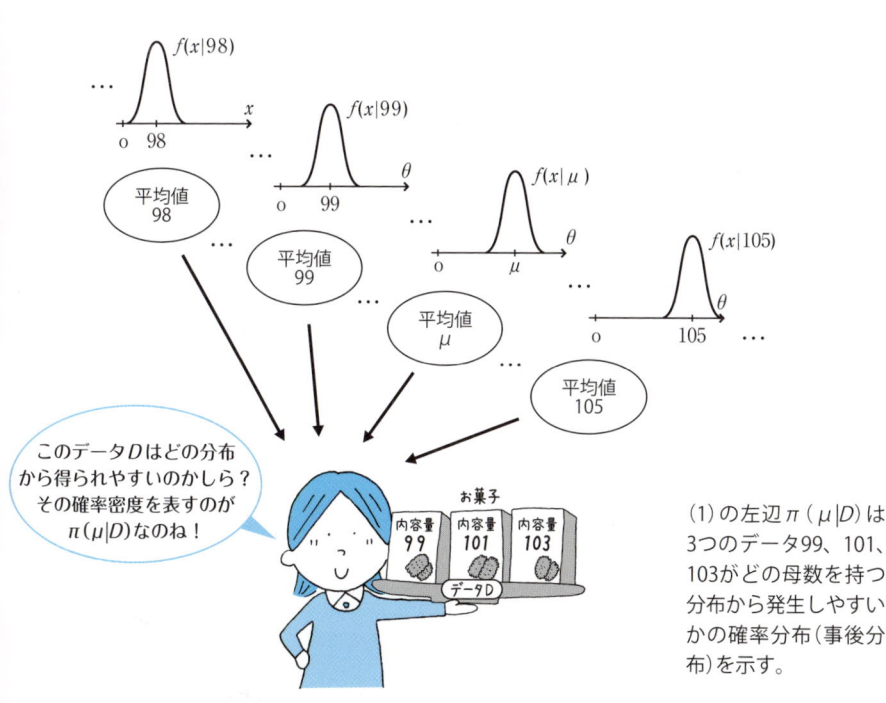

（平均値98、99、μ、105に対応する $f(x|98)$、$f(x|99)$、$f(x|\mu)$、$f(x|105)$ の正規分布のグラフ）

このデータ D はどの分布から得られやすいのかしら？その確率密度を表すのが $\pi(\mu|D)$ なのね！

(1)の左辺 $\pi(\mu|D)$ は3つのデータ99、101、103がどの母数を持つ分布から発生しやすいかの確率分布（事後分布）を示す。

平方完成：次ページ(3)式の計算には「平方完成」と呼ばれる数式変形の技法が利用されている。

●尤度の算出

得られたデータD(すなわち99、101、103グラム)は正規分布(1)に従います。本節では3つのデータをまとめて扱うことにしているので、尤度$f(D|\mu)$は次のように表されます。データは独立なので、各データについて(1)の値を掛け合わせて得られる値です。

$$尤度 f(D|\mu) = \frac{1}{\sqrt{2\pi}} e^{-\frac{(99-\mu)^2}{2}} \frac{1}{\sqrt{2\pi}} e^{-\frac{(101-\mu)^2}{2}} \frac{1}{\sqrt{2\pi}} e^{-\frac{(103-\mu)^2}{2}} \propto e^{-\frac{(\mu-101)^2}{2 \times \frac{1}{3}}} \quad \cdots (3)$$

(注) 計算は次の<メモ>参照。

すなわち、平均値101、分散$\frac{1}{3}$の正規分布に比例します。

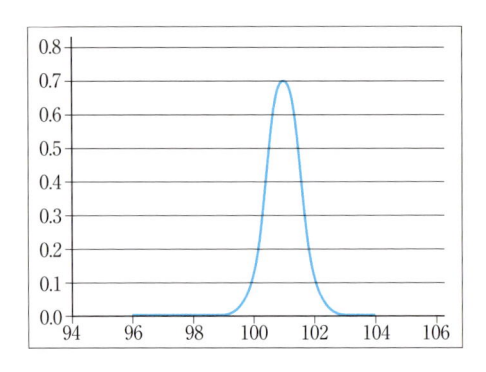

尤度(3)のグラフ。平均値101、分散$\frac{1}{3}$の正規分布に比例。

メモ (3)の求め方

指数法則$a^m a^n = a^{m+n}$から、

$$f(D|\mu) = \frac{1}{\sqrt{2\pi}} e^{-\frac{(99-\mu)^2}{2}} \frac{1}{\sqrt{2\pi}} e^{-\frac{(101-\mu)^2}{2}} \frac{1}{\sqrt{2\pi}} e^{-\frac{(103-\mu)^2}{2}} = \left(\frac{1}{\sqrt{2\pi}}\right)^3 e^{-\frac{(99-\mu)^2}{2} - \frac{(101-\mu)^2}{2} - \frac{(103-\mu)^2}{2}}$$

右辺のeの指数部分を調べると、

$$右辺の指数部分 = -\frac{(99-\mu)^2 + (101-\mu)^2 + (103-\mu)^2}{2}$$

$$= -\frac{3\mu^2 - 2 \times 303\mu + 30611}{2} = -\frac{3(\mu-101)^2}{2} + 定数$$

よって、

$$f(D|\mu) \propto e^{-\frac{3(\mu-101)^2}{2}} = e^{-\frac{(\mu-101)^2}{2 \times \frac{1}{3}}}$$

指数計算:正規分布の計算には、指数の知識が必要。例えば、$a^m a^n = a^{m+n}$

●事前分布の設定

　題意に、「菓子の内容量は100グラムになるように設定されている」とあります。そこで、データを得る前にとりあえず設定する母数μの分布、すなわち事前分布$\pi(\mu)$は、平均値として100と設定すべきでしょう。しかし、分布の形は未知です。そこで、常識的ななだらかな山形の「分散4の正規分布」を仮定しましょう。

$$\text{事前分布 } \pi(\mu) = \frac{1}{\sqrt{2\pi} \times 2} e^{-\frac{(\mu-100)^2}{2 \times 4}} \quad \cdots (4)$$

(注) 分散4の仮定に特別な意味はありません。ここにチョコ菓子を製造する工場管理者の経験が生かされるのです。

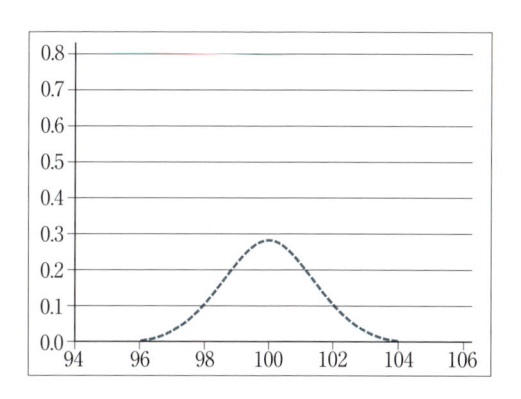

事前分布(4)のグラフ

　ここで、事前分布のいい加減さが利用されています。何回か見たように、これがベイズ理論の特徴なのです。とりあえず事前分布を設定するのです。データを入手し結果を更新していくことで、次第に算出する事後確率は現実に適合していくのです。

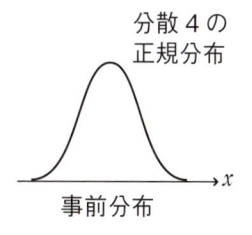

とりあえず適当に仮定していいのね！

分散4の正規分布

事前分布

事前分布は、きちんと設定できないときが多い。
このとき、経験や勘が活かせる。

確率密度関数の係数：(5)式のように、確率密度関数の係数にはそれほど気を配る必要はない。いずれ、確率の総和が1という条件で決定されるから。

●事後分布の算出

尤度(3)、事前分布(4)を「ベイズ統計学の基本公式」(2)に代入してみましょう。

$$\pi(\mu|D) \propto e^{-\frac{(\mu-101)^2}{2\times\frac{1}{3}}} \frac{1}{\sqrt{2\pi}\times 2} e^{-\frac{(\mu-100)^2}{2\times 4}} \propto e^{-\frac{1}{2\times\frac{4}{13}}(\mu-100.9)^2} \quad \cdots(5)$$

母数である「平均値」μ は平均値100.9、分散 $\frac{4}{13}$ の正規分布に従っていることが分かります**(答)**。

(注) この(5)の計算は前述の(3)の計算と同様です。なお、分布の平均値100.9は、厳密には $\frac{1312}{13}$。

次の図はこの事後分布(5)を、事前分布、尤度と重ねて描いたものです。事前分布の影響で、山の形が尤度より多少鋭くなり、ピークは事前分布に引っ張られて左に少しシフトしています。

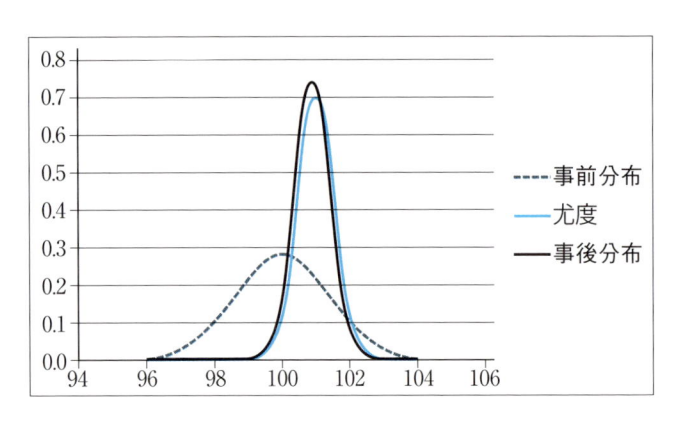

事後分布(5)のグラフを事前分布と尤度に重ねて描いた図。

●事後分布から平均値のMAP推定

ベイズ理論による推定や決定は、事後確率や事後分布を利用します。その推定の中で、最も簡単な方法はMAP推定です(4章§3、4、本章§5)。「事後確率や事後分布が最大になる母数が真の母数である」と推定する方法です。

(5)を見れば分かるように、次の値のときに「平均値」の事後分布は最大になります。

$\mu = 100.9$

μ は工場で生産される菓子の内容量x(グラム)の平均値ですが、このことから、100.9グラムがMAP推定値となります。

グラフはパソコンにお任せ：本節に掲載しているグラフはすべてExcelによる。グラフはパソコンに任せよう。

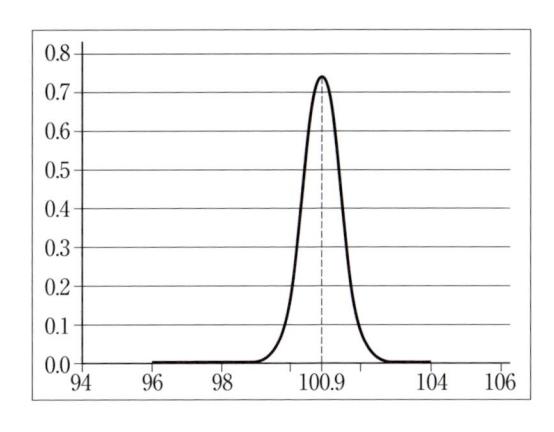

事後分布(5)は100.9グラムで最大となる。よって、製品の内容量のMAP推定値は100.9。

(注) 事前分布を一様分布にとれば、MAP推定値は3つの製品の内容量の平均値101グラム(すなわち標本平均)となります。これは従来の統計学の「点推定値」となります。

●正規分布に従うデータの自然な共役分布は正規分布

本節では、正規分布に従う3つのデータについて、ベイズ統計学の基本公式を応用しました。その際に、事前分布として(4)の正規分布を利用しました。結果として、事後分布は(5)の正規分布になりました。このように、事前分布と事後分布が同一の分布になるとき、元のデータの分布に対して「自然な共役分布」と呼びます(前節§5)。この言葉を用いるなら、正規分布に従うデータの自然な共役分布は正規分布なのです。

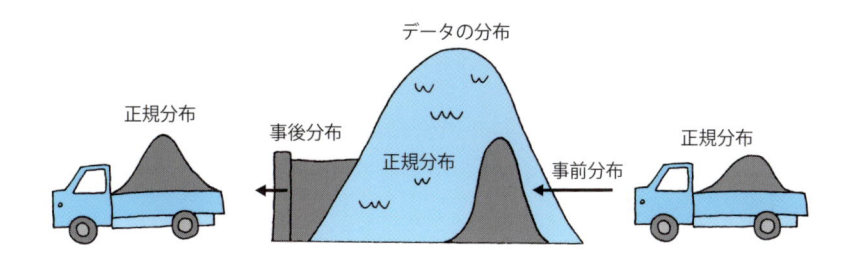

●事後分布の公式

正規分布に従うデータに対して母数の事前分布を正規分布と仮定すると、後の計算は大変楽になります。上に調べたように正規分布になることが分かっているからです。実際、次のように公式化が可能です。

逆ガンマ分布：正規分布の平均値とともに分散も確率変数と考えるときには、逆ガンマ分布が自然な共役分布になる。

> 正規分布 $N(\mu, \sigma^2)$ に従う n 個のデータについて、母数 μ の事前分布を正規分布 $N(\mu_0, \sigma_0^2)$ にとるとき、μ の事後分布は正規分布 $N(\mu_1, \sigma_1^2)$ になる。ここで、
>
> $$\mu_1 = \frac{\dfrac{n\bar{x}}{\sigma^2} + \dfrac{\mu_0}{\sigma_0^2}}{\dfrac{n}{\sigma^2} + \dfrac{1}{\sigma_0^2}}, \quad \sigma_1^2 = \frac{1}{\dfrac{n}{\sigma^2} + \dfrac{1}{\sigma_0^2}} \quad \cdots(6)$$
>
> $\bar{x}$ は n 個のデータから算出した平均値である。

本節のデータ(分散1の正規分布に従う3個のデータ99、101、103)を当てはめて、確かめてみましょう。

本節の例題では、公式(6)の n、σ^2、$\bar{x}$ を次のように設定できます。

$$n = 3, \quad \sigma^2 = 1, \quad \bar{x} = \frac{99 + 101 + 103}{3} = 101$$

また、事前分布として(4)を利用すると、次のように設定できます。

$$\mu_0 = 100, \quad \sigma_0^2 = 4$$

以上を公式(6)に代入して、

$$\mu_1 = \frac{\dfrac{3 \times 101}{1^2} + \dfrac{100}{2^2}}{\dfrac{3}{1^2} + \dfrac{1}{2^2}} = \frac{1312}{13} = 100.9, \quad \sigma_1^2 = \frac{1}{\dfrac{n}{\sigma^2} + \dfrac{1}{\sigma_0^2}} = \frac{4}{13}$$

これは(5)の正規分布の平均値と分散に一致します。

●ベイズ統計学の計算法

ベイズ理論では、事後分布が計算の出発点になります。これを利用して、様々な統計利用を算出します。例えば、母数 θ の平均値 M や分散 S^2 を求めようとすると、次の積分をすることになります。

$$\text{平均値}: M = \frac{\int_\theta \theta f(D|\theta) \pi(\theta) d\theta}{\int_\theta f(D|\theta) \pi(\theta) d\theta} \quad \cdots(7)$$

$$\text{分 散}: S^2 = \frac{\int_\theta (\theta - M)^2 f(D|\theta) \pi(\theta) d\theta}{\int_\theta f(D|\theta) \pi(\theta) d\theta} \quad \cdots(8)$$

モンテカルロ法：既に述べたようにMCMCはMarkov chain Monte Carlo methodsの略。モンテカルロ法とは乱数を利用して積分計算をする方法。

実際にこれらの計算をしようとすると、大変面倒なことがあります。

$$\text{平均値} = \frac{\int_{\theta} \theta f(D|\theta)\,\pi(\theta)\,d\theta}{\int_{\theta} f(D|\theta)\,\pi(\theta)\,d\theta}$$

触りたくないね

そこで、複雑なベイズ統計学の計算では、次の2つの考え方が登場します。

・自然な共役分布の活用
・MCMC法の活用

「自然な共役分布の活用」とは、本節と前節（§5）で調べたように、事前分布にデータにマッチする自然な共役分布を利用する方法です。計算は公式に従って行えばよく、(7)、(8)のような積分計算は不必要になります。実際、本節の例題も公式(6)を利用すれば簡単に解くことができました。

「MCMC法の活用」とは、積分を有限な点列の和に置き換えて簡単に行う方法です。この方法は数学的であり、多少数学のスキルが必要になります。

複雑なベイズ統計学の計算には、どちらかのドアを開くのね！

自然な共役分布　　MCMC法

マルコフチェインとマルコフ条件：4章§6で調べたマルコフ条件とマルコフチェインは、基本的に同一内容。

当然、2つの方法には長所と短所があります。「自然な共役分布の活用」では、公式で結論が簡単に得られます。しかし、事前分布の設定には大きな制約があります。自然な共役分布を利用しなければならないからです。前節で調べたように、それほど種類は多くありません。

　「MCMC法の活用」は、事前分布に制約はなく、複雑なモデルをそのまま扱うことが可能です。しかし、連続な関数を有限点列に置き換えて計算を行うので、多少計算に正確さが欠けてしまいます。

　ベイズ統計学の入門書の多くは前者の「自然な共役分布の活用」に重点を置いています。面倒な計算から逃げることができるからです。しかし、複雑な統計モデルを扱えるようになるには、後者の「MCMC法の活用」も大切になるでしょう。

なぜ正規分布か？：「正規」とは「普通で正しい」という響きがある。英語もnormal distributionで、normalが冠せられている。それだけ、統計学では「常識」の分布である。

≪6章のまとめ≫

【ベイズ統計学の基本公式】

事前分布$\pi(\theta)$、尤度$f(D|\theta)$、事後分布$\pi(\theta|D)$とする。データDを得たとき、母数θに関して次の確率公式が成立する。

$$\pi(\theta|D) = k f(D|\theta) \pi(\theta) \quad (kは定数)$$

言葉で表現すると、次のように表せる。

「事後分布は尤度と事前分布の積に比例する」

【ベルヌーイ分布に従うデータから事後分布を得る公式】

ベルヌーイ分布に従うデータから得られた尤度$\theta^m(1-\theta)^n$に対して、事前分布をベータ分布$Be(p, q)$にとると、事後分布は$Be(p+m, q+n)$になる。

【正規分布に従うデータから事後分布を得る公式】

正規分布$N(\mu, \sigma^2)$に従うn個のデータについて、母数μの事前分布を正規分布$N(\mu_0, \sigma_0^2)$にとるとき、μの事後分布は正規分布$N(\mu_1, \sigma_1^2)$になる。ここで、

$$\mu_1 = \frac{\dfrac{n\bar{x}}{\sigma^2} + \dfrac{\mu_0}{\sigma_0^2}}{\dfrac{n}{\sigma^2} + \dfrac{1}{\sigma_0^2}}, \quad \sigma_1^2 = \frac{1}{\dfrac{n}{\sigma^2} + \dfrac{1}{\sigma_0^2}} \quad \cdots(6)$$

$\bar{x}$はn個のデータから算出した平均値である。

【自然な共役分布】

データが従う分布に対して、母数の分布として次の表に示すような事前分布をとると、事後分布も同じ型の分布になる。このとき、データが従う分布に対して、この母数の従う分布を自然な共役分布という。

データの分布	事前分布	事後分布
ベルヌーイ分布	ベータ分布	ベータ分布
正規分布	正規分布	正規分布
正規分布	逆ガンマ分布	逆ガンマ分布
ポアソン分布	ガンマ分布	ガンマ分布

ポアソン分布：希な事象を扱うときの確率分布。本書では調べないが、従来の統計学でもベイズ統計学でも大切な分布の1つ。

【付録A. 規格化の条件】

確率変数の分布には、いくつかの条件が付けられます。例えば、確率は負にならないので常に0以上という条件があります。更に強い条件として、確率の総和が1になる、という条件があります。これを**規格化の条件**といいます。

離散的な確率変数のときには、確率分布は表で示すことができます。したがって、次の表のように、確率の総計が1というのが、規格化の条件となります。

確率変数 X	x_1	x_2	x_3	…	x_n	計
確率	p_1	p_2	p_3	…	p_n	1

式で書くと、次のように表現されます。

$$p_1+p_2+p_3+\cdots+p_n=1 \quad \cdots(1)$$

これに対して、連続的な確率変数のときには、確率分布は表で示すことができません。そのときには、確率の分布を確率密度関数で示すことになります。このとき、全確率が1という「規格化の条件」は下図のように、確率密度関数のグラフとx軸とで囲まれた部分の面積が1になる、という条件になります。

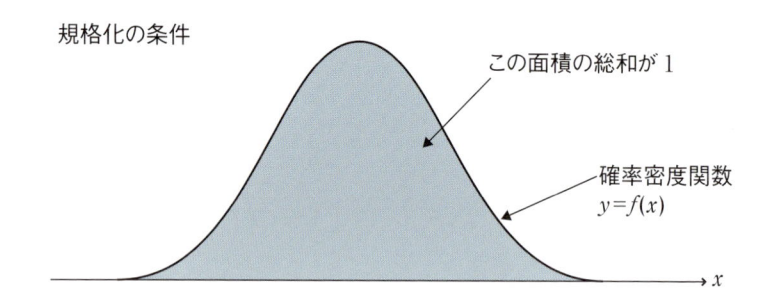

規格化の条件

この面積の総和が1

確率密度関数 $y=f(x)$

式で書くと、次のように表現されます。確率密度関数を$f(x)$とすると、

$$\int_{-\infty}^{\infty} f(x)dx=1 \quad \cdots(2)$$

(注) (1)、(2)の関係を「全確率の法則」という文献があります。本書では「全確率の定理」(3章§5)と紛らわしいので用いていません。

---

normalization：規格化を英語でnoramilzationという。

【付録B. 最尤推定法】

統計資料に対して私たちは統計モデルを作り分析しますが、そのモデルには母数(パラメータ)が付随しているのが一般的です。統計学の大きな目標の一つは、その母数を決定することです。その簡単な決定法として代表的なものが最尤推定法です。

■例で調べてみよう

ここにコインが1つあるとします。このコインの表の出る確率をpとします。このpを最尤推定法で推定してみましょう。

試しに5回コインを投げてみます。すると、表、表、裏、表、裏と出たとしましょう。すると、この現象の起こる確率$L(p)$は確率pを用いて、次のように表現できます。

$$L(p) = p \times p \times (1-p) \times p \times (1-p) = p^3(1-p)^2 \quad \cdots(1)$$

この$L(p)$を**尤度関数**と呼びます。

(注) ベイズ理論では、この関数を尤度といいます。

最尤推定法は、尤度関数$L(p)$の値が最大になるときに、コインの表の出る確率pが実現されると考えます。そこで、尤度関数$L(p)$をグラフに示してみましょう。グラフから、$p=0.6$のときに最もこの現象が起こりやすいことが分かります。

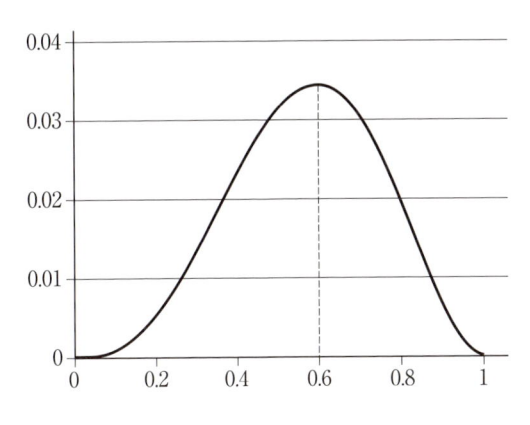

$p=0.6$ のときに尤度関数$L(p)$が最大になる。

したがって、コインの表の出る確率pは0.6と推定されます。

$$p = 0.6 \quad \cdots(2)$$

これが最尤推定法の考え方です。

(注) 最尤推定法は英語でMaximum Liklihood Estimationと表現されます。

点推定：母数を1つの値で推定する方法を点推定と言う。幅を持たせて区間で推定する方法を区間推定という。

■最尤推定値

　一般的に母数を含む尤度関数があるとき、その関数が最大値を与えるように母数を決定する方法を最尤推定法といいます。そこで得られた母数の値を**最尤推定値**といいます。

■最尤推定値を公式で求める

　ベイズ統計学で多用される分布として、正規分布とベータ分布があります。

　正規分布 $N(\mu, \sigma^2)$ の場合、下図のグラフから明らかのように、最尤推定値は平均値 μ になります。

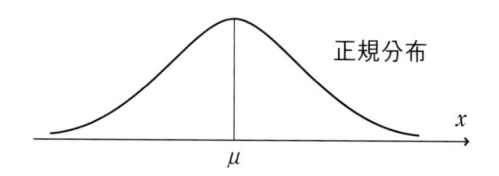

正規分布

　ベータ分布の場合には、5章§5に示した公式を利用するのが便利です。

> **ベータ分布** $f(x) = kx^{p-1}(1-x)^{q-1}$ （k は定数、p, q は正の定数。$0<x<1$）において、平均値 μ と分散 σ^2、モード（すなわち最頻値）M は次のように与えられる。
>
> $$\mu = \frac{p}{p+q}、\quad \sigma^2 = \frac{pq}{(p+q)^2(p+q+1)}、\quad M = \frac{p-1}{p+q-2}$$

このモード（すなわち最頻値）M を与える公式が最尤推定値になります。

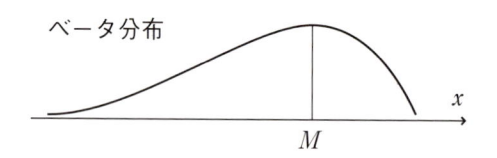

ベータ分布

■最尤推定値とMAP推定値

　ベイズ理論では、事後確率（事後分布）の最大値を**MAP推定値**と呼びます。したがって、従来の最尤推定法と異なる点は、尤度関数で最大値を調べるか、事後確率（事後分布）で最大値を調べるかということだけです。特に、事前確率を一様分布にとると、最尤推定値とMAP推定値は一致します。

最尤推定値とモード：最尤推定値とは尤度関数の最頻値（すなわちモード）である。モードの公式があれば、それが利用できる。

用語解説

- **MAP推定**
  事後確率が最大になるパラメータが真のパラメータであると推定する決定法。
- **加法定理**
  2つの事象のいずれかが起こる確率は、それらが互いに交わることがなければ、単独の確率の和で表せるという定理。
- **事後確率**
  データを加味した後の確率。データを得る前の事前確率と対をなす。
- **事後分布**
  事後確率の考えを確率密度関数に拡大して解釈したもの。ベイズ統計学で利用。
- **事前確率**
  データを得る前の原因の確率。データを加味した後の事後確率と対をなす。
- **事前分布**
  事前確率の考えを確率密度関数に拡大して解釈したもの。ベイズ統計学で利用。
- **自然共役な共役分布**
  尤度に適合した事前分布を採用すると、事後分布がその事前分布と同じ型になり計算が容易になる。この関係を言う。
- **乗法定理**
  2つの事象が同時に起こる確率は、一方が起こる確率に、それが起こったという条件のもとで他方が起こる確率を掛け合わせた値になるという定理。

- **条件付き確率**
  ある条件が課せられたときの確率。条件で世界が狭められる分、何も条件が無いときよりも確率値が大きくなるのが普通。
- **ベイジアンネットワーク**
  確率の連鎖からなる現象をモデル化し表現する技法。
- **ベイズの定理**
  ベイズ理論の基本定理。結果から原因の確率を推定したり、データを得た後の確率の変化を求めたりするのに利用。
- **ベイズフィルター**
  ベイズの定理を利用して、得たい情報と排除したい情報とを識別する方法。
- **ベイズ意思決定**
  確率的に生起する複数の仮定に損失が割り振られているときに、ベイズの定理から算出される事後期待損失が最小になる仮定を採用するという決定法。
- **ベイズ更新**
  2つの独立したデータを得たとき、1つのデータを処理して得られた事後確率を、他方の事前確率として利用する手続き。このおかげで、ベイズ理論は学習を積むことができる。
- **尤度**
  原因を仮定したときのデータの生起確率。
- **理由不十分の原則**
  事前確率として明確な根拠が無いときにも、とりあえずの値を設定できるという原則。このおかげでベイズ理論は主観確率も扱える。

索引

あ行

一様分布 …………………………………… 180
親ノード …………………………………… 162

か行

ガウス分布 ………………………………… 185
確率分布 ……………………………… 55、176
確率分布表 …………………………… 55、176
確率変数 ……………………………… 54、176
確率密度 …………………………………… 196
確率密度関数 ……………………………… 189
期待値 ……………………………………… 56
逆確率 ……………………………………… 63
原因の確率 ………………………………… 73
子ノード …………………………………… 162

さ行

最尤推定値 ………………………………… 236
最尤推定法 ………………………………… 146
試行 ………………………………………… 31
試行の独立 ………………………………… 53
事後確率 ……………………………… 15、82
事後分布 …………………………………… 203

事象 …………………………………………… 31
自然な共役分布 …………………… 222、229
事前確率 ………………………… 15、24、82
事前分布 …………………………………… 203
従属 ………………………………………… 50
主観確率 …………………………………… 15
条件付き確率 ……………… 38、42、46、60
乗法定理 …………………… 46、49、50、60
数学的確率 ………………………………… 34
正規分布 …………………………… 184、191
積事象 ……………………………………… 35

た行

中心極限定理 ……………………………… 185
遂次合理性 ………………………………… 118
統計的確率 ………………………………… 34
同時確率 …………………………… 35、46、60
独立 ………………………………………… 50
独立事象 …………………………………… 50

な行

ナイーブベイズフィルター …………… 130
ノード ……………………………………… 162

は行

排反 ………………………………………… 80

パラメーター	27
反復試行	53
標準偏差	56、176
標本空間	33
標本平均	25
頻度論	12、26
分散	56、176
平均	176
平均値	56、176
ベイジアン	13
ベイジアンネットワーク	9、160、173
ベイズ確率論	9
ベイズ更新	16、110
ベイズ統計学の基本公式	203、205
ベイズの基本公式	73
ベイズの定理	8
ベイズの展開公式	81
ベイズフィルター	130
ベイズ流データ処理	115
ベータ関数	192
ベータ分布	186、191、223
ベルヌーイ試行	180
ベルヌーイ分布	182、190
ベン図	76
母集団	25
母数（パラメーター）	188、194
母平均	25

ま行

マルコフ条件	164

や行

尤度	82
尤度関数	235

英数字

MAP推定	146、148、151、219、228
MAP推定値	236
MCMC法	211

著者

涌井良幸(わくいよしゆき)

1950年東京生まれ。東京教育大学(現・筑波大学)数学科を卒業後、教職に就く。現在は高校の数学教諭を務める傍ら、コンピュータを活用した教育法や統計学の研究を行っている。

涌井貞美(わくいさだみ)

1952年東京生まれ。東京大学理学系研究科修士課程修了後、富士通、神奈川県立高等学校教員を経て、サイエンスライターとして独立。

著書

共著として「史上最強図解　これならわかる！統計学」「Excelで学ぶ統計解析」(ナツメ社)、「図解でわかる回帰分析」「図解でわかる統計解析用語事典」(以上、日本実業出版社)、「ピタリとわかる確率・統計解析入門」「ピタリとわかる統計解析のための数学」(以上、誠文堂新光社)、「パソコンで遊ぶ数学実験」(講談社ブルーバックス)、「統計解析がわかる」(技術評論社)、ほか多数。

○編集協力　オメガ社
○デザイン　松原卓(ドットテトラ)
○ＤＴＰ　山野井智春(ドットテトラ)
○図版作成　木村図芸社
○漫画制作協力　サイドランチ
○イラスト　シバチャン、坂本一水
○編集担当　伊藤雄三(ナツメ出版企画)

ナツメ社Webサイト
http://www.natsume.co.jp
書籍の最新情報(正誤情報を含む)は
ナツメ社Webサイトをご覧ください。

史上最強図解 これならわかる！ベイズ統計学

2012年 3月10日　初版発行
2014年 6月30日　第6刷発行

著　者　涌井良幸
　　　　涌井貞美

©Wakui Yoshiyuki, 2012
©Wakui Sadami, 2012

発行者　田村正隆

発行所　株式会社ナツメ社
　　　　東京都千代田区神保町1-52　ナツメ社ビル1F(〒101-0051)
　　　　電話　03(3291)1257(代表)　FAX　03(3291)5761
　　　　振替　00130-1-58661

制　作　ナツメ出版企画株式会社
　　　　東京都千代田区神保町1-52　ナツメ社ビル3F(〒101-0051)
　　　　電話　03(3295)3921(代表)

印刷所　ラン印刷社

ISBN978-4-8163-5181-5
〈定価はカバーに表示してあります〉
〈落丁・乱丁本はお取り替えします〉

Ptinted in Japan

本書の一部分または全部を著作権法で定められている範囲を超え、ナツメ出版企画株式会社に無断で複写、複製、転載、データファイル化することを禁じます。